Truth In Fantasy

幻の戦士たち

市川定春と怪兵隊

新紀元社

序文

『Truth In Fantasy』の二巻にあたる本書『幻の戦士たち』は前書の『幻想世界の住人たち』と同様に現実の世界における戦士たちの姿とはどんなものであるかを皆さんに紹介する本です。私たちが日頃目にしている古代、中世、ルネサンスの戦士達の本来の姿は有名でありながら余り知られていないのが今日の現実のようです。たとえば古代ローマの戦士は当然、カエサルとトラヤヌス帝の時代では大きく違いますし、中世を代表する伝説の英雄アーサー王もそれが語られた時代によって色々な姿となります。さらに、ファンタジーの世界には何等意味もなく古代や中世に使われた武器が肩を並べています。しかし、古代や中世、ルネサンスの武器はそれを使うに至るまでに、戦術や文化、技術水準による影響を強く受けるのが普通でした。そのため効果を考えるよりも見た目やその時代の流行でしかないものを主流としたことがままあります。これは個人個人が趣味で武器を扱うのではなく、一つの集団を形成したときに各々の戦士がどんな役割を持つのかが明確に決められていたからです。ですから、ファンタジーの世界ではさして重要な意味も効果もない武器が実はこんなに一般的で有名な物であったということが起こります。また、ただ一人の者が持っても意味のない武器も、こうした状況で使われれば充分効果的であったということが有り得るわけです。

そこで、今回はそうした武器や戦士達の「幻影」が作り出してしまった時代的な誤りを訂正して本来の姿を再現するよう努力することにより、皆さんが抱いている幻の戦士達の実際の姿を見出すお手伝いができれば幸いです。また、その実際の姿を知ることこそがファンタジーのイマジネーションを豊かにすることにほかならないのではないでしょうか。さらに本書では、もし貴方がファンタジーの世界を想像するうえで軍隊とはどう扱うべきか、どうすれば貴方が作り出した虚空の世界に現実味を持たせることができるのかを考えた時、参考になるようなことをなるべく述べたつもりです。

こうした考えにもとづいて本書は作成されました。実在するアーサー王とはどんな姿なのか、ローマ兵や十字軍の騎士達の装備はなんだったのか、武器や鎧の本当の姿、あり方はどうだったのかをしばし堪能してください。ですが、その中において少しばかりの誇張については御容赦願います。

各項目は歴史的な特色と、戦士の特長を述べやすいように区分しました。戦士の項では各々の時代の戦士の特長と主に使用された武器と鎧を中心に語り、コラムでフォローする形式をとり、軍制、戦術は代表的なものと、戦例をあげて実際にどのような効力を持ったかを検討してみました。攻城戦は、大きく四つの分類で、ギリシア、ローマ、中世、中国としました。西洋においてローマ時代より以降の攻城戦は火器の発達を除けば同様でしたのでこうなったわけです。海戦も戦術同様そのあり方の歴史といくつかの戦場に学ぶケース・スタディ方式をとりました。

武器や鎧などの固有名詞は極力訳語は用いずにそのままカナ読みさせていただきました。人名や固有名詞は極力その世界での共通語、ローマ人ならラテン語読み、フランス人ならフランス語の読みとしました。このやり方は乱雑にはなりますが、私はミノタウロスをマイノターとはいいたくありませんし、ホプリテスを重装歩兵ともいいたくなかったのです。ただ、例外として多く登場する言葉は混乱を避けるためにできるだけ統一しました（例：チュニック）。しかし、本文で使われたものには著者独自の読み方もあることは御容赦ください（特にアラビア語やインド語の発音はかなりあやふやかもしれません）。訳語をあげなかったもう一つの理由として、最初は鎖帷子（くさりかたびら）でつまづいたことを述べておかなければならないでしょう。このよくできすぎた訳語につり合ったほかの用語の訳語を見つけることができず、このような形式をとったのです。

七〜九ページに示した地図は各項ごとにおける時代の焦点となった部分を表したもので、中国については特に必要と思えた三国時代と南北朝時代の地図を添付しました。これを見て、その時代の中心となった場所は何処か、この項はどの辺りの場所を扱っているのかを認識していただくための物です。また、各時代における重要な都市や地名なども蛇足ながら表記してみましたが、せいぜいローマ、ビザンティウム、長安、洛陽などの場所を確認できる程度にとどめてあります。それは、なるべく堅苦しい歴史ガイドにならないよう意識したためであり、読者を混乱させないための配慮と受け取っていただければ幸いです。本文中に登場するあまり一般的でない地名や都市名は本文中の注記を参照する形をとってありますので御了承ください。

今回の本書の区分の中で、項目であまりにも近代化してしまうものに関しては省かせていただきましたが、読者の方々が参考にしたいと思える十六世紀以降の鎧については述べてあります。しかし、火器の発展によりその特色と存在価値がファンタジーと比べて異なってしまいましたので、深く追求することはできませんでした。

怪兵隊を代表して　市川定春

一九八八年十一月

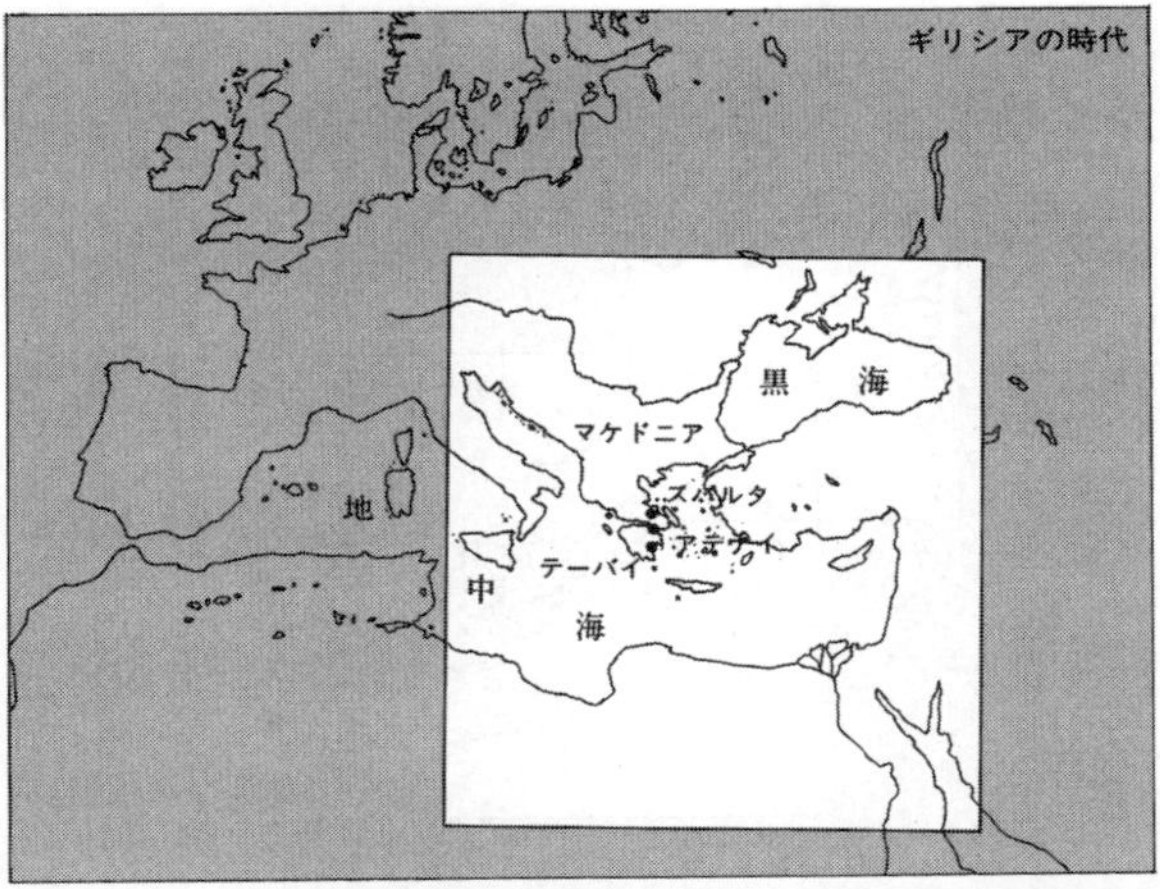
ギリシアの時代
黒　海
マケドニア
スパルタ
アテナイ
テーバイ
地
中
海

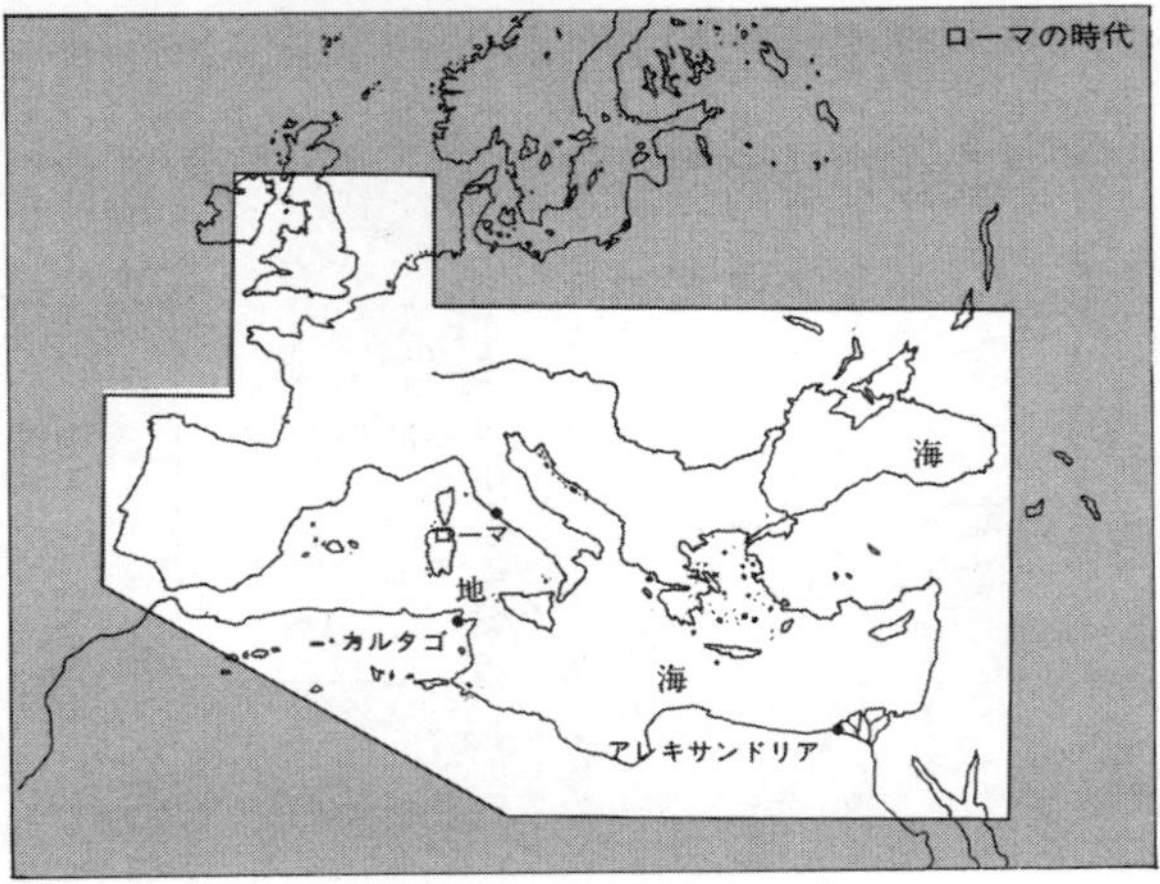
ローマの時代
海
ローマ
地
カルタゴ
海
アレキサンドリア

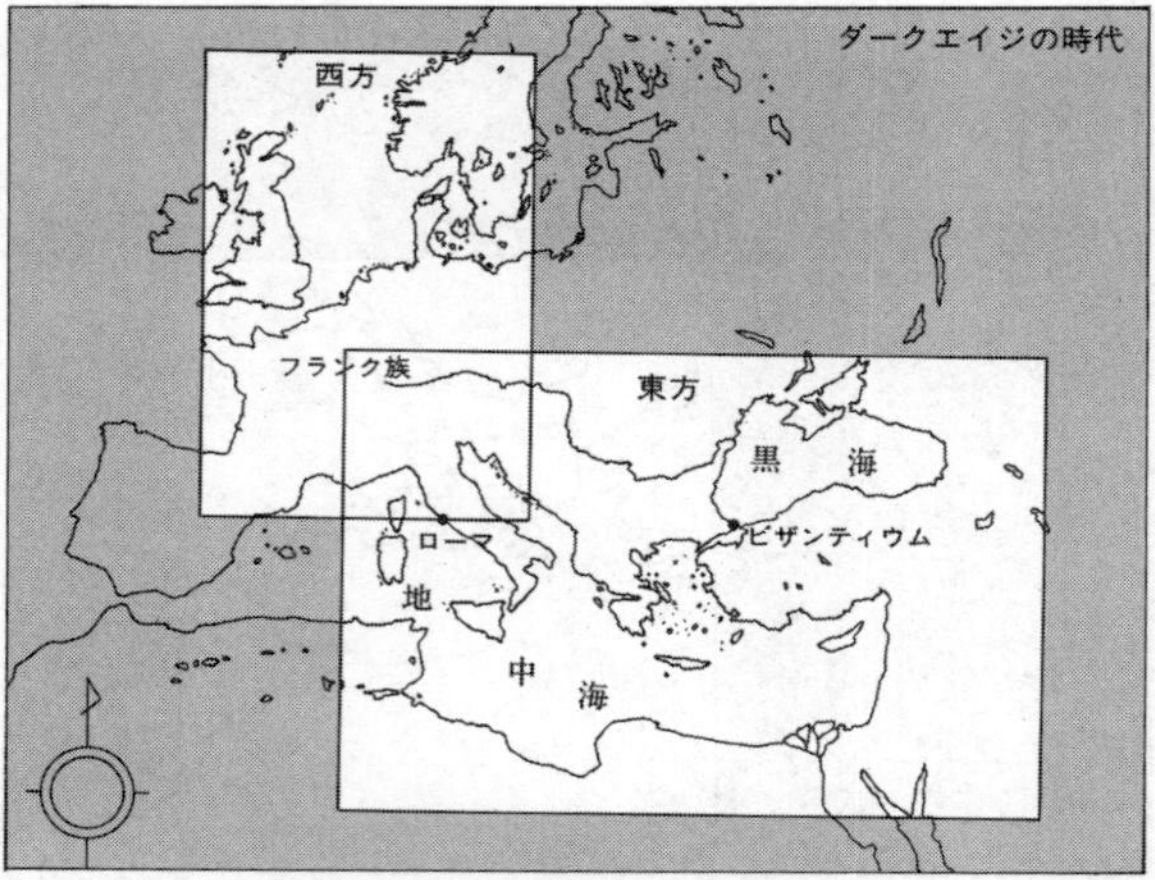
ダークエイジの時代
西方
フランク族
東方
黒　海
ローマ
ビザンティウム
地
中
海

十字軍の時代
中世
黒　海
ローマ
ビザンティウム
地
中
海
キプロス

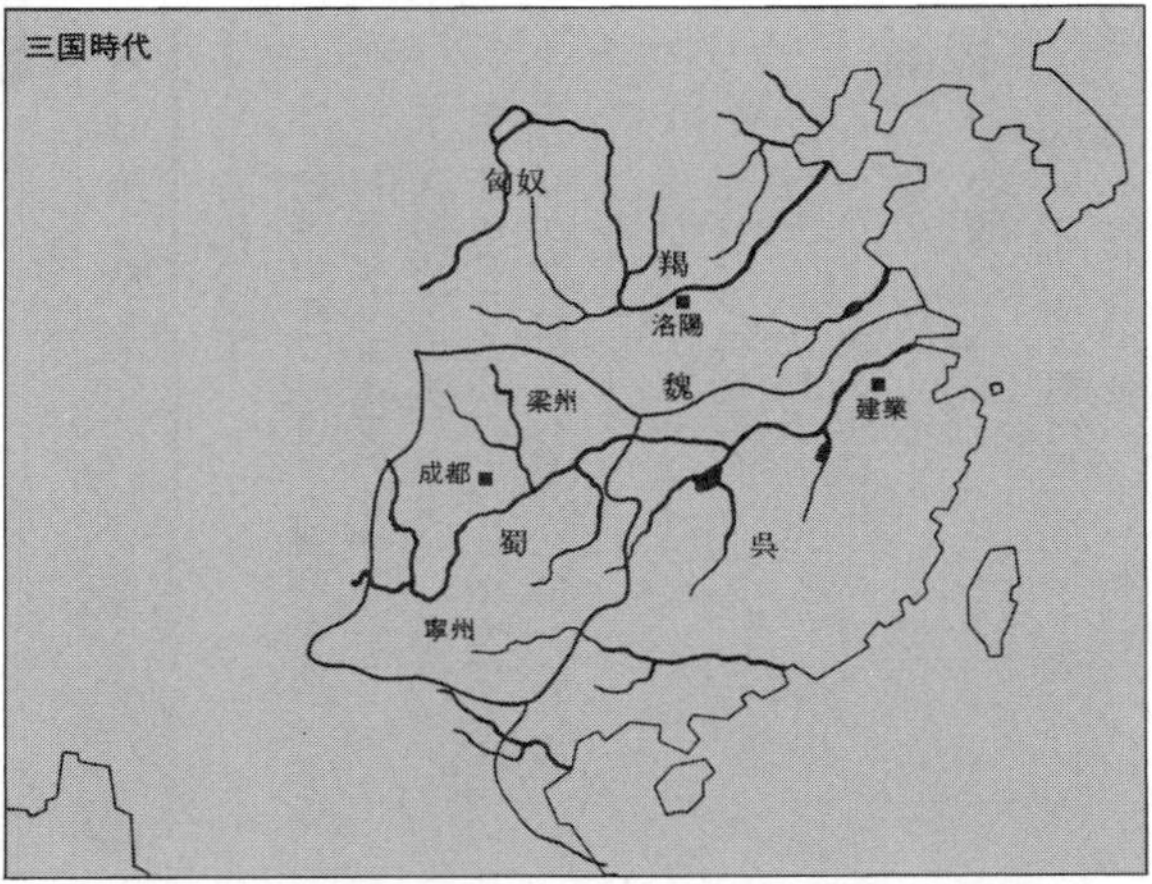
三国時代
匈奴
羯
洛陽
魏
梁州
建業
成都
蜀
呉
寧州

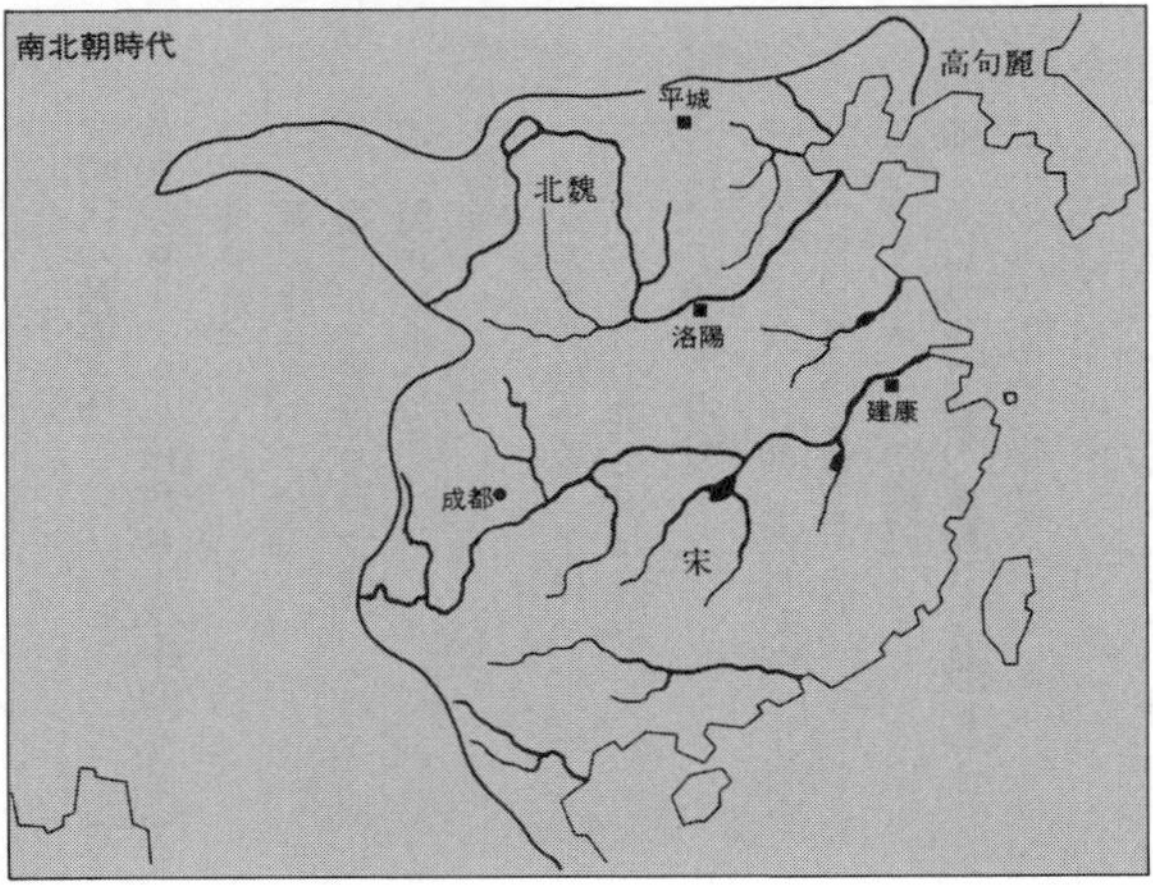
南北朝時代
高句麗
平城
北魏
洛陽
建康
成都
宋

第一章 ⚜ 戦士

第二章 戦術

第五章 ⚜ 攻城戦

第一章

戦士

ギリシア時代の戦士

初期のホプリタイ（重装歩兵）

古代ギリシアの戦士といった時、真っ先に浮かぶのがこの格好でしょう。ホプロン[*一]と呼ばれる大きな丸い盾（これがホプリタイ：hoplite　図1の語源になっています）、頭を完全に覆ってしまう青銅のヘルメット、同様に青銅製の胸甲とすね当て、そして二メートルほどの長い槍。これらが、代表的なホプリタイの装備です。

しかし、これは有名なトロイア戦争時代、トロイア戦争（紀元前一二〇〇年）時代の戦士とはかなり異なった装備です。トロイア戦争時代、すなわち青銅器時代ギリシアの軍隊は、比較的軽装ですが（体がほとんど隠れるような）巨大な盾を持った歩兵と、重装の戦車兵、および飛び道具を使う軽装兵によって構成されていました。なぜこのような変化が起こったのでしょう。その理由は、ギリシア世界の社会構造の変化によっています。

トロイア戦争の時代、ギリシア世界はいくつもの王国に分かれていました。たとえば、ギリシア軍の総大将アガメムノン[*二]はアルゴスの王でしたし、ヘレネ[*三]をパリス[*四]に奪われたメネラオス[*五]はスパルタの王でした。したがって、軍隊も平民の歩兵部隊と富裕階級の戦車部隊に分かれているわけです。実際、戦車[*六]を持つことができる階級はエクータ（equta）という特別な名前がついていて、これは、ローマの騎士階級に似ているところがあります。実際の戦闘では、歩兵部隊も重要な役割を演じますが、貴族や王族の個人戦闘、あるいは戦車戦も大きな影響を及ぼしました。ですから、歩兵部隊はどちらかというと補助的な役割を演じていたといえるでしょう。

トロイア戦争の後しばらくして、ギリシアはいわゆる暗黒[*七]時代に入ります。この原因はよく分かりませんが、ともかくトロイア戦争に参加した王たちの文明はここで途切れてし

図1　ホプリタイ

まいます。トロイア戦争の時代には巨大な石を使った城塞が多く作られましたが、後世のギリシア人たちはそれらの建築物がどのように作られたか分からず、キュクロプス（ギリシア神話に出てくる巨人）が作ったものだと考えていました。

このような暗黒時代の後、出現した社会はかなり特異なものでした。すなわちポリス[*八](polis) です。ここではポリスの成立について議論をする余裕はありませんが、軍事的に見た場合のポリスの特徴というのは自由な市民が自らポリスを守る、すなわち（基本的には）市民皆兵である、ということでしょう。したがって、装備に費用がかからず、しかも訓練しやすい部隊を作らなければいけないことになります。

そうすると、トロイア戦争時代の戦車兵というのは費用がかかるうえに、訓練が難しいので、どうしても歩兵にしなければいけません。しかも素人の市民を集めてくるわけですから、あまり高級なことはさせられない。いきおい、密集隊形[*九]を組んで敵に突っ込むという戦術をとることになります。

このような戦術からホプリタイの装備は生まれてきました。防御用として、直径が一メートルほどの大きな丸盾（ホプロン）を持ちます。この盾の特徴は中心に腕を通すためのバンドがあって、グリップは円周上にあるということです。そのため、この盾を左手に構えると盾の右半分は自分の体を覆いますが、左半分ははみ出してしまうことになります。このはみ出した部分は密集隊形を組んだ時、左にいる兵士の右半分を守ります。このように、ホプロンは密集隊形を組んで「盾の壁[*十]」を作ることを前提にした防具といえるでしょう。戦列を崩すことは自分だけでなく、その周りの人間にも多大な迷惑を与えるため、自分だけ逃げ出すことは非常に不名誉なこととされていました。

さて、ホプリタイの基本的な防具はホプロンですが、初期にはこのほかにもいろいろな防具をつけていました。ホプロンを構えたときにはみ出るのは頭と足です。そこで、頭にはヘルメット、足にはすね当てをつけました。どちらも青銅製です。ここに描かれているヘルメットはいわゆるコリント式のヘルメットと呼ばれるもので、頭全体を覆ってしまい、目の部分だけが開いているというものです。また、胸当ても初期のものは青銅製でした。

ホプリタイの主要な武器は長さが二メートルほどの白兵戦用の槍です。この槍の持ち方は日本の槍とは違い、逆手に持って肩のあたりに構えます。これは、ホプロンが大きいため肩のあたりでないと突き出せないためでしょう。槍以外には、乱戦になったときのための剣を腰のあたりにつるしています。

二 ⚜ 軽量化したホプリタイ

初期のホプリタイの欠点は重装すぎて機動性に欠けるという点でした。ホプロンという大きな盾を抱えているうえに、青銅製のヘルメット、胸当て、すね当てをつけているので

図2　軽量化したホプリタイ

すから、その重量はかなりのものです。もっとも、重装という点では中世からルネサンスにかけてのヨーロッパの騎士の方がはるかに重装です。しかし、あちらは馬に乗れるのに対して、ホプリタイは常に自分の足で行軍しなければならないのですから、その苦労は大変なものであったと推測できます。また、コリント式のヘルメットも問題がありました。頭をすっぽり覆う形のため、このヘルメットをかぶると命令がきわめて聞き取りにくくなります。その結果、初期のホプリタイの戦術は互いに戦列をしいて、正面から攻撃するというあまり芸のないものが多かったのです。また、コストの点からいっても重いだけであまり役にたたない青銅製の胸当てなどは、あまり望ましいものではありませんでした。

そこで、ホプリタイの軽量化がはかられます（図2）。まず、ヘルメットはアッティカ式と呼ばれる、頭の上部を覆うヘルメットに頬当て[*十一]をつけたものに変わります。このヘルメットでは耳の部分が完全に露出しているので、命令ははるかに聞き取りやすくなりました。青銅製の胸当ては皮やリネン（麻）を堅くしたものになり、軽量化とともに動きやすくなりました。

以上のような改良の結果、従来のホプリタイに比べかなり運動性が良くなりました。実際、マラトンの戦い（紀元前四九〇年、ペルシア帝国の第一次ギリシア侵攻作戦における戦い。アテナイ近郊のマラトンの浜に上陸したペルシア軍をアテナイとプラタイアイの連合軍が撃破。マラソン競技の語源になったことでも有名です）では、「敵の弓の射程範囲に入ったなら走れ」という命令が出されています。

三 ⚜ スパルタのホプリタイ

スパルタは陸軍国家としてギリシア最強を誇りましたが、その兵士はこのような装備でした。これはペロポネソス戦争（紀元前四三一～紀元前四〇四年）当時のスパルタ兵（図3）ですが、特徴的なのはそのヘルメットです。これはピロスと呼ばれる円錐形をしたもので、もともとはフェルト製の帽子のことであったと考えられています。もちろん、ホプリタイの装備となったとき金属製になったわけですが、フェルト製のものも多く使われていたようです。スパクテリアの戦い（ペロポネソス戦争における戦い。スパルタのホプリタイがアテナイの軽装兵に惨敗）で、スパルタのホプリタイがアテナイの軽装兵の投げる飛び道具にあれほど脆かったのは、非金属製のピロスを被っていたからではないかといわれています。

また、スパルタのホプリタイはホプロンにΛ（ラムダ）の字が書かれていますが、これ

図3　スパルタ兵

はラケダイモンの頭文字です。なぜスパルタ[*十二]の頭文字であるΣ（シグマ）でないのかと思われるかもしれません。この理由は、スパルタ軍というのは、スパルタ市民だけでなく、市民権をもたない自由民も含めていて、それらの総称がラケダイモンだからです。ですから、アテナイの使節がスパルタに来て演説するときなどは必ず「ラケダイモン[*十三]人諸君…」といって、話を始めることになります。

四 ⚜ イピクラテスのホプリタイ

イピクラテス[*十四]はコリントス戦争（紀元前三九五～紀元前三八七年、ペロポネソス戦争の後、再び勢力を盛り返したアテナイに対してコリントスなどが起こした戦争）におけるアテナイの名将ですが、ホプリタイの軽装化をさらに推し進めました。彼はホプリタイの象徴ともいえるホプロンを直径六十センチメートルほどのものに代えました。また、すね当ても廃止し、その代わりに一種のブーツを履かせました。さらに、胸当てもキルティング[*十五]の比較的柔らかいものにして、より運動性を高めています（図4）。

しかし、このように軽装化することによって、防御力が弱くなるのは当然です。この弱点を補うため、槍の長さが従来の二メートルから、三・五メートルほどに伸ばされました。こうすれば、敵の槍のとどかないところから攻撃できるというわけです。

以上のように、イピクラテスのホプリタイは従来のホプリタイの欠点をかなりの程度まで克服した（少なくともしようとした）野心的なものでした。しかし、このホプリタイは広く受け入れられず、あいかわらず従来のホプリタイが使われ続けました。イピクラテスの考えが実を結ぶには、マケドニアのピリッポス[*十六]（フィリップ）二世まで待たなければならなかったのです。

図4　イピクラテスのホプリタイ

図5　ペゼタイロイ

五 ⚜ マケドニアのペゼタイロイ

ペゼタイロイ（Pezetairoi）はいわゆるマケドニア式ファランクス（macedonian phalanx）を構成する兵士です。ペゼタイロイに関しては同時代の絵画的資料が少ないので、厳密にはよくわからないところもあるのですが、ほぼこのような姿であったといわれています（図5）。

防具は従来の軽量化ホプリタイとあまり変化[*十七]はありません。ただし、ヘルメットはトラキア式[*十八]に変わっています。また、すね当てはアレクサンドロス大王の後継者たちの時代になると使われない場合も多くなります。ただし、盾は大きく変わりました。まずサイズが小さくなり、しかも肩からつるすための紐がつきました。そのため、左手で盾をしっかり支える必要がなくなり、両手で槍を持つことができるようになりました。

ペゼタイロイの特徴はなんといってもその槍です。その長さは四・五メートルとも五・五メートルともいわれています。ほかに、これほど長い槍を使ったのはルネサンス時代の長槍兵くらいなものでしょう。目的はイピクラテスのホプリタイと同じで、敵に対してアウ[*十九]ト・レンジ攻撃をするためでした。ただし、このように長大な槍を使ったため、ペゼタイロイの運動性には若干問題が生じました。従来のホプリタイに比べれば運動性が良いともいわれていますが（密集の度合が小さいため）、より軽装の部隊に比べればおせじにも良いとはいえません。さらに、アレクサンドロス大王の後継者の時代になると槍の長さをさらに伸ばし、おまけに防具を重装化したため、よけい運動性が悪くなりました。そのため、ローマが東地中海世界に進出したとき、ギリシアの軍隊はローマの軍団に対抗できなかったのです。

六 ⚜ ペルタスタイ

ペルタスタイ（図6）はホプリタイと飛び道具専門の軽装兵の中間に位置するものです。前に述べたように、本来、ギリシアの軍隊は大部分がホプリタイで構成されていたの

図6　ペルタスタイ

ですが、ペロポネソス戦争あたりから、ペルタスタイの数が増えてきます。これは、ギリシアの地形を考えてみれば当然の話で、あのように山だらけの土地で、平野でなければ戦闘できないホプリタイしかない、という方が異常なのです。特に、アテナイはペロポネソス戦争初期のアイトリア遠征でアイトリアの軽装兵から多大な損害を被ったため、自軍の軽装化を進め、前述のスパクテリアの戦いではスパルタ軍に圧勝しています。

　ペルタスタイの装備はホプリタイに比べるとかなり軽装です。ほとんどの場合、胸当てや、すね当てはつけません。ただしほかの軽装兵と違ってヘルメットはかぶっています。また、盾はペルタ(pelta)と呼ばれる（盾の名前が兵種の名前の語源になっているのはホプリタイと同じです）軽量小型のものです。絵に描かれる場合、ペルタは三日月形に描かれることが多いのですが、円形のものも多く使われたようです。

ペルタスタイの主要な武器は投げ槍です。白兵戦用の槍を持っている絵も残されていますが、実際にペルタスタイが白兵戦用の槍を使ったという記録はありません。

投げ槍の用法と種類

投げ槍とは英語でジャベリン（Javelin）と呼び、当然のことながら投げるための槍のことです。そのため、広い分類としてはスローイング・ウェポン（Throwing Weapon）という名称で総称されています。ちなみにスローイング・ウェポンにはヘビー・スローイング・ウェポンと呼ばれる種類があります。これは、その名の通り「重投てき武器」ですが、この部類にはケルトのランシア、ゲルマンのアンゴ、ローマのピルムをあげることができ、さらにこの中にはフランクの投げ斧、フランキスカも含まれます。

通常の槍と比べれば、ジャベリンは軽槍（Light Spear）の部類に入り、あくまで投げることを目的とした兵器で、短槍（Short Spear）のように兼用して使える槍はこの部類には入りません。しかし、もっとも一般的な投げ槍は兼用して使うこともありますから、その定義を何であるかとするには問題があります。

ただ、一番にいえることはその武器を持つ戦士の役割、戦術が何であったかを考えればそうした分類は成り立つわけです。現代人から見て明らかに投げられそうに見えても、その用法や効果的な使い方を知らなければそれを用いる真似はできても充分な効果は得られ

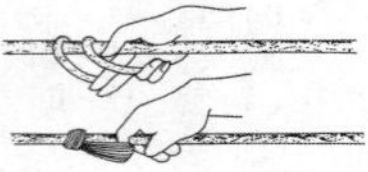

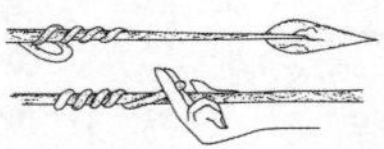

ないわけです。

古代においては、その戦法は何をするにあたっても専門に学ばなければならず、槍を投げることも、普通の人と専門家では精度や到達距離が違い、後者はそれを一定のレベルに保つ必要があるため、前者とは比べようがありません。こうした兵士はジャベリン・マン、もしくはジャベラーなどと呼ばれます。このことから、投げ槍はその外見ではなく使うものによってそう呼ばれるものと類別すべきでしょう。

投げ槍をもっとも効果的に投げる者は、時代によっては柄の部分にロープをつけて、それに指をからめて投げることを行います。この方法はギリシア時代の壺絵からもうかがうことができ、図のような種類の結び方があります。柄に結ばれるロープは主に柳科の植物を用いました。

七 ⚜ トラキアのペルタスタイ

ギリシアのペルタスタイに大きな影響を与えたのは、アイトリア、イリュリア、トラキアなどのギリシア周辺地域の軽装兵でした。なかでも直接的な影響の大きいのがトラキアのペルタスタイです。装備はギリシアのペルタスタイとほぼ同じ、というよりギリシアのペルタスタイがこれに似ているというべきでしょう。ただ、トラキアのペルタスタイの場合はマントを着ているという点が若干異なります。主要な武器が投げ槍であるのも同じですが、ロムパイア[*二十]と呼ばれる白兵戦用の武器を持っている点がトラキアのペルタスタイの特徴です（図7）。

ロムパイアがどのようなものであるかについては諸説ありますが、この絵に示したような、曲がった刃のついた棒状の武器である、というのが一般的な見解のようです。

図7　トラキアのペルタスタイ

八 ⚜ ギリシアの軽装兵

ギリシアの軽装兵（図8）は、投げ槍、弓、スリング（sling）などの飛び道具を専門に扱います。ですから、白兵戦用の装備はないに等しく、多くの場合短剣くらいしか持っていません。ただし、よりよい装備の部隊もあって、リネンや皮の胸当てをつけた部隊や、ヘル

図8　ギリシアの軽装兵

メットをかぶった弓兵の絵も残されています。さらに、盾を持っている場合もあります。

九 ⚜ ギリシアの騎兵

いままで述べてきたように、ギリシアの軍隊は歩兵が中心で、騎兵は補助的な役割に使われてきました。これは、山の多いギリシアの地形を考えればもっともなことで、実際、ギリシアで馬が走り回れるような平原といえば、テッサリアくらいしかありません。

ギリシアの騎兵（図9）はペルシア帝国の騎兵などと比べると軽装で、重騎兵といっても、馬に防具をつけることはありません。また、この当時の騎兵すべてがそうですが、あぶみが発明されていないため、馬上での戦闘がやりにくいという問題もありました。

ギリシアの騎兵の装備は、基本的には歩兵のそれと同様なものです。重騎兵の場合はヘルメットと胸当てを、軽騎兵の場合はヘルメットだけをつけます。すね当てをつけることはあまりなく、主にブーツをはいています。盾を持つことはあまりありません。

武器は、投げ槍か短めの白兵戦用の槍で、あまり強力な戦力を持っているとはいえないことが分かります。

図9　ギリシアの騎兵

図10　マケドニア重騎兵

十 ✤ マケドニアの重騎兵

マケドニア[*二十一]の重騎兵の装備もほかのギリシア重騎兵と大きな違いはありません。ただ、その武器が異なっていて、三・五メートルほどの長槍[*二十二]「サリッサ」になっています。このため、白兵戦能力が高まり、決戦部隊として使用されるようになりました（図10）。

十一 ✤ 象

ギリシア人が象を戦争に使うようになったのは、アレクサンドロス大王以後です。よほどヒュダスペス川の戦いにおけるポロス[*二十三]軍の象部隊が印象に残ったのでしょう。初期の象部隊（図11）は象使い

図11　戦象

と戦闘員がただ象の背中に乗っているだけでしたが、しばらくすると象の背中に箱をくくりつけて、戦闘員はその中に入って戦うようになります。

しかし、象というのは兵器として使うには不向きな動物で、象のおかげで勝ったという戦いはあまりありません。もちろん、象を見たことのない敵を相手にするときは非常に有利ですが、相手が適切な処置をとった場合は役に立たないばかりか、自軍に損害を与えることのほうが多いという困った部隊でした。

＊一　ホプロン（Hoplon）　ホプロンと似たものにアスピス（aspis）という盾があります。これはドリア式のもので、トロイア戦争の戦士達が使ったとホメロスが記しています。

＊二　アガメムノン（Agamemnon）　ミュケナイ（またはアルゴス）の王でスパルタ王メネラオスの兄で、トロイア遠征時にはギリシア軍の総司令官です。ホメロスの『イーリアス』においては利己的で決断力がありませんが、勇敢な人物のようです。

＊三　ヘレネ（Helene）　メネラオスの妻で絶世の美女であり、トロイアのパリスに連れ去られたことは、記した通りです。

＊四　パリス（Paris）　トロイアの王。彼がヘレネをスパルタからトロイアへ連れ去ったことが、十年に及ぶトロイア戦争の原因となりました。

＊五　メネラオス（Menelaos）　スパルタの王で、アガメムノンの弟で、ヘレネの夫。トロイア戦争ではさまざまな活躍をし、あの「木馬」に乗って、トロイア市内に突入した一人でもあります。

＊六　戦車　ここでいう戦車とはチャリオット（Chariot）のことで、キャタピラで走る金属製の戦車

(Tank) ではありません。

*七　暗黒時代　いわゆるダークエイジと呼ばれる紀元前一二〇〇～紀元前七〇〇年頃。

*八　ポリス　ギリシアの都市国家。

*九　密集隊形　ギリシア語ではファランクス (Phalanx) という。

*十　盾の壁　シールド・ウォールというもので、盾がきれいに並ぶと壁のように見えることからこう呼ばれました。

*十一　頬当て　ヘルメットの左右についているものです。

*十二　スパルタのΣ　ギリシア語ではスパルタを「Σπαρτη (シグマ・パイ・アルファ・ロー・タウ・エータ)」とつづります。従って、スパルタの頭文字は本来ならΣとなるわけです。

*十三　ラケダイモン人とスパルタ人　スパルタ市民とは文字通りスパルタの市民権を持った自由人で国政に関与できたのは彼らだけでした。しかし、その数は少なく、スパルタにはドーリア人と一部の先住民を「ペリオイコイ」と呼んで、ゆるい隷属のもとに置きました。ペリオイコイは国政に参加することができませんでしたが兵役の義務だけは課せられています。ペリオイコイ以外の先住民は「ヘイロータイ」と呼ばれ、土地を持たない奴隷身分で、スパルタ人に仕え、彼らの畑を耕しました。ラケダイモン人とはこうしたスパルタ人以外の総称なのです。

*十四　イピクラテス (紀元前四一五～紀元前三五三)　アテナイの将軍で、ペルタスタイの重要性を初めて実証した将軍として知られ、ペルタスタイを率いてスパルタのモナを壊滅させたことで有名になった人物。

*十五　キルティング　この用法や言葉は十字軍の時代にもたらされたものですが、ここでは読者の理解を得られるよう考えて述べました。

＊十六　**ピリッポス二世**　マケドニア（Makedonia：現在のバルカン半島の一部でギリシアの北方に位置する国）の王でアレクサンドロス大王の父。

＊十七　**トラキア（Thrakia）**　バルカン半島の東南地域にある国で、マケドニアと接する山岳地帯の国家。

＊十八　**アレクサンドロス大王（AlexandrosⅢ：紀元前三五六〜紀元前三二三）**　英語読みでいうところのアレキサンダーのことで、マケドニアの王としてアケメネス朝ペルシアを滅ぼし、一大帝国を築き上げた。

＊十九　**アウト・レンジ攻撃**　敵の射程外から攻撃する方法で、射程が長い武器を持つ者ができる攻撃手段。

＊二十　**ロムパイア（Rhomphaia）**　ローンファイアとは発音しません。それはギリシア語では単語のなかに「h」、いわゆる有気音を使う事はないからです（ただし、ΦやXなどは正確には「プフッ」、「クフッ」と発音しますから、まったくないとは言いませんが）。ところが、単語には「h」が平気で先頭にくることがあります。そのため母音で始まる単語の先頭には「’」、「‘」という記号をつけます。「‘」は有気記号、「’」は無気記号です。例えばホメロスは「‘OHMPOΣ」、アテーナーは「’AΘHNA」となり、rhoも「ロー」とは発音せずに「ロ」となります。

＊二十一　**マケドニアの重騎兵**　正しくはヘタイロイと呼ばれます。

＊二十二　**長槍**　彼らが持った長槍はサリッサ（Sarisa or Sarissa）と呼ばれました。また、サリッサを持った軽騎兵はプロドモイ、またはサリッサポロイと呼んでいます。

＊二十三　**ポロス**　ヒュンダス河（ジェルム）近辺を領したインドの王。

ギリシアの敵

アケメネス朝ペルシア

ペルシアは遊牧民族として知られ、その領土は小アジアはもとより、インドにまで接していました。そのため、戦士もさまざまで、インド[*一]の戦象からギリシアのホプリタイまでいます。ここでは特にアレクサンドロス大王と戦った戦士達を挙げますが、ペルシア戦争においても似たような姿であったと考えてもよいでしょう。

図1右端はペルシアの重装騎兵で、騎乗する兵士は下半身に鱗状の金属製鎧をつけています。そのため、この時代の騎兵としては充分に重装したものでしたが、ペルシアの騎兵がすべてそうだったように、彼らも盾を装備していませんでした。しかし、対するアレクサンドロスの重騎兵も盾を持っていませんでしたから立場は同じといえるでしょう。この鎧はスカート状のもので、彼らはこれを腰に巻きつけていたのです。ちなみにスカートはバビロニア時代から見られるようになったものです。

中央の戦士は「オイ・メロポロイ」[*二]と呼ばれる近衛兵です。名の意味は〝金リンゴの槍もちたち〟で、槍の石突き部分には金製の先の丸まった金具がついていました。これが、「金

図1　アケメネス朝ペルシアの戦士

の林檎」と呼ばれ、それが彼らの呼び名の由来となったのです。この時代のペルシア人は体形にピッタリとしたチュニックと模様のついたズボンを履き、頭にはズキンをかぶっていました。左端はカルダッケスと呼ばれるペルシアのペルタスタイで、彼らもまた飛び道具を持ち、槍、戦闘用ピックを装備しています。腰につけているのは弓矢を収納している皮製の入れ物です。彼らの弓は百二十センチメートルもある大きなもので、その射程も長く、クセノポンはペルシアの弓兵はクレタの弓兵をアウト・レンジ射撃できたと述べています。服装は、やはりほかのペルシア人同様に頭巾をかぶり、ズボンを履いています。

図2　インドの戦士

二 ⚜ インド

もし貴方が古代の軍隊の指揮官であったとしたら、一番戦ってはならないのがインドの軍隊です。なぜなら、彼らは沢山の戦象と重戦車*三を扱い、馬は鎧をつけ重装化されていて、さらに戦士達は長弓と両手剣で武装しているからです。これは、長槍で武装した当時の装備を考えるとかなり異なったものであったといえるでしょう。

図2左端はアレクサンドロスの軍隊が戦った紀元前四世紀頃の典型的なインドの戦士です。彼らの弓はペルシア人のものよりもさらに大きく矢は百四十センチメートル近くもありました。しかも、毒が塗ってあったため、どこに当たっても

致命傷となります。腰にはアシ（Asi）と呼ばれる広刃の剣を下げています。

中央はアシヤシ（Asiyasi）と呼ばれるアシを更に大きくした剣を携帯した戦士です。この剣は刃の長さだけでも百四十センチメートルはあり、相手を両断するために作られた、とても強力な武器でした。また、彼らは時として金属の輪をはめ込んだ大きな木製の棍棒を持つこともありました。

右端の戦士は女性近衛兵です。インドの王達は多くの場合その身辺警護のために女性の戦士を仕えさせました。こうした女性近衛兵はチャンドラグプタ王[*四]の時代より見られ、二世紀頃まで存在していたようです。彼女達の主な武器はやはり剣でした。

＊一　**インドの戦象**　アレクサンドロスの軍隊が最初に象に遭遇したのは、なにもインド軍と遭遇した時ではありません。アケメネス朝ペルシアの軍隊にも戦象は少ない数ですが存在しました。ただ、インド軍は沢山の象を使って戦闘したため、大変な印象を与えられました。

＊二　**石突き部分**　槍の末端の部分で、よく地面に突いている部分のことです。時代や、武器の用法によって金属で覆われていることや、尖っているものもあります。ここでの例もその一つです。

＊三　**重戦車（Heavy Chariot）**　四頭の馬が引き、三人以上の戦士（御者を除く）が搭乗することができたもので、敵に突撃して被害を与えることができました。

＊四　**チャンドラグプタ王（Chandragupta：紀元前三一七頃～紀元前二九三頃）**　マケドニアの勢力をインドから追いやったマウリア朝（紀元前三一七頃～紀元前一八六頃）の王。

ローマ時代の戦士達

共和政ローマから帝政ローマ中期まで

一 ⚜ 重装歩兵

　ローマ時代の戦士の中核をなした重装歩兵は、その形態の変化はあったとしても特長は大きくは変わりません。彼らは共和政のごく初期を除けば皆、金属製の鎧を着込み、盾（スクトウム：scutum）を持ち、ピルム（pilum）と呼ばれる投げ槍を装備し、腰にはグラディウス（gladius）と呼ばれる刃幅の広い短めの剣を携帯していました。腰には初期では皮製のベルトをしており、後期には短剣と対になった金属部の多いベルトに変わっていきました。

　このローマの戦士の基本をなした装備はローマ独自のものではなく、ローマの起源となったエトルリアの軍隊にもとづくものです。エトルリアは地中海世界が繁栄するさなか、ギリシア文化の影響を受けて建国された都市国家で、小アジアあたりから移民してきた民族だと言われています。彼らはイオニア[*一]都市同盟をモデルに十二都市同盟を発足しました。そして、豊かな鉱山資源によって目ざましい発展をとげていきます。紀元前六世紀にはカルタゴと同盟してギリシア人を海戦[*二]（アラリアの海戦）で撃ち破るにまで至りましたが、相次ぐガリア人[*三]の侵入によって衰退し、結局、王政から共和政に国政改革したローマによって、滅ぼされてしまいました。

　エトルリアはギリシアの影響を強く受けていたため、その軍隊も図1のようなエトルリア式ホプリタイと呼ばれる重装歩兵が中心です。彼らはギリシアのホプリタイ同様に、円形状の青銅製の盾を持ち、上半身を防護する錫や青銅製の鎧を着ています。手にしていた武器は後のピルムの原型となるもので、初期の物はローマの戦士が使ったものよりは若干小さめです。

　ピルムの特長として知られていることは、普通の投げ槍よりも穂先が長いことで杖のように伸びて槍全体の半分は金属になります。この穂先はエトルリア時代の後期にソケットのように槍の枝に差し込むようになります。この時点で金属部分の長さは一・二メートルはあり、後のローマの戦士が使用したピルムよりも長いものです。ピルムは通常の投げ槍と比べると数段破壊力のある武器でしたが、重いため射程が短く、それが欠点でした。

　一般にピルムには二つのタイプがあります。それは、初めから投げるための専用の物と、通常の槍としても使える物です。前者は、明らかに細く軽くできていてピラ（pila）と呼ばれています。また、ピルムには中間部分に穂先のジョイントを兼ねたピルム自身のおもりとなる部分があります。後期においては、さらに威力を増すため、球形のおもりが

図1　エトルリア式ホプリタイ

追加されています。ピルムの穂先はピラと比べれば太くできています。ピラは穂先である鉄製の部分が大体二十六～九十センチメートルぐらいでピルムは七十センチメートルから、時代によっては九十五センチメートルもあるものも存在しています。

ローマの戦士はピルムを投げ、それによって先制攻撃を加え敵を混乱させたところへ密集して突撃し、大きな盾に隠れながら剣を執拗にくりだして攻撃する戦法を得意としました。もとを正せばこれもエトルリアの軍隊の戦法ですが、この先制攻撃にさらに破壊力を増したのがピルムによる攻撃です。ローマ軍はこの戦法を行うため、近寄って行く過程で投げるものとしてピラとピルムという順序で使用しました。これは先にも述べたようにピラが軽く、ピルムよりも遠くに投げることができるからです。

しかし、ローマ軍の装備品の原則や使い方は、その軍を指揮する将軍によって変わることもあります。たとえばアレシア[*四]で戦ったカエサルのローマ軍団はピラだけを二本装備していたということや、迫り来るガリアの騎兵にピラを投げず、槍のように前に突き出して威嚇したということがあります。ピルムは長い間ローマ軍の主要兵器でありましたが、その帝国の末期において、長槍（パイク[*五]のようには長くない）を持ち、皮製の鎧で身を包んだ姿へと変貌し、その面影はまったく残らないものになっていきます。

ローマの戦士達はピルムと同様に、必ず剣を携帯しています。剣は、よくサイドアーム（主要兵器を失った時の代用武器）と思われていますが、彼らにとっては剣も主要兵器の一つです。剣は鉄製で、刃幅が広く両刃のものです。そして、それを使う戦士一人一人が充分に卓越した使い手なのです。

彼らの使用していた剣は我々がイメージする剣より短く、現在の短刃剣の部類に入るものです。共和政初期にはローマ軍の剣は二つのタイプがあります。これはポリビウス[*六]によれば、第二次ポエニ戦争でイベリア半島に攻めいった時にローマ軍が戦利品とした七十センチメートルほどの長さの剣です。これはヒスパニアのグラディウスと呼ばれています。この剣は根元から中央まで同じ幅の剣で切っ先に向かって段々と幅広くなるものです。

もう一つはギリシアタイプと呼ばれるもので、リウィウス[*七]はこれを五十二センチメートル程度の切っ先の鋭く尖った剣であったと述べています。この剣は根元から中央にかけて細くなり、先端に向かってまた刃幅が広がっていくタイプの剣でした。この二つはユリウス[*八]・カエサルの時代からは、統一されたグラディウスに変わり、歩兵用の物で長さは六十センチメートルぐらい、刃幅は十センチメートル近くになります。ローマ軍は、戦争で功績のあった者に勲章の代わりに優れた細工を施したグラディウスを与えることもありました。

彼らのヘルメットは初期の物は青銅製で紀元前一世紀中頃には鉄製に変わっていきます。基本的な形状として帝政時代も含めれば十五種類ほどありますが、図2の兵士がかぶっているものは共和政時代のもっとも有名なタイプで、三本の羽根飾りがついています。

このような飾りは共和政の時代を通してのみ見られるもので、帝政時代にはヘルメットに羽根飾りをつけていたのは指揮官クラスの兵士か騎兵部隊に属する兵士だけでした。共和政末期には馬の尾の毛を束ねた飾りをつけたものが主流となっていき、帝政期にはヘルメットのてっぺんに少し見られるだけです。

共和政時代のローマ軍の中核である重装歩兵はその戦列隊形から三種類の呼び名を持っています。彼らは年齢順に隊列を組んで並び、通常は三列に並びました。一列目がハスタティウス（hastatus）、二列目がプリンケプス（princeps）、三列目がトリアリウス（triarius）です。彼らの装備は先に述べたピルムとピラで最後の三列目だけが長槍を持っていました。この理由についてはこの後の戦術の章でもうすこし詳しく述べます。共和政ローマの軍隊はそれ以前の王政時代の人、セルウィウス王の軍制が産んだ[*九]トリブス制によって市民が自前で装備を整えて軍隊に参加していたため、彼ら重装歩兵は当然のことながら富裕階級の生まれでした。つまり、鎧を自前で揃えられる者が重装歩兵として軍に参加していたのです。図2はそうした三種類の重装歩兵の姿です。

共和政のごく初期の間には左端のような胸と背中の一部分だけしか防護できない青銅製の鎧というよりは板のようなものをつけていました。これは図のように四角い形をしたものと丸い形をしたものがあります。基本的に四角いものがローマ市民軍で丸いものがそのほかのラテン同盟軍のものです。この姿をした重装歩兵は紀元前三世紀にエペイロスの[*十]ピ

図2　重装歩兵

ユロス王が攻めてきた頃まで見られ、ポエニ戦争[*十一]が起こる頃には中央のようなチェイン・メイル（ロリカ・ハマタ：Loricae hamata）を着込んだ姿をした戦士が多くを占めるようになります。鎧の下にはチュニック[*十二]と呼ばれるこの時代独得の胴着を着ています。

　この鎖帷子は皮製の下地に鉄製のリングを無数につなぎ合わせ張りつけたものでいわゆるチェイン・メイルと呼ばれ、二つのタイプがあります。それはチョッキ状に作られた物と後ろから肩にかけて前で止める肩掛けのような部分を追加した物です。この肩掛け部分を追加した物は一般にはギリシアタイプと呼ばれています。この鎧は剣で切りかかられたぐらいでは切り裂くことができないほど優れたものでした。カルタゴ、ヒスパニア、などのローマ圏に深く関係のあった戦士が好んで使用しています。図2の右端の戦士はそのチェイン・メイルを身につけたトリアリウスで、図のように長槍を装備しています。この装備はマニプルス戦術（戦術の項参照）をとった時のもので、それ以前にはピルムを持って戦ったのです。

共和政末期のローマ軍は兵種のすべてが統一され、レギオナリウス（Legionarius）と呼ばれる兵士達が主力となります。これは要するに軍団兵と呼ばれる兵士達のことで、彼らは以前のような自前で参加する兵士とは違い、充分に訓練された兵士達に装備を与えたものです。ただ、このレギオナリウスにはローマの市民権を持つ青年しかなれませんでした。彼らは見た目の装備の形状の変化はあるにしても、実はその内容や装備は共和政の初期から中期と同様です。しいて違う点を述べるなら、短剣（プギオ：pugio）を携帯するようになったことです。これは、帝政の初め、アウグストゥスの時世より見られるようになります。図3、4の絵はそうした彼らの時代別の姿です。共和政末期から帝政初期は図3の左端のようなチェイン・メイルを着た姿でしたが、一世紀の中頃からは図4のような姿に変わっていきます。

図を見れば分かるように鎧は新たなものに変わっています。その特長はそれまでのチェイン・メイルから鉄製の板をつなぎ合わせたプレート・アーマー（ロリカ・セグマンタタエ：Lorica Segmantatae）への変化です。多分皆さんにもっとも馴染みのあるローマ軍の姿が

図3　共和政末期から帝政初期における重装歩兵

ここにあります。また、指揮官クラスの中には、鱗状の金属をつなぎ合わせたスケール・メイル・アーマーを着る者がいました。この鎧は、三世紀から四世紀の初期に活躍したプラエトリウスと呼ばれる近衛部隊が好んで身につけています。

彼らが首に巻いているスカーフのようなものは、ローマ軍独得のもので、戦場でケガをしないためのおまじないのようなものから始まったといわれ、二世紀頃には当たり前の物になっています。こうしたおまじないは、ローマ軍の着る衣装やそのほか装備の色にも現れています。たとえば彼らが好んで使用した赤い色は、ローマにとって勝利を表す色でした。凱旋式を行う将軍達はその顔を赤く塗ったと伝えられています。また、カエ

図4　1世紀中頃からの重装歩兵

サルは戦闘時には必ず赤い衣装を着ていたと[*十三]プリニウスも書き残していますし、ローマ神話の軍神マルスは、赤い色を基本色とした神としても知られています。

　ローマの戦士が持つ盾は何枚もの木板を三重に張り合わせ、その上から塗装された布地を張りつけたもので、その縁は金属製の金具で止められています。中心部も金属の金具を取りつけてあり、この部分の裏側には握りがついています。この盾は形こそ変わっていきますがその作り方は帝政時代を通して同じものです。ただ、共和政末期から帝政時代には[*十四]各軍団ごとに独自の紋様を描きました。

　ローマ人は、その多くがサンダル（カリガ）を履いています。ブーツなどの履物がなかったわけではありませんが、サンダルが主流であったのには理由がありました。それはブーツが神の行事にたずさわる神官か、高い地位の役人しか履くことが許されていなかったためです。このサンダルは軍用の物として知られ、一枚の皮によって作られています。サンダルの裏には滑り止めのために、鉄製のスパイクがついていました。そして、皮製の状態そのままの色をしていなければなりません。カエサルが赤いサンダルを履いた時、元老院から叱責されたのは有名な話です。また、足は左だけを防護する青銅製の防具をつけています。これは盾を構えピルムを投げる際に前に出てしまう左足を防護するためです。また、常にピルムを投げる体勢で近づくとどうしても半身の状態になって左足が前へ出てしまうためでもあります。しかし、この防具は共和政末期からつけることはなくなりました。

二 ⚜ 軽装歩兵

共和政初期において軽装歩兵はウェレテス[*十五]（velites）と呼ばれ、その装備は木製の円形の盾と通常の投げ槍で、腰には剣を携帯していました。彼らはスカーミッシュ[*十六]を行うための兵士達で、その用途はギリシアのペルタスタイに近いものです。彼らは図5左端のようにヘルメットをかぶり、時にはその上から狼の毛皮をかぶることもありました。ウェレテスはローマ市民であるため、ほかの国の雇われ部隊よりは士気が高く優秀な部隊でした。

図5　ウェレテスとアウクウィリウム

共和政末期からは、こうした軽装兵はそのほとんどが外国からの傭兵で補われるようになり、それまでの軽装兵は軍団兵の補助部隊として軽装兵よりは重装な部隊に生まれ変わりました。彼らはアウクウィリウム(Auxilium)と呼ばれ、ピルムは持たないまでも、ごく初期を除けばチェイン・メイルで身を固め、通常のスカーミッシュよりは間隔を狭めた密集隊形をとって敵のスカーミッシュを蹴散らすだけの装備を身につけています。図5の中央と右端の戦士はそうしたアウクウィリウムの姿です。

三 ⚜ 指揮官と特殊な戦士達

ローマ軍はその役職によって厳格に決められた装備を身につけています。これは何

図6　トリブヌス、レガトゥス、ケントゥリオ

もローマ軍だけでなく、ほかの軍隊や蛮族達にもそれなりのものがありましたが、統一性にかけてはローマが一番ととのっていたといえるでしょう。図6の左端の者は共和政時代初期の軍団司令官で、[*十七]トリブヌス（tribbunus）と呼ばれます。中央の者は総指揮官（レガトゥス：Legte もしくはコンスル：Consul）です。彼らは図のようなロリカ（lorica）と呼ばれる金属製の鎧を着ています。この鎧は胸の部分に浮き彫りがあって、位が高ければそれなりに優れた模様をあしらってありました。彼らは肩や腰に皮製の防具をつけていました。ただ、これは帝政期においては、普通の重装歩兵もつけています。

彼らのチュニックは白い色で一本の紫

の線が裾にあります。これは、指揮官などの役職を持ったものだけがつけていたものです。紫色はこの時代には貴重なもので、よく階級を表す色に使われました。なぜなら紫色の染料はプルプラと呼ばれる貝からのみ取れる色だったからです（プルプラは後に英語、パープルの語源でも有名ですね）。

図の右端は帝政時代の部隊指揮官でケントゥリオ[*十八]、すなわち百人隊長と呼ばれていた者です。ヘルメットには図のような羽根飾りがついていて、手には葡萄の木の杖を持っていました。これは鞭のような用途で、奴隷や軍律を乱す兵士を叩くために使いました。彼がつけているマントはサグルムと呼ばれる短めの外套で、一般兵はサグム[*十九]と呼ばれる質の悪い物を着用していました。サグルムは上質の外套で、これよりも大きな外套はパルダメントゥムと呼ばれ、さらに上級の指揮官しかつけることができませんでした。

図7の左端に立つ戦士はトラヤヌス[*二十]帝時代の第二回目のダキア遠征に参加した重装備したローマの戦士で、ダキア人の使う両手兵器ファルクス（falx）から身を守るための苦肉の策を施した姿です。このファルクスは刃から握りまですべて金属製の一体型のS字型剣でダキア人は両手でこれを振り回し、力まかせにたたきつけてくるためその防御策としてこのような姿になったのです。

中央の戦士はトラヤヌス帝時代のエリート弓兵で、一般の弓兵と違い鎧で身を固めていました。腰には剣をつるし、時には小型の斧を持っていました。左手にはめているものは

図7　トラヤヌス帝時代の兵士

皮製の小手で、もう少し時代が進むとこれが手袋のようになります。こうした兵隊は、格好は変わりますが、[*二十一]ハドリアヌス帝の時代には、あの有名な[*二十二]ハドリアヌスの城壁で北方から攻めよる蛮族と勇敢に戦いその名を一躍上げています。ローマ軍の特に優秀な弓兵は皆このように鎧をつけていたのです。

右端の戦士は帝政時代の軍楽兵で、図のような角笛を持っており、頭から獅子の毛皮をかぶっていました。また図ではももひきのようなズボンをはいています。これは一世紀頃から兵士達の間で広まったもので、それまでは蛮族の風習として決して履くようなことはありませんでした。図はトラヤヌス帝時代の兵士です。

図8　ヌミディアの騎兵と重騎兵

四 ⚜ 騎兵

共和政の初期において騎兵は重装歩兵よりも社会的身分の高いものでした。彼らは中世の時代の騎士達と同様のもので、共和政期にはエクエス（eques）と呼ばれました。図8の右側の兵士はその当時の騎兵です。ローマにおいては騎兵は鎧で身を固め、比較的大きめな円形状の盾を持った兵士が騎乗する重騎兵と呼ばれる者と、図の左側のような盾と投げ槍だけを持った軽騎兵がいます。重騎兵はローマ市民からなりますが、[*二十三]軽騎兵はおおよそが傭兵でした。図はヌミディアの騎兵で鞍もつけない裸馬に騎乗しています。しかし、ヌミディア騎兵はとても優秀な騎兵として知られ、あのカルタゴ

図9　帝政期の重騎兵

の名将ハンニバル[*二十四]もその配下に加えていました。

図9は帝政期における代表的な重騎兵です。右側の騎兵は近衛騎兵で、特にこの図の騎兵はプラエトリウスと呼ばれる部隊の者です。彼らは図のように、鱗状の鎧を身につけて、鎧の下に着ているチュニックにはその袖口に線が書かれ、ヘルメットも優れた象眼が施されていました。この独得な姿から察するに彼らがいかに優秀な騎兵であるかをうかがうことができます。盾の模様からも分かるようにトラヤヌス帝時代の近衛騎兵です。ちなみに近衛騎兵は、カエサルの時代に生まれたもので、彼がいつもひきつれていたガリア人の優秀な騎兵部隊がその最初といわれています。

メイル

メイル（Mail）とは英語で輪、鎖、金属片をつなぎ合わせて作る鎧のことを指します。語源はラテン語のマクゥラ（Macula）でこの意味は「網の目状の物」となります。メイルが生み出されたのは紀元前五、六世紀でケルト人が作りだしたものと思われています。ギリシアにはガラタイ人が伝えたといわれています。暗黒時代においてはフランク、ノルマン、ヴァイキングが好んで使用していたことはこの本で述べた通りです。

一般的にただメイルといえば金属製の輪を無数につなぎ合わせたものとなりますが、技術の発展によっていろいろな種類が作られるようになります。それは、リング・メイル（Ring Mail）、チェイン・メイル（Chain Mail）、スケール・メイル（Scale Mail）やプレート・メイル（Plate Mail）などと使い分けて呼んでいます。これはつなぎ合わせたものの違いによって種別するためで、リング・メイルといえば（a）のような、輪を平につなぎ合わせたもので、直接リング同士をつなぎ合わせるようなことはせずに、皮紐や金属ワイヤーで皮製の下地に縫い込んだものです。このようなメイルを別名として、リンゲージ・アーマー（Ringed Armor）とも呼びます。

チェイン・メイルは（b）のように輪を斜め状につないだ物で、リング・メイルよりも多くの輪を使っていますが、リング・メイルも後期には小さな輪を使用するようになったので、一概にその数だけでは比較できません。しかし、チェイン・メイルもそのリングが小さくなっていきますから最終的な数ではリング・メイルを上回ることになります（たとえばローマのメイルに使われた輪の大きさは八～十六ミリメートルまでの種類があります）。どちらが簡単にできるかというと、時間がかかるのがリング・メイルで、技術がいるのがチェイン・メイルです。リング・メイルやチェイン・

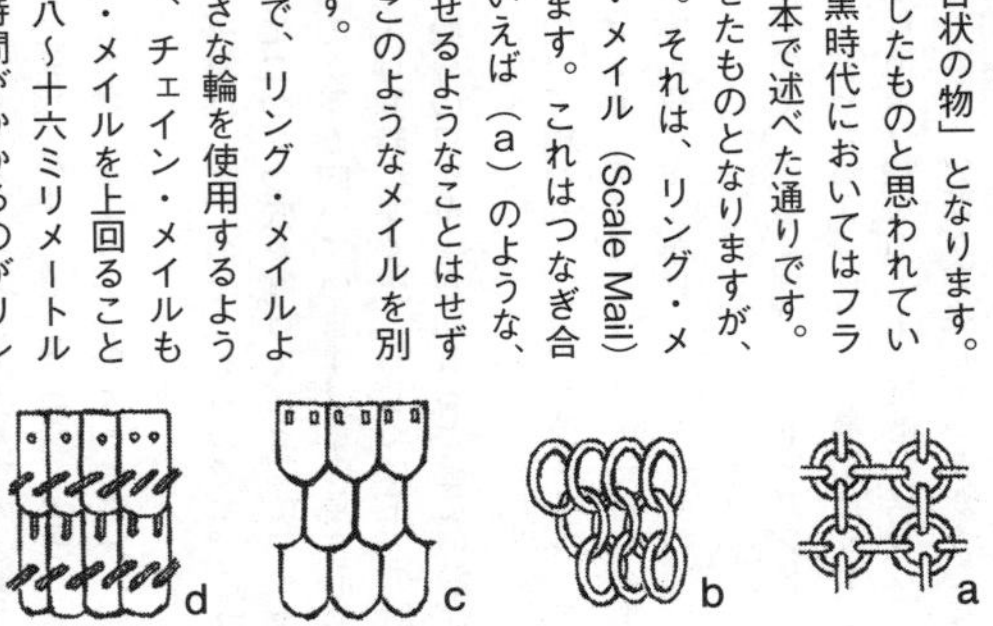

メイルは剣の切断に対して効力を発揮しました。コストの点ではリング・メイルの方が安いでしょう。それは、金属の量から考えるもので、現在作るとなると、人件費からリング・メイルの方が高くつきそうです。また、チェイン・メイルにはダブル・メイル（Double Mail）、バー・メイル（Bar Mail）、オーグメント・メイル（Augment Mail）などの種類もあります。これは、主にリングの太さや形状、固定方法の違いで分けたものです。

スケール・メイルは鱗状の金属製薄板をつなぎ合わせたもので外見は（c）のようなものです。これは紐や金属のワイヤーで先端を丸めた長方形状の薄板の両サイドに二つずつ穴を開けて、そこにワイヤーを通してつなぎ合わせていくもので、鱗のように、丸まったものが下を向いています。この長方形の辺の比率は大体二対三といったところです。薄板をつなぐワイヤーは同時にすぐ上（もしくは下）の段の薄板の左右でつなぐものと兼用になっています。ですから、一段分のワイヤーが切れるとそこで鎧が二分割されてしまいます。

これに対し、一対三の比率の長方形状薄板で、丸めた辺が上を向いて縫われているのがラメール・アーマー（Lamellre Armor）といいます。このラメール・アーマーは（d）のようにすべての辺に穴が開けられていて、複雑な縫い合わせになっています。このため、一本のワイヤーがほぐれても、その部分がダメになるだけです。

プレート・メイルはメイルの上にさらに鉄板をつけて強化したもので、正しくはプレート・アンド・メイルとなり、鎧を組み合わせた時の呼び名です。十三世紀頃から見られるようになり、最初は皮などで補強していますが、すぐに鉄板へと移行します。ただ、この頃はあまり鉄を加工する技術が発展していなかったため、すべてをプレート化することは行われませんでしたし、火器が存在していなかったため、その必要性も絶対的なものではなかったのです。そのためにプレートとメイルの組み合わせは長い間続きます。ちなみに、プレート・メイルとプレート・アーマーは別のものと考えたほうが良いでしょう。

＊一　**イオニア都市同盟**　小アジアの西岸地方辺りをイオニア(Ionia)と呼び、この地方には九十を超える植民都市が点在しました。一つの都市では何もできないことから、大きな都市を中継都市（母市）として、対外交易を行いました。もっとも有名な中継都市として、ミレトスがあります。

＊二　**アラリア海戦**　ギリシア人海賊を相手に西地中海の覇権をかけた海戦で、コルシカに拠点をもったギリシア系民族のフォーキア人の五十隻からなる大海賊軍と戦った。お互いに被害は甚大でありましたが、結局、拠点を維持できなくなったフォーキア人が西地中海から撤退しました。

＊三　**ガリア人の侵入**　紀元前四〇〇年頃から始まり、ローマと初めて衝突したのは紀元前三九〇年、クルシウムの戦いにおいてです。

＊四　**アレシア（Alesia）**　セーヌ川下流のヴィックスの丘近くにある現在のアリーズ・サント・レーヌという村らしい。ガリア人の貴族ウェルキンゲトリスクを大将としてローマに対して反乱を起こしたときの彼らの拠点です。カエサルはこれを攻略するために包囲戦を行った。詳しくは攻城戦の項目を参照してください。

＊五　**パイク（Pike）**　中世の時代に盛んに使われた長槍で、五〜

ピルムについて

著者はピラを細くて軽い物として、ピルムを重い物と使い分けていますが、これにはちゃんとした理由があります。ポリュビウスはピルムは細いピラと太いピラを合わせたものの総称のように述べているのですが、彼はそう述べながら、太いピラをピルムと述べているのです。また、武器を専門とした辞書類には「ピラは投げ専用で、ピルムは槍である」などと書かれているものもあります。そこで、著者はそれにならいピラは細くて軽い物で、ピルムは重いものとしました。

六・七五メートルもの長さの槍。

＊六　**ポリビウス**（**Polybios：紀元前二〇三?～紀元前一二〇**）　またはポリュビオス。ローマ時代のギリシアの歴史家で、四十巻からなる『世界史』を著作した。彼は、第三次ポエニ戦争でスキピオと同行し、カルタゴが炎上するさまを見届けています。

＊七　**リウィウス**（**Titus Livius：紀元前五九～西暦一七**）　またはリビウス。ローマの歴史家。全百四十二巻からなる『ローマ史』の著者として知られます。ただ、現在では完璧な形で残されているのは一～十巻と二十一～四十五巻までの三十五巻です。ちなみにこれは、サモニウム戦争、ポエニ戦争、マケドニア戦争をカバーできる程度です。

＊八　**ユリウス・カエサル**　英名でいうところのジュリアス・シーザーのことです。

＊九　**トリブス制**　トリブス（Tribus）とは行政区分のことで、最初の三区分とはティティエス（Tities）、ラムネス（Ramnes）、ルケレス（Luceres）と呼ばれた人種的区分でした。英語では「部族」のことを指しますが、ローマにおいては選挙区のようなもので、ローマの市民権がないと属することができませんでした。

＊十　**ピュロス**（**Pyrrhos：紀元前三一九～紀元前二七二**）　ギリシアの西方で、ピンドス山脈に閉ざされたイオニア海沿岸の国エペイロスの王（彼はアレクサンドロスの甥にあたるらしい）。紀元前二八二～紀元前二七二年の間、南イタリアやシチリアで暴れ回った。形なりにはローマを破りましたが、その被害も多大なものであったために、結局、自国に帰還します。そのことから古来、苦労してなし得たことを「ピュロスの勝利」などといいました。

＊十一　**ポエニ戦争**　カルタゴとローマにおいておきた戦争で、第一次から三次にわたり、三次を除けば常に優勢なカルタゴも、結局負けてしまいます。第三次ポエニ戦争（紀元前一四九～紀元前一四六年）

は、あのカトーがいちじくを手にして演説した「やはりカルタゴは滅ぼさなければならない…」という台詞からも有名で、カルタゴは滅ぼされてしまいます。

＊十二　チュニック（Tunic）　古代から中世において、一般的だった胴着で、ローマで用いられたものはトゥニカ（Tunica）と呼んでいます。現在の感覚で置き代えるならシャツ、シュミーズ、フロック、ブラウスといったものになります。

＊十三　プリニウス（Gaius Plinius Secundus：二三～七九）　ローマの将軍であり、博識家で、軍事、歴史、修辞学、自然学に関する著書を残した人物。三十七巻からなる『博物誌（Naturalis Historiae）』の著者として知られています。彼は軍人としては騎兵隊隊長としてゲルマニアに従軍し、往年は艦隊指揮官としてミセヌムに就きますが、ウェスウィウス火山の噴火した七九年八月二十四日、軍船で火口に近付き過ぎて窒息死しました。

＊十四　軍団の紋様　ローマの軍団兵は各軍団ごとに、独得の盾の紋様を持っています。その多くは羽根と稲妻をあしらった独得のものですが、帝政末期になるとキリスト教に関する絵柄も見られるようになります。

＊十五　ウェレテス（Velites）　一人一人はウェレス（Veles）といいます。

＊十六　スカーミッシュ　散兵戦のことで、投てき兵器を撃ち合う戦闘。

＊十七　トリブヌス　正しくはトリブヌス・ミリトゥム（Tribunus Militum）と呼ばれ、歩兵指揮官のことです。騎兵指揮官のことはトリブヌス・ケレルム（Tribunus Celerum）と呼びました。もともと、トリブヌスといえば、トリブスの指揮官のことを指し、三つのトリブスの各々の騎兵と歩兵部隊の指揮官でした。日本語訳で、トリブヌスとは護民官のことを指しますが、これはトリブス・プレビス（Tribuns Plebis）のことで、その発祥はトリブヌス・ミリトゥムの対立語として作られたものです。

ちなみに護民官といってしまうと戦地におもむかないものと、感じてしまいますが、当初の彼らの役目（?）とは民衆が武装蜂起した際の軍事的指導者でした。古来ローマでは軍事的に組織された集団が政治的要求を戦いとろうとした時、武装蜂起することはよくあったのです。

＊十八　ケントゥリオ（Centurio）　英語ではセンチュリオン（Centurion）。よく百人長などと呼ばれています。そういえばどこかの戦車にそういった名前がありました。

＊十九　サグム（Sagum）　正方形の形をしたマントのことで、兵士達が好んで着用しました。そのため「サグムを着る」といえば戦争に行くことを意味しました。また、元老院は「市民に恐怖心を与えるため」という理由から、ローマ市内においてサグムを纏うのを禁止しました。

＊二十　トラヤヌス帝（Marcus Uipius Trajanus：五三～一一七）　ローマの十三代目の皇帝で、いわゆる五賢帝の一人です。彼の時代その領土はローマ史上最大のものになりました。在位は九八年から一一七年です。

＊二十一　ハドリアヌス帝（Publius Aelius Hadrianus：七六～一三八）　トラヤヌスに次いで皇帝となった五賢帝の一人。彼はトラヤヌスの作りあげた大帝国を維持することだけに努めました。それはイギリスに残るハドリアヌスの城壁からもうかがうことができます。

＊二十二　ハドリアヌスの城壁　イギリスの北方に残るローマの城壁。ハドリアヌスの在位期間に作られたためそう呼ばれています。用途は中国の万里の長城のようなもので、北方の蛮族が侵入しないように作り出されたのです。

＊二十三　ヌミディア　北アフリカ地中海沿岸の黒人国家。

＊二十四　ハンニバル（Hannibal：紀元前二四七～紀元前一八三）　カルタゴの名将として知られ、第二次ポエニ戦争で四万を超える軍隊を引き連れアルプスを越えてローマに侵攻しました（アルプスを無事

越えたのは二万の歩兵と六千の騎兵、そして二十頭の戦象であったといわれますが、戦象は一頭のみしか助からなかったという説があります）。ヘレニズム時代の戦術に熟知し、カンナエによる完全勝利は今なお軍事史上の金字塔として知られます。彼の得意な戦術は両翼包囲戦術です。ザマの敗戦後、ローマの刺客に狙われたためシリアに亡命しますが、結局追い詰められて、毒杯をあおりました。

ローマの敵

ケルトの戦士達

ケルト人はその原住地を南ドイツ辺りとする古代民族で、紀元前九世紀頃から中部および、西部ヨーロッパに定住しました。彼らの中には小アジアに渡って国家を築いたものや、イギリスに渡った者もいます。一般的にヨーロッパに住み着いたものをガリア人、小アジアのものはガラタイ人と呼ばれています。基本的にはアーリア系の人種で騎馬民族であったこととして有名です。彼らは部族ごとの地域社会を築き、時には部族間で戦争（というよりは戦闘）を起こしました。しかし、後に彼らはローマ人とゲルマン人によってその国土を占領されてしまいます。文化水準はローマやギリシア人と比べものにはならないとしても、保存食を作る技術は高いものがありました。なにしろ樽を発明したのは彼らなのです。ではここで、ケルトの戦士達の姿を見てみましょう。

彼らの特長は図1の左端のように、逆立った髪です。これは、石膏水で髪の毛を固めているためで、手には長い青銅製の剣、ランシアと呼ばれる槍、楕円形の大きな木製の盾などを持っていました。また、そのほかにも弓やスリングなどを扱う者もいます。

図1　ケルトの戦士

長い青銅製の剣は彼らを特長づけるものの一つで、この当時、このような長い剣を使っていたのはケルト人ぐらいでした。ランシアとはケルト語の「槍」に当たるもので、穂先は五十センチメートル、穂幅は十四センチメートルもありました。中には波状の刃をした穂先もあり、これは相手の傷口を広げ、刺して抜くときにはさらに傷を広げるように工夫されたものでした。盾には幾何学的な模様が描かれていて全体的には青や赤などの色で着色されています。

鎧のようなものは着ることがなく、着たとしても部族長などのごく一部の者や、戦車（Chariot）の御者などです。彼らが敵からの戦利品として鎧を奪い着ていたかという点には疑問があります。

ローマ人やギリシア人と比べるとあきらかな体格差があるからです。こうしたことは、古代ギリシアの歴史家シクルスのディオドロスによって語られています。それに、メイル・アーマーはケルト人自身が作りだしたものだからです。

マントは赤や青のけばけばしいチェックやストライプの模様で、衿の部分で金属製の金具で止められています。首の辺りにつけているものは金製の首飾りでケルト人の多くはこれを首に巻きつけ、もっとも多くの場合として手首に青銅製の腕輪をしていました。

ガリアはエトルリアや共和政ローマなどの国々がいく度となく侵略され、略奪行為によってその都度手をやいていたケルト人の総称です。中央は代表的なガリアのスタンダードベアラー（Standard-Bearea）です。ガリアとはラテン語の雄鶏という言葉、「ガルス（Galus）」に由来します。これは彼らがその旗印に雄鶏の形をあしらえたスタンダードを用いていたからです。スタンダードとは現代では人々がそれを中心に馳せ参じて集まる旗のことをさしますが、この時代には戦闘時の部隊の中心となる印のことで、ローマ軍は鷲の軍旗（ウェキシロイド）を使用していたことで知られています（ローマの軍団旗をすべて鷲に統一したのは紀元前一〇四年のことで、マリウスによって行われましたが、それ以後も山羊や、獅子、牡牛、ペガサスなどを使用する軍団もありました）。また、イギリスに渡ったケルト人は猪をスタンダードにしています。図の戦士は二本の角がつき象眼された青銅製のヘルメットをかぶっていますが、こうしたヘルメットもまた一部の貴族のみがかぶっていたものでした。

右端はイギリスに渡ったケルト人、いわゆるブリトン人で、図は北方のスコットランドに住むピクト人です。彼らは、顔から足の先まで刺青をしていました。これは、ブリトン人特有のものです。武器は投げ槍、スリング、剣とほかのケルト人同様ですが、長弓や戦斧なども好んで使いました。彼らの持つ盾はそれまでの大きな盾とも違い小型なもので四角形のものと丸いものとの二通りありました。彼らはこれを巧みに使いスリングの弾や矢を避けることがうまく、タキトゥスの『アグリコラ』にもそうした描写を読み取ることができます。

二 ⚜ カルタゴの戦士達

共和政ローマの好敵手として知られるカルタゴは西地中海と東地中海の交易の要所として位置した都市国家です。ローマがまだ小さな一都市にすぎなかった頃、カルタゴはエトルスキと同盟してシチリア島を占領し、その領土をイタリア半島に及ぼすまでに至ります。また、イベリア半島にも植民し、ノヴァ・カルタゴと呼ばれる第二のカルタゴを築き上げました。しかし、次第に拡大しその勢力を広げていくローマと衝突し、三回にわたる戦争の結果、滅亡していきます。ただし、都市としてのカルタゴが完全に滅亡したのは

図2　カルタゴの戦士

六九八年のことで、アラブ軍の侵入によってでした。

カルタゴの兵士はギリシア文化の影響によって生まれたもので、当時の軍隊としては目新しい装備は見受けられません。ただし、彼らは、周囲の国々から傭兵を雇い、いろいろな取り合わせの独得の軍隊を作りだしました。これはカルタゴが交易によってなし得た莫大な資産のなせる技なのです。ヌミディアからは騎兵と有名な戦象、そして軽装兵、ギリシアからは重装歩兵、イベリア半島からは騎兵や歩兵、さらにガリア人の傭兵までも見ることができます。では、ここで、カルタゴの名将ハンニバルが率いた戦士達の姿を見てみましょう。

図2左はカルタゴ正規の重装歩兵で

す。彼らの着ている鎧はローマから奪ったチェイン・メイルで、手にしているものは長槍です。盾は丸く、青銅製でローマのそれと異なっています。また、ヘルメットもローマ軍のものとは違うことが分かります。中央はリビア人の歩兵で、彼らはギリシア製の鎧を着ています。この鎧は皮製で、装備からいえばやや軽装化したものです。この兵士は後にローマから奪った鎧を着込み、すね当てをつけたものに変換され、重装歩兵と同様の効力を発揮します。

右端はハンニバルに従ったイベリア人の戦士で、彼らはイベリアのスクタリウス(Scutarius)と呼ばれた者達です。手に持っている剣はイベリアン・グラディウスと呼ばれる刃の湾曲した独得の片刃の剣で、この剣はギリシアの国々や、第二次ポエニ戦争後のローマにも普及しました。彼らは頭から何本かの直線的な模様が描かれた布製の頭巾をかぶっています。これは、近代では白鳥型と呼ばれるイベリア人独得のものです。手にする槍はすべて金属製のもので、ソリフェルッム(Soliferrum)というローマのピルム同様の効力を持った投げ槍です。この投げ槍は大体二本ないし三本を装備していました。盾は木製のもので、中央部分にやや多めに金属が貼られています。この多めとは、これらのタイプの盾としてはということです。彼らの着ているチュニックは衿口がVネックになった独得のもので、ポリュビオスによれば、ダージリン・ホワイトを基調に袖口、裾、衿を紫に縁どりしていたそうです。

暗黒時代（西方）の戦士

ゴート族の騎兵（四世紀）

ゴート族はゲルマン人の一派で、二世紀には現在のポメラニア地方に住んでいたのですが、その後ウクライナ地方に移動してそこで、四世紀の前半からサルマチア人[*一]などの東方系の騎馬民族の影響を受けて、騎馬民族化したものです。ゴート族は、最初にローマ帝国に侵入したゲルマン人でしたが、社会、生活習慣などは完全に遊牧民族化しておらず、なおゲルマン人としての制度を維持していたので、ローマ帝国に侵入した後も一度はゲルマン国家を樹立しましたが、その後急速に文明のローマ化が進行しました。ゴート族はウクライナ地方に移動後、西ゴートと東ゴートの二派に分裂しましたが、その両者の違いは居住地域の相違だけで、細部の違いは現在でもよく分かっていません。

図1はゴート族の貴族で、一般の戦士との違いは、高価な鎧やヘルメットを着用していることです。服装は、上着とズボンの上から革のコートとブーツをつけていました。これは騎馬民族特有のスタイルです。鎧は金で装飾されたチェイン・メイルが一般的でした。ヘルメットは後期のローマスタイルのものを模したもので、戦利品も活用されたようです。

武器は、長槍と盾と投げ槍（ジャベリン）と長剣でした。長槍は、主要兵器で手に持ったまま突いたり、敵の攻撃を払ったりすることに使用されました。投げ槍は、ゴート族はあまり馬上で弓を使用しなかったので、長槍よりも短く敵に対して投射兵器として使用されました。盾は騎兵のものとしては、大型のものでした。盾に描かれた紋様はゴート族特有のものや幾何学紋様でしたが、複雑怪奇な物はありません。長剣は直線状の刀身を持つ、サルマチア式の剣です。

ゴート族の戦術はその機動力を活かした戦法で、いたずらに敵陣に突入して混戦になる

図1　ゴート族の騎兵

図2　フランク族の戦士

ことを避けて、敵軍を包囲して周囲から投げ槍を投げ、敵兵に損害を与えながら、接近戦を避けて敵軍の自滅を待ち、好機を捕らえて一気に撃滅するというものでした。このような戦法は騎馬民族特有のもので、歩兵主体の軍隊は特に開けた土地においては、このような戦法に脆かったのです。

二 ⚜ フランク族の戦士

五世紀におけるフランク族の戦士は、ゲルマン諸部族の中でも勇猛な戦士でした。彼らはほかのゲルマン諸王国が滅亡していった中で、中世ヨーロッパの基礎となったフランク王国を築いたという点において、勇敢な戦士以上の人々であったことを証明しています。図2は、大侵入当時のフランク族の姿を描いたものです。

フランク族の使用した武器は、重い投げ槍、戦斧、長剣などでした。投げ槍は実際に敵を突いたりするよりも、投げることに使われました。ただし、通常の投げ槍に比べて離れた地点から投射するよりも、より敵に接近してから投げ、そのまま敵陣に剣を振るって突撃するもので、ローマ兵のピルムと同様の重投てき兵器でした。この重い投げ槍は、ゲルマン人の間でアンゴ（angon）と呼ばれる種類の投げ槍です。投てきすることに重点の置かれたこの槍はフランク族の間では、多用されました。このアンゴの長さはおよそ二メートル余りで、鉄製の穂先の部分は全長の四分の一から三分の一を占める長大のもので、敵兵に投げつけた場合、その自重ゆえに敵兵の盾を貫通ないし、破損させて敵兵を殺傷と共に敵を怯ませ、すかさず突入するものでした。

アンゴと共にフランク族に常用された武器は、フランク族のトレードマークともいえるフランキスカ（francisca）と呼ばれる戦闘用の斧でした。フランキスカもアンゴと同様に充分敵に接近してから、一斉に敵に投げつけて突撃するもので、使用法としては同じです。フランキスカの刃の部分は鉄製で、初期においては、日常的に使用される手斧と違って柄を取り付ける穴の部分が貫通しておらず、ソケット状に上からかぶせる形状のものが多かったようで、四～六世紀の遺跡から発掘されたものに多く見られます。柄の部分の長さは、投げる際のバランスを考えて手斧の類よりも若干長くなっていました。

フランク族の戦士の副次的武器は、直線状の刀身を持つ長剣でほかのゲルマン諸部族の使用したものと同じタイプのものです。盾は円形のものが主体ですが、楕円形のものも見受けられます。構造は中央の鉄製のボタンと呼ばれる突起を中心に木で形をつけ、動物の革を張って作るもので、ほかのゲルマン人と同様に素朴な作りでした。また、ほかのゲルマン人と違い、フランク族は、盾に派手な彩色を施す趣味は持っていませんでした。彼らの美的感覚の追求先は、むしろ髪の毛の手入れと衣服のデザインに向けられていたようです。

フランク族の戦士のもっとも大きな外見上の特徴は、その髪型でした。頭部の両側の髪を編み上げ、おさげにして長く垂らすと共に、頭頂部に結び目を作り、後頭部の髪の毛を剃り上げてしまいます。そして、衣服の特徴は長袖の上着に、太い横縞のストライプが、赤や緑の原色で入るというものです。

フランク族の戦士は少数の貴族以外は馬に乗ることはなく、徒歩で戦いました。また、弓兵の使用もごく少数に限られていました。彼らは基本的に大集団の歩兵部隊であり、くさび形隊形を形成して敵部隊に急速に接近して、接触の寸前にアンゴやフランキスカを一斉に投げつけてから、長剣を振るって白兵戦を挑みました。また、彼らは突撃の際非常に素早く接近することを常としていました。ローマ軍はこれを評して、「彼らはその投げる槍と同じ速度で近づいてくる」といって恐れました。この高速で接近する戦法は、フランク族の弓兵の使用がごく限られたものだったことと関連していると考えられます。彼らは、スカーミッシュ部隊の援護が受けられなかったので、高速で接近することを好んだと思われます。

三 ⚜ ヴァイキングの族長

ヴァイキング[*二]は、八世紀から十一世紀初めにかけて最後のゲルマン人としての移動を行いました。ヴァイキングは、単なる海賊ではありません。デンマーク、ノルウェー、スウェーデンから始まったこのヴァイキングの大移動は、西はアイスランド、グリーンランドを経て北米大陸沿岸まで、東はロシアを経てビザンティン帝国やペルシアにまで及び、南方は北アフリカにまで及んでいます。ヴァイキングの活躍は単に距離的な問題ではなく、略奪、戦争、集団移住、国家の建設という多彩な活動に及び、ヴァイキングの名を歴史に刻み込んだのでした。

服装は北ヨーロッパ風の上着にズボン、それと短靴を履いていました。その上からコート仕立てのチェイン・メイルをつけています。ヴァイキングの族長（図3）のチェイン・メイルは膝が隠れるほど丈の長いものですが、一般の戦士はそれよりもっと短い膝上二十センチメートル位のものをよく着用します。チェイン・メイルは、サージ[*三]布生地の上に細い針金で編んだ鎖を縫いつけた本格的な鎖帷子でした。当時の遺跡から発見されたものは、よく原形を留めており大変精巧にできています。ヘルメットは、ノルウェーから出土した十世紀当時のものを参考にして描いたもので、ヘルメット前面が顔面を保護するために眼鏡状の覆いが延長したものです。ヴァイキングのヘルメットというと、牛のように両側に湾曲した角を持つ物がイメージとしては一般的なのですが、このようなタイプのヘルメットは、当時の遺跡などから発見された中にはあまり見受けられません。これもよくある歴史上の誤ったイメージの定着のひとつです。

武器は、重い長剣、戦闘用の斧、丸い盾、弓などでした。もっともこれは船で遠征に行

図3　ヴァイキングの族長

くときの装備で、陸地深く進出した時や敵地に根拠地を築いて略奪行を繰り返すときなどは、槍などを持っていく場合もありました。

重い長剣は、片手で使用するものでしたが（もう一方の手は盾を持っています）、通常の長剣に比べてかなり重く、刀身も厚く頑丈な作りになっています。柄の部分には、ヴァイキングの特異な紋様が彫りこまれています。

戦闘用の斧は、ヴァイキングのトレードマークともいえる有名なものです。これも一般的なイメージとしては、ルネサンス時代の大型の戦斧を想起してしまいますが、実際は刃の部分はずっと小振りで、柄が長いことを除けば日常的に使用される斧と大きな違いはありません。ヴァイキングの戦士達がこれを使用する方法は二通りあって、両手で持って振りかぶって打ち降ろす戦法（この場合盾は使用しない）と右手で持って長剣と同様に使う戦法があります。

丸盾は、斧と並ぶヴァイキングの仕事道具で活動初期においては、簡素な木製で、動物の革などを張ることもなく、素朴なヴァイキング式の紋様[*四]が描かれています。円の中央部には鉄製の突起物があり、裏側中央部には腕を通す輪の類はなく、単体の握りがついています。これらの盾は、航海中はヴァイキング船の両舷に並べられ、戦闘においては遮蔽物として利用されます。

弓は、数的には少なかったのですが、海上戦、襲撃などには欠かせないものです。

ヴァイキングの戦闘方法は、基本的に徒歩の軍隊であり上陸作戦専門の海兵隊です。ヴァイキング船は、喫水が低く川の遡上能力にも優れています。それゆえ大きな川のある場所なら、内陸奥深くまで侵入することができます。そのような地点で上陸し攻撃を行うので、騎兵のような部隊は必要ありません。歩兵の集団で敵を攻撃しますが、その際にはくさび形隊形による突撃が得意です。

もっともこれらの武器とその戦法は、ヴァイキング船の利用を考えてのことです。したがって、その行動が長期間に渡って内陸部で活動するような時は、槍を持ったり馬を利用したりすることも多かったのです。

四 ⚜ カロリング朝の重騎兵（九世紀）

ローマ帝国の滅亡後、西ヨーロッパ地域に乱立したゲルマン諸王国のうち最後に覇を唱えたのは、フランク王国です。この王国は血塗られた宮廷クーデターの末に、[*五]メロヴィング朝からカロリング朝に移行します。この王朝により初めてヨーロッパと呼ばれる世界が始まると共に、中世封建制に徐々に移行していくことになります。歴史的には[*六]シャルルマーニュの皇帝への戴冠など華やかな事象に彩られるカロリング朝も、シャルルマーニュ以降は軍事的にもあまり際だったものはなく、むしろ停滞した状態が続きました。これは中世の到来による全般的な停滞現象というような捕らえ方をすべきではなく、むしろ包囲されたヨーロッパにおける外敵の侵入に対する防衛戦に終始していたことによるものです。そのような理由で、カロリング朝の軍事力にはビザンティンやイスラムのような華やかな活躍はありませんが、そこには中世封建制軍隊の萌芽を見ることができます。

図4はカロリング朝の重騎兵を描いたものですが、この騎兵は普通の兵士ではなくかなり身分の高い人物です。カロリング朝の軍隊では、貴族は自前でより高価な甲冑を装備しています。長袖のチュニック（上着）とズボンを履いて、靴はブーツではなく短靴です。

図4　カロリング朝の重騎兵

今のような靴ではなく、革や布で作られた足袋のような物で、紐で足首の所を縛ることによより固定します。また、夏場や下級の兵士は古代ローマ風のサンダルを履くことがよくあります。鎧はスケール・アーマーで、ゆったりとした半袖のものです。この鎧は革の裏地に鱗状の金属の小片を上部のみを固定して、互いに重なり合うように縫いつけたものです。動きにくい点もありましたが、チェイン・メイルほど高価でもなく、また高度の技術を要するものでもなかったので、この時代には広範囲にわたって使用されています。この後、西ヨーロッパにおいては、急速にチェイン・メイルが普及します。また、鎧の上からマントをかけることが常でした。ヘルメットはカロリング朝独得のつばの広い第二次世界大戦のドイツ軍型のものです。

武器は、短槍、長剣、丸盾などが主要な武器で、重騎兵は馬上で投げ槍以外の投射兵器は使用しません。短槍は、二メートルあまりのものが多く、時として投げることもありますが、一般には白兵戦用のものです。また、歩兵の使用する長槍も使用することがあります。この時代、すでに鎧が一般に使用されていたので、このような槍も馬上で適切に使用することができます。長剣は、古代ゲルマンの流れをくんで幅広の直線状の刀身を持つ大型の剣が使用されていますが、次第に小型のものへと変化していきます。丸盾は、歩兵のものに比べるとずっと小型です。木製の本体に革もしくは金属の板を張りつけた構造で、表面には装飾を兼ねた金属の補強材がつけられています。

カロリング朝の軍隊は、大部隊を編制して野戦において複雑な戦術行動を行いませんでした。というのも、彼らは貴族の小集団を作りお互いに争ったり、ヴァイキングやノルマン人やマジャール人の襲撃に対して反撃を行うといった小戦ばかりを行っていたからです。このような状況においては、大規模で複雑な戦術運動よりも、個人的な武技や勇気の方がものをいいました。

五 ⚜ ノルマン人の騎士

ノルマン人とは西ヨーロッパにおけるヴァイキングの呼び名です。スカンディナビア半島、バルト海沿岸、ユトランド半島に住むノルマン人のうち、西ヨーロッパに侵入した一団は、最初短期間の略奪行を繰り返していましたが、やがて、半恒久的な前進基地を築くに至ります。これは単なる略奪の旅から征服に変化していく前兆です。九一一年、西フランスのシャルル単純王は、ノルマンの首領ロロに改宗と臣従を勧告し成功します。この結果、ロロはシャルルの家臣になり、その代償としてノルマンディー地方を知行地として受け取ります。以来、ガリアの中心部に対するノルマンの攻撃は下火になります。しかし、これでノルマン人がおとなしくなったわけではありません。彼らは、この地をさらに遠隔の地に対しての発進基地の拠点にしたのです。

彼らは、このノルマンディーにおいて進んでフランス語やフランス法を受け入れ、貴族は大陸風の名前に改名しました。また、騎馬戦術を取り入れた彼らは生来の武勇もあって強力な軍事力を誇ることになるのです。彼らは一〇六六年にはノルマンディー公ギヨームに率いられてイングランド征服にこの地より発進したほか、地中海に進み両シチリア王国の建設や第一回十字軍遠征などを行ったのです。

ノルマン人は、膝の上まである丈の長い、ワンピースになった上着にズボンを履き、短

図5　ノルマン人の騎士

靴を履いています。その上から、チェイン・メイルを着ています（図5）。このチェイン・メイルは、有名なもので、ノルマン人を描いた絵には必ずといっていいほど出てきます。このチェイン・メイルは革の裏地に鎖を縫いつけたもので、着やすいように内側には布の裏地が縫いつけてあります。

このチェイン・メイルは、身体を覆う部分が多いことが特色で、頭部や顎部まで防護し、この上からヘルメットをかぶります。このように、着用者の安全に対する配慮は徹底したものでした。チェイン・メイルはその構造においては同じでしたが、身分によってチェインの使用してある部分の面積に差があります。つまり身分の高い人にはより多くのチェインが使用されていましたし、身分の低い人にはチェインをそれだけ節約してあります。チェイン・メイルは通常、胴体は太股の所までと、腕の部分は大体七分袖といった具合になっていましたが、より身分の高い貴族の場合は、膝と肘が完全に隠れる所までチェインに覆われていました。それ以上に高位の貴族の場合は、それに加えて手首と足首までの部分を別のチェイン・メイルによって防護しています。これはチェイン・メイル自体がいかに高価なものであったかを示しています。このチェイン・メイルの面白い特徴の一つに腰の部分に長剣を鞘ごと差し込む切り込みがついていることです。上着のベルトに長剣を取りつけて、その上からチェイン・メイルを着用します。こうすることにより、チェイン・メイルの切り込みから柄の部分が頭を出すことになります。もっともこのような工夫も後にはすたれてしまいます。

ノルマン人の武具は、短槍または長槍、長剣、盾などでした。槍は主に二メートル程度の短槍が使われましたが、それ以上の長さを持ついわゆる長槍の部類に入るものも使用されたことがあります。ノルマン人の騎兵は当時もっとも強力な騎兵部隊として恐れられていました。その威力がもっとも劇的な形で発揮されたのがヘイスティングスの戦い（一〇六六年）です。この混乱した戦いにおいて最終的に決着をつけたのはノルマン人の騎兵隊の波状突撃でした。この時の例で分かるように、ノルマン人の騎兵部隊は東方の遊牧民の騎兵と違い、馬上から弓などの投射兵器を使用しての機動戦術を採用するのではなく、純然たる突撃兵力として使用されるものでした。このことはやがて来る時代の主役である中世の騎士の原型となったのです。

チェイン・メイルの色

チェイン・メイルには色があります。これは何も着色して色をつけるわけではなく、鉄の持つそもそもの色が、それを採取した地域によって違うことです。

また、鉄を作る技術によっても異なります。具体的にあげるとノルマンの物は銀色をしており、ヴァイキングは黒鉄色をしていました。これは、アイルランドでノルマン人とヴァイキングを「ロッホランナッホ(Lochlannach)」と呼んでいたことからも説明できます。この「ロッホランナッホ」とは「白と黒」という意味を持つことばなのです。

＊一　**サルマチア**　ヴォルガ河流域の北カフカス周辺に居住したイラン語系の部族。野蛮な民族ではなかったらしい。

＊二　**ヴァイキング（Viking）**　北欧語で正しくはヴィーキングといいます。しかし、彼らをそう呼んだのは彼ら自身や北欧の民であって、フランク人は「ノールマンニ」、アングロ＝サクソンでは「ダニ」、ゲルマン人は「アスコマンニ」と呼びました（文献によるとと言うことです）。ヴァイキングの意味は諸説がありますが「海の民」、「略奪品を持って逃走する民」、「アザラシの捕獲者」、「入り江の住人」、などということになります。

＊三　**サージ布**　絹を意味するラテン語 Serica に由来するもので、もともとは絹織物をそう呼んでいました。毛織物の代表的な布地。

＊四　**ヴァイキングの紋様**　ヴァイキングは北欧に根ざす動物紋様を基本にしています。それは蛇が複雑にからみあったようなものとして、船の穂先や戦斧の頭、または槍の穂先などに見られます。

＊五　**メロヴィング朝（Merowinger, Merovingiens）**　フランク王国の最初の王朝で四八一年から七五一年まで続きました。ローマを真似た官僚国家でした。

＊六　**シャルルマーニュ（Charlemagne：七四二〜八一四）**　フランス語ではシャルルマーニュとなりますが、ドイツ語ではカールと呼ばれる、カール大帝（Kal der Grosse）のことです。フランク王国を統一し、ヨーロッパを文化、宗教、精神面でも統一するという一大事業を達成したダークエイジにおける偉人です。

暗黒時代（東方）の戦士

⚜パルティアの重騎兵（三世紀）

パルティアは、紀元前二四七年にパルニ族の一首長アルケサスとその弟ティリダテスによって建国されました。パルニ族は北方イラン族遊牧民でスキタイ族の一員です。これらのスキタイ族はギリシア人からダハニ族とも呼ばれています。パルティアの文化はアケメネス朝ペルシアの文化というより「ナショナリズム」を背景にしていますが、むしろヘレニズム文化の影響を強く受けています。それに加えて遊牧民族の部族的伝統を持っているために、その文化、社会制度は、それらの混合体となり非常にユニークなものです。その良い例として軍事体制があげられます。パルティアの軍隊は典型的な「封建体制」です。ヨーロッパ中世のそれとは微妙にニュアンスの違いはありますが、ヨーロッパよりも八百年も早く封建体制が成立していました。

パルティアの軍隊は騎馬民族の封建軍隊です。軍隊の主力は騎兵で二種類の兵種があります。貴族[*二]からなる重騎兵と、一般の部族民からなる軽騎兵とで構成しています。図1は貴族のカタプラクタイと呼ばれる重騎兵です。カタプラクタイは人も馬も全身鎧で防護さ

図1　カタプラクタイ

れています。この鎧はチェイン・メイルの一種で、動物の革に金属の小片を縫いつけてあるものです。これは重さの割には、防御力の高い鎧でした（ルネサンス期のプレート・メイルに比較しての話ですが）。パルティア族は、元来遊牧騎馬民族なので騎兵に強力な鎧を用いる習慣はなく、ヘレニズム文化との接触によりこのような鎧を用いるようになりました。

騎兵の鎧は全身を覆いつくす鎧で、胴体の一部と手足をプレート状の金属で、そのほかの部分をチェイン・メイルで覆っています。初期のカタプラクタイは、顔面を露出していましたが後期においては眼だけ除いて顔面も覆うようになりました。

パルティアのカタプラクタイの武器

は、長槍、棍棒、長剣でした。彼らの主要な武器は長槍で、長さは二メートル余りです。この時代はまだ鐙（あぶみ）が用いられておらず、この長さの槍を馬上で操ることはかなり困難であったと思われます。それにもかかわらず、長槍を使い続けたのは彼らがそれだけ乗馬に親しんでいたと考えざるを得ません。

長剣は細身の直線状の剣で、細密な紋様が施されています。これは戦闘用の物というより儀礼用のもので、実戦には向きません。代わりに実戦で多用された武器は棍棒です。

棍棒はバット状の木の棒に鉄の輪を巻きつけた物で、打撃専門の武器です。なぜこのような武器が多用されたかというと、パルティアの敵軍の多くは同様の強力な装甲を持っていたからです。重い鎧を着た敵兵に対しては、刃のついた武器で切りつけるより、内部の人体に対して打撃を加えたほうがより効果的です。それゆえこの棍棒は愛用されたのです。

二 ⚜ 末期ローマ帝国軍の歩兵（四～五世紀）

ローマ帝国末期の軍隊は、ユリウス・カエサルの率いた軍隊とは似ても似つかぬものです。それというのも、服装、兵器、戦術、編制にとどまらず、人的構成にまで国家構造の変化が及んだからです。軍服の変化に限って、ひとことでいえば、装備の軽量化が行われました。この当時のローマ兵はもはや、金属製の甲冑を身につけることはなく、軍隊のイ

図2　末期ローマ帝国軍の歩兵

メージカラーも緋色ではありません。

当時の軍団兵（図2）は、大きな長円形の盾を装備していました。軽歩兵は軍団兵と同じスタイルで、装備も同様なものを持っていますが、盾はずっと小型のものです。盾に描かれた紋様は、以前のものよりも簡略化され図案もキリスト教に関するものが多く見られます。

服装も、ローマ風から蛮族風[*二]に変わり、ズボンと上着そしてヘルメットを身につけていました。ズボンは通常、茶色のものが使用されていました。上着はオフホワイトで肩と胸そして袖口に紫色[*三]のパッチが当てられていました。ヘルメットは鉄製で、黄色の羽根飾りがつけられており、目をイメージする装飾が見られます。しかし、以前のものに比べると装飾模様も少なくなり、シンプルになっています。

武器は、もはやピルムは使用されなくなり、代わりにジャベリンと長剣になりました。そして、時代が進むにつれて、変わった武器として、ダート（投げ矢）が使用されました。ダートは現在の遊技に使用するものとは違い、全長二十センチメートル程度で鉄製の矢じりと柄の部分からなり、後部に羽根がついています。これは、投射兵器に分類されるもので、敵に接近した時に一斉に投射して損害を与えるもので、軽装備の蛮族軍に対しては特に効果のある物でした。ピルムに比較すると、軽量の分射程は若干長いのですが、軽量のゆえ貫通力および破壊力は劣ります。しかしピルムに比べてより多くの数を運搬できるので（盾の裏側に取りつけて四〜五本持ち運ぶことができます）、数多く投射することにより、その欠点を補えます。

末期ローマ軍の歩兵の戦術は、以前と同様に直線状の戦列を組んで戦うことが多かったのですが、ゲルマン人の影響を受けて（というより軍隊の中に多くのゲルマン人が含まれていたので）、攻撃に当たっては、蛮族風にくさび形隊形をとって突撃することが多くなりました。しかしそれでも末期ローマ軍は、その敵である蛮族軍に対して士気は振るわないものの、高い文明の恩恵である、鉄[*四]びしや防御工作物などの科学技術も利用できたので、個々の戦闘では有利な展開を得ることが可能でした。

三 ⚜ 七世紀のササン朝ペルシアの重騎兵（クリバナリウス）

ササン朝ペルシアは、イラン高原に位置する国でアレクサンドロス大王に滅ぼされたアケメネス朝ペルシア帝国の再興を目指して建国された強国でした。彼らはローマ帝国とビザンティン帝国を悩まし続けましたが、七世紀にイスラムによって滅ぼされました。

ササン朝ペルシアの重騎兵は、ビザンティン帝国のそれと同じく、[*五]クリバナリウスとカタプラクタイの二種類に分類されます。両者の違いは、クリバナリウスの、馬の鎧が前半部分だけであることと騎兵の鎧が上半身だけであることに対して、カタプラクタイは馬の鎧と騎兵の鎧の両方が全身に及んでいるということです。ここで面白いことにビザンティン帝国では、この両者の呼び方が逆になっていることです。すなわち一般的なカタプラクタイが、馬の鎧が前半部だけなのに対して、より重装備な方がクリバナリウスと呼ばれます。

図3はササン朝ペルシアのクリバナリウスです。彼らは騎兵が軍の主体であるササン朝の軍隊における主力部隊です。彼らの第一の特徴はその装甲にありました。乗馬は頭部から体の前半部にかけて、チェイン・メイルで覆われていました。服装はズボンの上にペル

図3　クリバナリウス

シア風の幾何学紋様を刺繍した、原色のローブを羽織っていました。その上にチェイン・メイルを着ました。チェイン・メイルは肩まで覆うタイプで、長袖のものと半袖のものの二種類がありました。ヘルメットは半球状のタイプに、やはりチェイン・メイルで後頭部と側頭部を覆うもので、顔面を覆うものと覆わないものの二種類がありました。このイラストは顔面を覆うもので、目の部分だけが開いています。

彼らの武器は、長槍と盾、弓、長剣、それと金属製の棍棒でした。長槍は、二メートル半から三メートル程度のもので、投げつけず突いたり、敵の攻撃を防ぐことに使用しました。盾は小型の丸型でペルシア風の幾何学紋様が描かれており、通常のベルトで肩から吊してありました。弓は馬上で用いるため小型のものでした。種類としては合成弓で、木製の芯に角の薄い小片が二枚両側に接着されたもので、小型の割には威力のあるものでした。矢筒と弓袋は腰から下げていました。長剣は、刀身の部分が直線状のタイプで、柄の部分が独得の形状をしているほか、鞘の表面に緻密な紋様が施されていました。長剣は主に軽装備の敵に対して使用され鎧を着こんだ重装甲の敵兵に対しては、むしろ棍棒が使用されました。この棍棒は、初期においては野球のバットに鉄の環を何枚も巻きつけただけの素朴なものが使用されていましたが、後期には一メートル程度の全金属製のへら状のものに変わりました。なぜ、このようなものが使用されたかというと、重装甲の相手に対しては、長剣で鎧を貫通しないかぎり致命傷を与えることができなかったのです。その点この種の棍棒では、たとえ鎧を貫通できなくとも強打することにより、相手に対して骨折、失神、内臓破裂などの被害を与えることができたので好んで使用されました。

四 ⚜ 十世紀のビザンティンの歩兵（スクタトス）

ビザンティン帝国の主要戦力は騎兵部隊でしたが、歩兵部隊もなくてはならない兵種でした。騎兵のような華やかさはありませんが、攻撃に当たっても防御時においても、戦列

図4　スクタトス

を維持し敵の攻撃を防ぐのが、古代のローマ帝国の歩兵と同じように彼らに課せられた任務です。

　ビザンティン帝国の歩兵には重歩兵[＊六]と軽[＊七]歩兵の二種類がありました。図４はスクタトスと呼ばれる重歩兵が描かれています。重歩兵は、戦列を形成し軍隊の布陣において基本的な位置に配置されることは、古代ローマの軍隊と変わりはありません。スクタトスは戦列に四列、またはそれ以上の列が配置されます。

　スクタトスの装備は、薄板造りの鎧（ラメール・アーマー）、大型の長円形の盾、長槍、剣などです。彼らの服装は革のブーツにズボンを履き、上には膝上まである長い上着を着ます。上着の色はビザンティン帝国では緋色が尊ばれていた関係で、赤系統のものが常用されました。装飾紋様の使用は比較的少部分に限られており、裾や袖口に幾何学模様がみられる程度です。ラメール・アーマーは中央アジアで発明された物で、薄い金属の板を紐で繋ぎ合わせた鎧で、薄板の大きさは大体十センチメートル×二センチメートルで、一着の鎧で六百枚くらいの薄板を使用しています。盾は騎兵用のものに比べると、ずっと大型で長円形をしていました。盾の紋様は簡素化された抽象的な図形が好んで描かれています。長槍はコンタリオンと呼ばれるもので、長さ三・六〜四・三メートル位あり、穂先には約四十六センチメートルの刃がついています。長剣は幅の細い直線状のもので武器としては副次的な物です。

スクタトスは、通常四列の戦列を組んで戦いますが、その内最前列の兵士には、特別に強力な鎧を装備させることが多く、この追加の鎧は、上腕部、腕と肘、太股部、脛などを覆うものなどでした。これは、もっとも損害の多い戦列の防御力を高めることになると同時に、攻

コート・オブ・プレート

コート・オブ・プレート（Coat of Plates）とは厚手の布地に小さな鉄板を多数、鋲で裏側に張りつけたもので、ブリギャンダイン（Brigandine）と呼ばれるものもあります。これは、機能的なものと装飾的なものを組み合わせた鎧で、十四世紀に流行したおしゃれなものです。装飾はけばけばしく、表面にはビロードなどを使って装飾をほどこしました。しかし、見た目のけばけばしさをよそに、充分な防御効果を持っていたことは確かです。ただ、難点をいえば非常に高価であり、量産には向かないことです。

撃力を高める効果もありました。

これらの兵士がローマの兵士ともっとも相違する点は、ズボンとブーツを履いていたことです。この軍隊における服装の変化がすなわち、歴史上における、東ローマからビザンティンに変わる時期と奇しくも一致していることは興味深いことです。

五 ⚜ 十一世紀のビザンティンの重騎兵（カタプラクタイ）

ビザンティン帝国軍の主要な戦力は、カタプラクタイと呼ばれる重騎兵隊です。これはビザンティンの主要な敵勢力が、ほとんど騎兵からなる軍隊であるためです。ビザンティン帝国は、まだ東ローマ帝国と呼ばれている頃から東方系の諸民族と戦ってきたので、歩兵中心の古代ローマ帝国にありながら、騎兵を重視する方向に進んだのです。この事は進歩した築城術による要塞都市と機動力のある野戦軍の組み合わせによって、大移動時代[*八]において、騎馬民族国家の攻撃から身を守ることができたのです。また、その後のササン朝ペルシア、イスラム諸勢力、トルコ人からの攻撃を防ぐことも可能だったのです。

ビザンティンの重騎兵の装備は、夏は麻、冬は羊毛のチュニックを着て、下はズボンとブーツでした。チュニックの上にラメール・アーマーを着用しています。この鎧は金属の薄い板を紐で編み上げて造った鎧で、この後、ビザンティン文化圏で使用されます。鎧の上には肩にフェルトのマントをつけています。このマントは野営の時の毛布と天幕の代わりにも使われます。このような伝統習慣は、近代の軍隊にも引き継がれています。ヘルメットは鋼製の半水滴状の物で、時として頂部に羽根飾りがつくこともありましたが、一般に突起物や装飾はほとんどなく、非常にシンプルな形状をしています。

図5　カタプラクタイ

彼らの主要な武器は、長槍と長剣です。長槍はコントスまたはコンタリオンと呼ばれ、中央アジアの遊牧民のサルマチア人[*九]やアラン族から伝わったものといわれています。騎兵用の槍の長さは三・六メートル位です。長剣はスパテオンと呼ばれるもので長さは九十一センチメートル位ありました。これを肩からのサスペンダーにより左腰につけていました。このほかに使用されたものとしては、九世紀後半に出現したもので、長さは同じだがパラメリオンと呼ばれる片刃の物があります。

そのほかに副次的武器として、いわゆるメイスも使用されました。騎兵用のものは、マツゾキオンまたはバルドクオンと呼ばれるものでした。

騎兵用の投射兵器としては弓があります。ビザンティンの弓は、フン族の弓を模したもので全長一・二メートルの合成弓でした。この弓は引くのには強い力を必要としましたが、その分威力の強いものでした。

ビザンティンの騎兵は、五世紀から七世紀の頃までは、長槍と弓それに盾を装備して戦いましたが、その後、八世紀の頃には大改編があり、その後もいろいろと変化がありました。重騎兵も例外ではなく、この大改編の時には、五人一組になり、その内三人は長槍のみを装備し、二人は弓のみを装備するなど任務の分担化が進みました。このような軍事上の改革は、帝国への脅威の増大に対するものであったことはいうまでもありません。

六 ⚜ ビザンティンのワリャーギ親衛隊（十一世紀）

ワリャーギ親衛隊とは、ビザンティン帝国に雇われたヴァイキングの傭兵隊です。スカンディナビア半島から進出したヴァイキングの内、東方に進んでロシアに入った一団は、九世紀までにノヴゴルド、キエフなどの国家を建設します。その地で彼らは急速にスラブ化していきましたが、ロシアからさらに南下して、ビザンティン帝国に入る者も多く、交易に従事するかたわら、ビザンティン帝国に傭兵として雇われました。彼らはワリャーギ親衛隊と呼ばれ、皇帝直属の精鋭部隊を形成しました。このワリャーギという言葉は古代スカンディナビア語で、「固い誓約」を意味する言葉が語源となっています。その名のとおり、この部隊は強い同志的団結による強力な戦闘部隊です。また、ビザンティン帝国の側から見ると、この勇敢なだけで野心のない外国人の一団は、宮廷の陰謀劇にも無縁で皇帝の近衛兵としては最適だったのです。ヴァイキングの間ではこのワリャーギ親衛隊に参加することは非常に名誉とされ、事実この部隊の給与は非常に高かったのです。やがてこの部隊にはヴァイキングだけではなく、ルース人[*十]やノルマン人、国を征服されたアングロ＝サクソン人なども参加します。

ワリャーギ親衛隊は、強力な部隊であったため遠征にも投入されました。活躍した主な地域は地中海方面で、エーゲ海、バルカン半島、シチリア島、イタリア南部などです。

元々がヴァイキングだけに海上戦は得意中の得意です。

しかし、この強力な部隊もその最後は意外と早く到来します。一〇八一年、シチリア島のノルマン人とアルバニアの港町ドゥラッツォを巡って争った際に、ノルマン人に対して無謀な攻撃を仕掛け完全に壊滅してしまいました。その後、ワリャーギ親衛隊は再建されましたが、もはやヴァイキングの末裔達による勇敢な冒険者の一団という初期の性格は薄れてしまいました。

イラストは十世紀におけるワリャーギ親衛隊の兵士の姿です。ヴァイキングの伝統を受

図6　ワリャーギ親衛隊

け継ぐ彼らは強力な鎧を装備した精鋭歩兵部隊です。緋色のチュニックを着てズボンとブーツというスタイルの上に、膝の上まであるチェイン・メイルをつけています。脛と腕には防具をつけ防御力を高め、ヘルメットは半水滴型のものを着用しています。武器は長剣とヴァイキングの伝統を引く戦斧を持っています。この戦斧を使用する際は、両手を使って降り下ろすため盾は使用せず、防御より攻撃を重視する戦法でした。またそのために重装備の鎧を着用したのです。盾は由緒正しいヴァイキングスタイルの丸盾です。

＊一　**カタプラクタイ**　アスクレーピオドトスの『戦術論』によれば、すべての重騎兵をこう呼びました。その定義は騎手だけではなく、馬にも鎧をつけているものとなり、この分けかたならば重装順にカタプラクタイ、アクロボリスタイ、エラプロイとなります。

＊二　**蛮族風**　ローマやギリシア人から見れば、ズボンを履くのは蛮族の習慣でした。ここでいう蛮族とは主に騎馬民族のことで、始終、乗馬する彼らがズボンを履くのは当然のことで、単なる価値観と民族観のちがいです。

＊三　**紫色のパッチ**　こうしたパッチは共和政ローマでは指揮官などの位があるものがつけていましたが、これはこの時代にファッションとして流行したのです。

＊四　**鉄びし（鉄製まき菱）**　騎兵の突撃を混乱させるための定置武器。日本の忍者が撒くような小さな物ではなく、一人が一個を運べる程度の物です。

＊五　**クリバナリウスとカタプラクタイ**　面白いことに、ビザンティンにおいてはこの関係が逆転し、カタプラクタイのほうがクリバナリウスよりも重装でした。

＊六　重歩兵「Heavy Infantry」を著者がいい代えたもので、重装歩兵の誤りではありません。ただ、ホプリタイよりも、こちらの方が重装歩兵にふさわしいと思えます。

＊七　軽歩兵「Light Infantry」をいい代えたものです。ちなみに重歩兵がスクタトスなら軽歩兵はプシロイ（Psiloi）と呼ばれました。

＊八　大移動時代　ゲルマン民族の大移動時代のことで、三七五～五六八年に起こりました。その原因は気候の変化と人口増加による土地不足によるもので、彼らの気質のなせる業ではありません。

＊九　アラン族　またはアラマン（Alamanni）族と呼ばれます。ライン、ドナウ河上流に居住していたと思われ、ゲルマン人の部類に入ります。二五五年にガリアに侵入、後にフランクの配下となりマイン河からアルプスに至る地域をその居住地域として、アラマニア公領を作りました。

＊十　ルース人（Rus）ルースもしくはロスと呼ばれています。一般的にはルーシ人のほうが有名です。

十字軍の時代の戦士達

一 ⚜ 十字軍の戦士

十一世紀末から十三世紀にかけて、行われた十字軍は、キリスト教とイスラム教の対立によって生じた大規模な軍事衝突であり、世界がイェルサレムという一つの町を目標に突き進んだ狂信的な信仰の時代の産物です。

この時代における戦士達の鎧はチェイン・メイルがその多くを占めていました。これは一般的にはハウバーグ（haubark）と呼ばれる鎧で、ノルマン人が好んで着ている物です。ハウバーグはメイル（mail）と呼ばれる鉄製の輪をつなぎ合わせて作られます。この輪はもともとは一本の鉄線を鉄の棒に巻きつけて、コイル状にし、それを一つ一つ切り離して切口を接合したもので、専用工具を使えばわりと簡単に作ることができました。余談ではありますが、そうした鎧は今日でも売られ、イギリスなどの専門誌には通信販売の広告も見られます（キットとして売られていて、自分で組み立てなければならないようです）。

このハウバーグは首から膝までを覆うことのできたコートのようなもので、袖の部分は上腕や、肘くらいまでしかない短いものもあれば、手首まである長袖シャツ状のもの、はたまた指までスッポリ覆ってしまう物もあります。鎧には皮製の裏地があるため、肌触りはそれほど悪いものではありません。この鎧は初期のタイプは前開きになっていて、紐で何ヶ所かを縛って着用しました。これは時代が進むと頭からシャツのように着用できるようになりました。

彼らは鎧の下にはジポン[*一]（gipon）と呼ばれる胴着を着ていました。これは第一回十字軍（一〇九六〜一〇九九年）の頃から鎧の下に着るのが一般的になったもので、後には上着化していきます。このジポンは綿を入れて網目状に縫われた布製（キルティングのようなもの）の胴着で脇開きになっています。また、皮革製のものもありました。ちなみに、脇開きのジポンに対して、前開きのものはプールポアン（pourpoint）と呼ばれました。

頭の部分にはコイフ（coif）と呼ばれる顔以外を覆うことのできる鎖帷子の兜をかぶっています。ハウバーグには頭の部分も覆うことができるようになっているタイプもありましたが、実際のところはこのコイフを使用するのが主流であったようです。

図1で騎乗している戦士は十一世紀末頃のフランスの騎士で、そのそばに立っているのは十二世紀中頃の、同じくフランスの騎士です。ここで紹介されている姿は十字軍が開始される直前のものです。彼らは騎乗したおりには長槍を用い、徒下状態では腰に吊した長剣で敵と向かい合いました。

彼らの剣は大体七十〜八十センチメートルぐらいのもので、この当時の多くの国々で同じものが使われています。この時代の剣の特長として知られることは、刃幅が広いことで、これは敵の鎧を断ち切るために考慮されたものです。その威力は実際に兜などを切断し、頭部に致命傷を負わすことができるほどです。もし、国別に剣の特長をあげるなら、柄頭に違いを見出すことができるはずです。たとえば車輪型をしている物がフランス製で、ブラジルナッツ型と呼ばれる猫の目のような形をしているのがドイツ製、イギリス製は魚の尾型という具合です。

図1を見ても分かるように、初期

チェイン・メイルの作り方

図はチェイン・メイルの作り方をその工程に沿って説明した絵です。まず、鉄の棒を伸線機（徐々に細く引き延ばしていく機械）で段々と小さくなる穴を通していき、針金状にします。次に（a）のような先端に穴の開いた工具に先端を通して柄の部分にきれいに巻きつけます。その状態でコイル状になった針金の片側を一直線に切断し、（b）のような輪を作ります。そして、先端に段差がついた工具と、段々と狭まる穴の間を通して互い違いに重なった輪にします（c）。今度はそれを工具に挟み上からハンマーで叩いてつなぎ合わせ（d）、（e）のような工具で潰した所に穴を開けて杭を通して輪が切れないようにします。こうして作られた輪をつなぎ合わせるとチェイン・メイルができます。

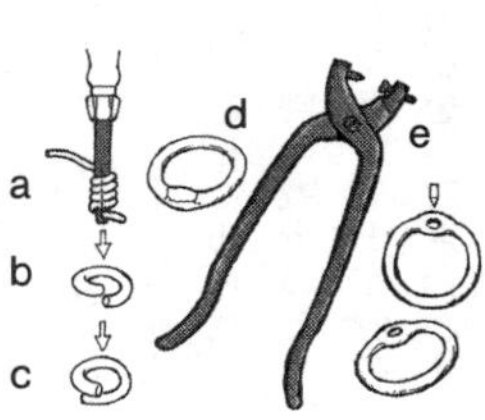

図1　フランスの騎士

の騎士達は腕の部分までは防護されていません。しかし、十二世紀に入るとその多くが手首の所まで防護されるようになりました。足の部分はときおりサポータ状の物で膝の部分を防護する程度です。盾はノルマン独得のカイト[*二]・シールドです。この盾は長めのベルトがつけてあって、騎乗した場合、肩からかけることができます。

彼らがかぶっている兜はノルマン・ヘルメットと呼ばれるもので、十二世紀末までの一般的な騎士の兜として知られています。これは図1の右側の戦士のような一枚板から変形させたタイプと左側の戦士のように何枚かの板をつなぎ合わせた物とがあり、両方ともネーザル（nasal）と呼ばれる鼻の頭まで伸びる部分を持っ

図2　第3回十字軍の騎士

ていました。

図2は、主に第三回十字軍（一一八九〜一一九二年）に参加したヨーロッパ諸国の騎士達の一般的な姿です。大きく変わった点は足にまでチェイン・メイルがついたことです。この足を覆う防具には二つのタイプがあって、正面からかぶせて後ろで縛るものと、ストッキングのように太股の辺りまである履物タイプ（ストッキング・メイルと呼ばれることがあります）のものがあります。図2で騎乗している戦士は十二世紀末のフランスの騎士です。第三回十字軍にはフランスのほかにもドイツやイギリスも参加していますが、その姿はおおよそがこの姿でした。向かって右側に立つ戦士は徒下の戦士で、彼らは馬に乗ることがなく、都市

図3　13世紀中頃のフランスの騎士

の防衛隊や、攻城戦における切り込み部隊などに使われました。

図3の騎乗している戦士は十三世紀中頃のフランスの騎士です。この頃からヘルム（helm）と呼ばれる臼型の兜が見られるようになりました。このヘルムは鉄製の板をつなぎ合わせ、呼吸するための小さな穴をいくつもあけたもので、それまでのノルマン・ヘルメットよりは、数段頑丈にできています。しいて問題点をあげるなら、視界が狭くなったことでしょう。右側の戦士はさらに改良されたヘルムをつけたフランスの騎士です。年代的には二十年ほどしか変わりません。それまでの平だった上部を三角状にとがらせたものです。作り方はこちらの方が手軽です。機能的なことを考えるとこの

形状のほうが、真上から振り下ろされる一太刀を避けやすかったようです。

二　騎士修道会の戦士

騎士修道会は聖地イェルサレムと第一回十字軍のもたらした中東でのキリスト教の植民地を維持するため、イスラム教徒と戦った勇敢な戦士です。

有名な騎士団は三つあります。それは、テンプル騎士団、聖ヨハネ騎士団、ドイツ騎士団の三つの騎士団です。ドイツ騎士団以外は第二回十字軍（一一四七〜一一四九年）より十字軍に参加し、その力を充分に発揮しました。また、テンプル騎士団は中近東だけでなく、スペインでも活躍し、その名を馳せました。

彼らは時には巡礼者の救世主であったのですが、時代がたつにつれてその勢力は衰え、その舞台は二百数十年たった後に幕をとじるのです。テンプル騎士団は一三一二年に廃絶され、ヨハネ騎士団は一二九一年にキプロス島へとおいやられ、ドイツ騎士団は後に騎士[*三]団国家の全盛をもたらします。では、ここでその三つの騎士団の特長をあげてみましょう。

図4　テンプル騎士団

(二) テンプル騎士団の戦士

十二世紀の初め、聖地には多くの巡礼者とヨーロッパからの移民(真の目的は第一回十字軍がもたらした占領地を保持するため)が訪れます。しかし、その多くの者達は途中で襲われ虐殺されてしまいました。彼らは、自衛のために武装はしていたものの、本格的な戦士ではなかったため、わずかな抵抗を試みるだけに終わったのです。そんな時世に一人の老騎士が立ち上がりました。彼の名はユーグ・ド・パイヤンといい、フランス貴族のひとりでシャンパーニュ伯の家臣でした。彼は聖地を巡礼する人達を自らが武装し、無償で保護していたのです。

彼と彼に従う騎士が行うその崇高なる行為はイェルサレム王国の王や総大司教

の耳にとどき、絶大なる支援を受けるようになります。拠点はイェルサレム市内にあるソロモン神殿に移されました（そのため、テンプル騎士団となったのです）。ユーグ達はこうして、徐々に仲間を増やし一一一八年の発足時には二人でしたが十年たった一一二八年には九人となりました。そして、同じ年に教皇によって騎士修道会が認められ、テンプル騎士団が正式に誕生したのです。[*四]

図4の左側の戦士は十二世紀末頃のテンプル騎士の姿です。テンプル騎士団の特長はハウバーグの上から着る胴着に描かれている十字の模様が赤であることで、胴着自体は白でした。これはサーコート（surcoat）と呼ばれるもので、布製です。中には裏地として毛布を縫い込んだものがありました。図で見られるように十字軍の時代に生きた戦士達は、好んでその衣類に十字の模様を描いていました。実はこれには、ちゃんとした理由がありました。それは、十字軍の提唱者、ウルバヌス二世[*五]の提言で、東方に向かうキリスト教徒は胸か額に十字の印をつけることになっていたからです。

右側に立つ戦士は十三世紀中頃のテンプル騎士団の戦士です。見ての通り、兜がノルマンタイプから、ヘルムと呼ばれたバケツのような兜に変わっています。またサーコートが若干ではありますが短くなっているのが分かります。

(二) 聖ヨハネ騎士団の戦士

聖ヨハネ騎士団はイェルサレムにあった聖ヨハネ病院の信徒団に由来するものです。彼らはユーグが活動していた以前より聖地巡礼者の救援と、けが人や病人の治療に当たっていた一団でした。図5は聖ヨハネ騎士団の戦士達です。

一般的には彼らはホスピタリアーと呼ばれ、その初期には黒いサーコートに白い十字をつけていましたが、一二五九年より赤いサーコートと白い十字の模様に変わりました。右は十二世紀末のホスピタリアーの姿で、ノルマンタイプのヘルメットとカイト・シールド

図5　聖ヨハネ騎士団の戦士

を持っているのが分かります。また彼らが着ているサーコートは初期のタイプとして知られる袖があるものです。

　このタイプは十二世紀中頃から見られるもので、当時修道士達が着ていたものです。このコートにはフードがついていて、頭からスッポリかぶった姿はきっと皆さんの見なれた姿であると思います。

（三）ドイツ騎士団（チュトーン騎士団）の戦士

　ドイツ騎士団が発足したのは一一九八年のことで、アッコン[*六]の城塞都市の救護のために一一九〇年にリューベック・ブレーメンの市民が作った病院を起源とし、一一九八年にそのまま騎士修道会と格上げされたものです。その定住地は

剣術

　剣にはさまざまな使い方があります。「切る」、「突く」、「払う」などですが、ケルト人やヴァイキング、ノルマン人達は切るために剣を用いていました。それに対しローマ人は剣術を学び研究したために、「突く」、「払う」などの方法を考えだしました。また、敵のどこを攻撃すれば効果的かなども考えだしたのです。

　中世において、鎧の重装化が進むといよいよ、剣は相手を切るものではなくなっていきます。そして、こうした鎧に対して、突いて攻撃する方法が生まれます。これは、鎧の接合部分に刃を突き立てるもので、そのために剣の刃も細く鋭くなっていきました。

　そして、十六世紀には突くための剣、レイピア(Rapier)が誕生します。この剣の登場によって、戦士達は右手にレイピア、左手にマン・ゴーシュ(Man-Gauche)をもって戦うことが主流となります。このマン・ゴーシュとは左手用レイピアとも呼ばれ、短剣のように短く、相手の剣を払ったり、からめて折ったりしました。

一二一一年にジーベンビュルゲンに移され、十字軍としての活躍もないまま、一二二五年以降にはプロイセンに移り、バルト海沿岸で活躍します。そして後に騎士団国家の全盛期を築きます。彼らは白いサーコートに黒い十字の模様をつけており、この当時の戦士達となんら変わらないものです。ヘルムの形状に若干の違いがあり、サーコートに描かれた十字はテンプル騎士団よりも大きかったようです。

アーサーとアルトリウス

アーサー王は今日の日本では良く知られた人物になっています。文献などは五～六冊ほど見かけることができますし、映画などでも観ることができます。一般的なアーサー王の時代のイメージは中世騎士の時代で、きらびやかな鎧をつけ、吟遊詩人が奏でる音楽の中、円卓を囲んで武勇話の花を咲かせる、そんな世界で繰り広げられるのがアーサー王と円卓の騎士です。アーサー王に関するいい伝えや物語はイギリスのみならず、ヨーロッパの随所で見かけることができます。それほどアーサー達は中世の時代語り継がれたことでした。では、アーサーなる人物は実在したのでしょうか？

アーサー王が実在したかどうかについてははっきりとしたことは断言できませんが、彼（モデルとなった人？）が実在した人物であるという意見は、今日でも述べられている事実です。その説によれば、アーサーは五～六世紀頃の人物で、ローマ人の血を引くアンブロシウス・アウレリアヌスを父としたアルトリウスという名のブリトン人であったといわれています。アルトリウスとはアーサーのラテン読みで、彼がローマ人の末裔であることからこう呼ばれるわけです。

アングロ＝サクソン人が侵入してきた五世紀初め、彼の父はブリトン人の態勢を立て直し、その死後はアルトリウス、つまりアーサーが引き継いで、ベイドン（または、バドニクス：Badonicus）の丘でこれを撃ち破り、大打撃を与えました。この後しばらくの間、ブリタニアは彼らのもとで平和を保ちましたが内乱が勃発し、アルトリウスは殺されてしまいました。そこへ、またアングロ＝サクソンの侵攻が始まりこの束の間の王国は崩壊します。

アーサーの伝説はその後、虐待されるブリトン人の民族悲劇と共にかつての栄光を物語り、彼が復活してその栄光をとりもどしてくれるであろうという伝説となります。こうした物語はとりわけフランス、ブルターニュ地方の詩人に好まれ大陸に広められました。ノルマン人がイギリスにやってくるとそうした話はイギリスにおいて親しまれました。このアーサー伝説はさらに『ローランの歌』にも影響され、本来の形からランスロットやパーシバルを加えた一大物語となり、キリスト教の影響から聖杯伝説などが生まれます。十一世紀頃はまだ口伝でしたが、十二世紀に入って文章化が行われ、今日に至るわけです。

＊一　**ジポン（Gipon）**　綿を入れて網目状に刺子仕立てにしたもの。似たものとしてキルティングという用法がありますが、これはサラセンの兵士が鎧の型くずれをしないように用いていたものを十字軍がヨーロッパに持ち帰り広めたもので、その用途は別なものです。また、ジポンは十五世紀初めには用語として使われなくなります。ジポンは中世フランス語でジュポン（Jupon）と呼ばれ、ポルトガル（Gibao）から日本にもたらされて襦袢（じゅばん）となります。

＊二　**カイト・シールド**　ノルマン人がよく使用した西洋たこ型の盾。

＊三　**騎士団国家**　プロイセン（現在のポーランド北方、バルト海沿岸）で起きた国家制度。マゾヴィア侯

コンラートの依頼で支援に出た騎士団がそのまま騎士団領として取得し、教皇管轄下としました。その後、彼らは独得の体制を築きました。

＊四　ソロモン神殿　イスラエルの王、ダビデの子ソロモンの神殿で、実際にはソロモン神殿跡地であり、本物はバビロニアによって破壊されています。その後も何度か建てなおされましたが彼らの時代にはイスラム教のモスクが建っていました。

＊五　ウルバヌス二世（Urbanus II：一〇四二？～一〇九九）イスラム教徒に対する聖戦を全キリスト教徒に提唱したローマ法王で、その在位は、一〇八八年～一〇九九年でした。

＊六　アッコン（Acon）英語ではアクラ（Acra）として知られるイェルサレム王国の城塞都市。地中海沿岸の都市であり、イェルサレム陥落後の王国の代理首都となりました。

イスラム世界の戦士達

イスラムの戦士

イスラム世界が成立し、その名を世界に轟かせるようになるのは七世紀の頃で、メッカで布教を始めた開祖マホメット（正しくはムハンマド：Mahammad）は六三二年六月八日にメディナで没しました。その間、アラビア半島のほとんどは彼らイスラム教徒の手に落ち、彼の死後もその領土を広げて行きます。六四二年にはササン朝ペルシアをニ[*一]ハワードの戦いで破り、これを滅亡させ、同じ時期にはエジプトのアレキサンドリアまで進出しビザンティン帝国を打ち負かしました。八世紀にはイベリア半島にまでその勢力は広がり、西ゴート王国を滅ぼしますが、フランク王国に敗れてしまいました。東方ではどうなったかといえば、インド国境沿いにまで進出しサーマーン朝と衝突していました。イスラム世界は、ここに最大の版図をみることができるわけです。そのため彼らの文化はペルシア、ビザンティン、インド、スペインと自らの文化を取り混ぜて発展して行きました。そして、キリスト教徒の最大の敵となるイスラム教の国は、十字軍との激闘の時代を迎えます。では、ここで十字軍の始まる以前の代表的なイスラムの戦士を紹介しましょう。

図1　正統カリフ王朝の戦士

(一) 正統カリフ王朝の戦士(六三二～六六一年)

正統カリフ[*二]の時代はマホメットの死後、その後継者によって統治された時代です。この時代の戦士は図1の左端のように槍と円形の盾を持っていて、腰にはまっすぐな片刃、または両刃の剣を携帯しています。よく、アラブの剣は先の曲がったものと思われていることが多いのですが、これはトルコがもたらしたもので、この当時はまっすぐなものが主流でした。この図はアラブ特有のベドウィン[*三]の戦士です。

中央も同じくベドウィンの弓兵で、百五十センチメートルもの大きな弓を持っていて、そのほとんどの者が優れた使い手でした。彼らが携帯している矢筒には三十本の矢が収められているのが普通でした。アラブ人にとって弓はもっとも日常的な武器でした。それはコーランの中に「人の手で扱いにくい武器とは弓で、我々はそれに卓越しなければならない」と書かれているからです。後期の弓兵は腰に先端が丸いメイス*四（mace）の部類に相当する武器を持つようにもなります。

彼らの着ている長めのコートはいろいろな種類の色がありました。大体が明るい色で、黄色を始めとする原色がありますが、やはり白が多かったようです。このコートの特長は両腕に模様が描いてあることで、時には中央の弓兵のように衿口や袖口、裾などにも描かれているものもあります。

動物に着せる鎧

軍隊が動物に鎧を着せたのは、戦車（Chariot）を引く馬を初めとします。大体紀元前十五、六世紀のことです。単独の騎兵が鎧をつけるようになったのは紀元前九世紀です。

その技術は小アジアや東方の騎馬民族の間に受け継がれ、スキタイが全盛を迎えた時代には、金属製の前掛け風鎧や、馬の体全部を覆う鎧も登場します。また、インドにおいても皮製ではありましたがこのような鎧が登場しています。

金属製の馬鎧（バード：Bard）が最初に全盛を迎えたのはやはり東方で、パルティア、アルメニア、ササン朝ペルシア、ビザンティンのカタプラクタイやクリバナリウスなどがあります。この時代には象やラクダも鎧をつけて現れました。しかし、優秀な騎兵部隊のいちじるしい損害と、軽騎兵を主流としたアラブやゲルマン、フン族などがやってくると廃れてしまいます。また、西方に定住したゲルマン人達の歩兵主力化が、それに拍車をかけました。

ところがアラブ人がヨーロッパに侵攻し始める頃には騎兵が主力とした軍隊が必要となり、十字軍の時代をへて中世になるとやっと騎兵に鎧をつけることになります。ルネサンスの時代になるとメイルで作られたバードやプレート・アーマー化したバードが誕生します。また、変わったものとして猟犬に鎧を着せた戦闘犬などもいました。

コートの下にはラクダの皮製か単なる布製のチュニックを着ています。

彼らの持つ盾は木製か皮革製で、直接腕に結びつけ両手を使うようにもできました。頭には彼らの特長でもあるターバンをしています。これは、イスラム教の国では信者でなければつけてはならないものとして知られ、大きさや色、しわの数などによってそのまま地位を表すものにもなっています。

右端はこの頃の騎兵です。彼らはコートの上から皮製の胸甲[*五]（胸当て）をつけています。この胸甲はピンク色をしていたといわれています。手にしている長槍の柄は図のように節のあるものを使っています。

（二）ウマイヤ朝の戦士（六六一〜七五〇年）

ウマイヤ朝は正統カリフ、アリ[*六]の死後ウマイヤ家によって始まったもので、ダマスカス[*七]に都を置きカリフを世襲制としました。この時、殺されたアリの一族しか認めない人々は、彼の子孫を正統なカリフとしてシーア派[*八]を形成しました。これを認めないものをスンニー派[*九]と呼びました。シーア派はこのウマイヤ朝の時代に、いくどとなく反乱を起こしています。

この時代の戦士は図2のようにコートの下にハウバークを着ています。これは、もう末期のものですがハウバークの上からさらに鱗状の鎧を着ています。彼らの持つ武器は槍と

図2　ウマイヤ朝の戦士とアッバース朝の戦士

剣でした。また、コートには全体に模様が描かれ、身分の高い者や、優秀な部隊の着るものは模様が金色でした。

イスラム世界において、緑色はマホメットを表す色で、この頃のそうした色のターバンを巻いていることがあります。これは、彼らが正統なカリフの後継者を支持していることを表していたと思われます。

(三) アッバース朝の戦士（七五〇～一二五八年）

ウマイヤ朝を倒しそれに代わってカリフとなったのがマホメットの叔父・アッバースの子孫で、その王朝はアッバース朝と呼ばれています。しかし、ウマイヤ朝の血を引くものはイベリア半島で後ウマイヤ朝を開きました。これが世に知られる東西カリフの時代で、アッバース朝はバクダットに都を置き後ウマイヤ朝はコルドバ[*十]に都を置きました。

図2の右端の戦士はこの時代の旗を持った騎兵です。アッバース朝の旗は黒を基調にしたもので、金字で模様が描かれています。ただ、生物の像や、自然物の模写は禁止されていたため、幾何学的な模様が描かれています。この頃の兵士はそれまでのものと変化はないのですが、アッバース朝に属する兵隊は着ているものを黒に統一していました。

図3　ファーティマ朝の戦士

(四) ファーティマ朝の戦士(九〇九〜一一七一年)

シーア派はアッバース朝と対立すべく、北アフリカにファーティマ朝を起こしました。その勢力は次第に伸びていき、九七二年に都をカイロに移すとシリア・イェルサレムにまでその版図を広げました。

図3の右端の戦士は十一世紀頃の騎兵です。彼らはチェイン・メイルを着て、肩に鱗状の金属をつなぎあわせたものをつけています。これは肩から腕にかけて防護していますが、胸の部分と背中を覆っています。中央は神殿護衛の兵士で図のようなカイト・シールドの形状をした盾と二本の投げ槍を持っています。コートは緋色をして、赤い靴を履いています。コートの下にはハウバーグを着ています。彼らの持っている剣はこの時代でもまだまっすぐなものです。

左端の戦士は十一世紀末の市民兵です。彼らは図のような綿を入れて網目状に縫い込んだ鎧をつけています。これがジポンと呼ばれたことは先の十字軍の項でも述べた通りです。手にしている武器はサバルバーハ（Sabarbarah）と呼ばれる長柄戦斧の部類の武器で、両手で振り下ろして切りつけて使いました。

二　十字軍の時代

十字軍の時代にはイスラムの軍隊は二つの方面で戦っていました。一つはイベリア半島、もう一つは当然のことながら中近東においてです。イベリア半島では後ウマイヤ朝（七五六～一〇二七年）とグラナダのナスル朝（一二三〇～一四九二年）が有名で、そのほかにも数々の小国がありました。中近東ではアッバース朝や、セルジューク朝、そして、あのサラディンの名で知られるアイユーブ朝などがその実権を握っていたのです。しかし、彼らもまた、東方からモンゴルに追われ、西方へと逃れてきたオスマン朝トルコによって滅ぼされていくのです。

（一）セルジューク朝トルコの戦士（一〇三七～一一九四年）

それまで小アジアにあったブワイ朝[*十一]を滅ぼしそこでの実権を握ったセルジューク朝は十字軍発足の原因となった国です。しかし、十字軍が始まった時にはすでにその衰退期に入

図4　セルジューク朝トルコの戦士

っていて内乱状態でした。そのため、十字軍と同盟して戦う者もいました。

図4の左端の騎兵は十二世紀頃のセルジューク・トルコの騎馬弓兵です。彼らの弓は騎乗して放つため、図のように小さめのものでした。これは、そもそもアラブで使用されていたものでなく、ペルシア系の遊牧民が使用していたものです。アラブ系の遊牧民は、先に示したように大きな弓を使うのがその特長でした。大きな弓を使うといえば、アケメネス朝ペルシアの弓兵も同様の弓を使っていたことが思い出されます。

中央は独得のトルコ風ヘアスタイルをした戦士で手にはカイト・シールドを持っています。これは、彼らが十字軍と連合して同族と戦ったおり、彼らの影響を受けたもののようです。また、ビザンティン帝国に接した国でもあったことから彼らの影響を受けていたとも考えられます。

右端の騎兵は十二世紀末から十三世紀初め頃の重騎兵です。かれらはコイフ（coif）をかぶり鉄製のヘルメットをかぶっていました。これはペルシアタイプと呼ばれるもので、てっぺんが尖っているのが特長で、何枚かの板を鋲でつなぎ合わせたものです。色自体はよく磨かれた金属のそれですが、金メッキした金具を張りつけて装飾を施してありました。胴には腹巻のような、胸の部分まであるスケール・メイル・アーマーをつけていました。これは、左端の騎馬弓兵にもいえることです。

彼らの武器は長槍、剣、弓となんでもありといったかんじです。これもまた騎馬民族特有のものであります。盾は円形で手で持つことも腕にはめることもできました。

（二）アイユーブ朝の戦士（一一六九〜一二五〇年）

アイユーブ朝はあのサラディン[*十二]によって建てられました。十字軍の時代で第三回十字軍の時、特にその名を轟かせたカリフの国として知られます。この時代の戦士はファーティマ朝時代末期の状態で始まります。

図5左端はクロスボウ（Crossbow）を持ったサラセン[*十三]の戦士です。クロスボウは十字軍が来襲する直前に見られるようになった武器でしたが、一般的に使われるようになった

図5　アイユーブ朝の戦士

のはこの頃でした。ハウバーグを着込み、この時代独得のヘルメットをかぶっています。腰につけているものはクロスボウを装填する際に使う道具で、ヨーロッパのものは片足をかけて装填するため片足式と呼ばれ、サラセンの使ったものは両足式と呼ばれました。これは、ボウ自体を片足で押さえて弓を引くのと、両足で押さえて引くのとの違いです。

　中央はサラセンの重騎兵です。ハウバーグを着込み、さらにその上からスケール・メイル・アーマーを着ています。手にしている盾は円形状のものや、ときには十字軍から奪ったカイト・シールドを使っていました。

　右端はサラセン軍に編入されていた十三世紀頃[*十四]のマムルークの戦士です。彼らの剣は図のようにS字形をした片刃のものを使用しています。マムルークはサラディンの軍隊の中でももっとも優秀な兵隊でした。図を見れば分かるように彼ら独得の格好をしています。

三 ⚜ オスマン朝トルコの時代

オスマン朝トルコは十三世紀の中頃に小アジアで勢力を拡大し、十四世紀には完全にその領土を手中に収め、十五世紀から十七世紀にかけてその版図を広げていきました。まさに飛ぶ鳥を落とす勢いを持った国でしたが、十五世紀初めに、そのトルコを破った国があります。それがあのティムールです。彼らは、オスマン・トルコを滅ぼすには至りませんが、一四〇二年にアンゴラ（もしくはアンカラ）の戦いで大敗させました。しかし、突如後退したためにオスマン・トルコは九死に一生を得ました。

オスマン・トルコはその後すぐさま勢力を回復させ、一四五三年についにコンスタンティノープルを占領し、ビザンティン帝国を滅ぼしました。こうして、中世の時代は幕を閉じるのです。ではここで十三世紀から十五世紀にかけてのオスマン朝トルコの戦士の姿を紹介しましょう。

図6左の戦士は十四世紀の中頃に見られた重騎兵で、シパヒー[*十五]（sipahi）と呼ばれた戦

図6　オスマン・トルコの戦士

士です。彼らが身につけているチェイン・メイルは前開きになっています。これはトルコ独得のもので、腹部のあたりに鉄板と掛け金がついています。腕には鉄製の籠手をつけていました。

　頭は顎の部分を覆うことのできるコイフと一体化したような羽根飾りのついた兜をかぶっています。額の部分についているものは、スプーンで、もともとは上官の食事を毒見するためのものでした。そのためこれが、エリート部隊の証ともなっています。

　武器としては、槌矛、弓、騎槍、そして、S字形の刃をしたサイフと呼ばれる剣を携帯していました。盾はカアルカン・タイプ（kalkan）と呼ばれる金属製の装飾をほどこした板を木製の下地に張りつけたものですが、後期にはすべて金属製のものも見られます。この盾は皮製のバンドがついていて、肩からかけたり、背中に背負うことができました。

彼らが乗る馬がつけている鎧は金属の板を張り合わせたもので、小アジアや現代の黒海沿岸にいたスキタイ[*十六]や、ペルシア、アルメニア[*十七]などの国が使っていたものに近いものですが、その一枚一枚の金属片は彼らが使っていたものよりも細長く、部分部分でつなぎ合わせて作ってあります。頭についている面は図のように数枚の鉄板からなるものと、全体を覆っている鎧と同じ造りをしたものもありました。

右側の戦士は十五世紀初めの重装歩兵で、チェイン・メイルの上から長方形の鉄板をつなぎ合わせた胴鎧をつけ、手にも同様な籠手をつけていました。足の部分には膝とすね、太股を防護する鉄板に、チェイン・メイルを組み合わせたものを履いています。武器としては、弓、サイフ、槌矛や戦斧を持っていました。ヘルメットはそれまで一体化されていたコイフをはぶき、装飾をほどこした鉄製のものにかわっています。盾には変化はみられません。

＊一　ニハワードの戦い　正統カリフの二代目、オマルが六四二年にササン朝ペルシアを破った戦い。

＊二　カリフ（Khalifa）　正しくはハリーファといい、その意味は「継承者」あるいは「代理人」です。正統カリフの時代にはイスラム国家の最高権威者でした。しかし、軍事政権が発足すると、単なる宮廷

の飾りに過ぎないものとなり、その権威は地に堕ちてしまいます。オスマン朝トルコの時代にはスルタンが同時にカリフを名乗るようになりました。イスラム法にはカリフになるための条件として、健康で賢く、誠実で五感に優れ、ムハンマドを生んだクライシュ族でなければなりません。

＊三　ベドウィン（Badw）　正しくはバドウといいます。アラブ系の遊牧民のことで、馬、牛、羊、山羊、ロバ、ラクダ、水牛を飼います。

＊四　メイス　日本語では鎚矛。打撃武器として、鎧を着た相手を骨折させたりできました。

＊五　胸甲　本書では上半身を覆う鎧を胸甲とし、胸の部分を防護するものは胸当てとしました。

＊六　アリの死　ハワリージュ派のイブン・ムルジャムによって暗殺された。彼の息子は二人いましたが、一人は病死し、もう一人はウマイヤ政府軍によってカルバラで殺されてしまいました（六八〇年）。

＊七　ダマスカス（Dimashq）　正しくはディマシュクという。シリア中央に位置する都市。古来、東西交通の要所として栄えました。

＊八　シーア派（Shia）　ムハンマドのいとこアリを彼の後継者とした者達の総称で「アリを支持する者達（Shia Ali）」を略した呼び名です。

＊九　スンニー派（Sunna）　現在のイスラム教徒の大半はこのスンニー派に属しています。スンニー派とは「スンナと共同体の人々」を正式の名称とします。スンナとはムハンマドの言葉と行いのことです。

＊十　コルドバ（Cordoba）　アンダルシア地方にあるシエラ・モレナ山系の麓にある町。イスラムがイベリア半島に進出したとき彼らの政治の中心地となりました。

＊十一　ブワイ朝（Buwayh）　イラン系のシーア派の王朝でアッバース朝カリフから、アミールという称号を与えられて、小アジアを支配しました。

＊十二　サラディン（一一三八～一一九三）　本名はサラーフ・アッディーン（Salah al-Din）。ヒッティーンの戦いで十字軍を大敗させ、イェルサレムを奪回したイスラムの勇士。彼の人柄、武勇に関してはヨーロッパの人々も一目置いたといわれています。

＊十三　サラセン（Saracens）　ギリシア、ローマ人が呼んだアラブ人の総称で、彼らはアラビア半島に住む住民をサラケネと呼びました。しかし、それは次第にペルシア国境方面のアラビア人もそう呼ぶようになり、十字軍の時代から、ビザンティンを通じてイスラム教を信仰するすべての人々の総称としてサラセンという言葉が西方で広まりました。ですから、それ以前にそう呼ぶのはおかしなことです。

＊十四　マムルーク（Mamluk）　白人奴隷兵のことで、トルコ、モンゴル、スラブ、ギリシア、チェルケス、クルド人達が属しました。彼らはサラディンの時代から、親衛隊として仕えるようになります。後のオスマン朝トルコではイエニチェリと呼ばれた軍団がありますが、それもこのマムルークに近いものがあります。ちなみに黒人奴隷兵のことはアブドと呼びました。

＊十五　シパヒー（Sipahi）　狭くは騎兵のことで、広くはティマール（軍事封土）制にもとづく軍団のことをこう呼びました。ちなみに近衛騎兵のことはシパーフといいます。

＊十六　スキタイ　黒海沿岸の遊牧民族。

＊十七　アルメニア（Armenia）　西南アジアの山岳地帯にあった国、または、その地方の呼び名。

中世－ルネサンスの戦士

一 ⚜ 十四世紀初期の騎士

中世の騎士というと、プレート・アーマーに身を固めた姿が思い浮かぶかもしれません。しかし、騎士の鎧がプレート・アーマーを中心にしたものになるのは、十五世紀の中頃、ルネサンス時代に近くなってからです（十五世紀といえば、もうルネサンスではないか、と思われる方もいらっしゃるかもしれませんが、軍事史上のルネサンスは十五世紀末から十六世紀にかけて行われたイタリア戦争から始まると考えて良いと思います）。さらに、ルネサンス時代になってから騎兵は急激に重装甲化しますが、これは、小銃[*一]の実用化によるものです。しかし、いくら鎧を厚くしても小銃には対抗できないということがわかったとき、重装騎兵の時代は終わりを告げるのです。

十四世紀の騎士にとっては、まだそのような天敵は出現していません。したがって、やたらに重いプレート・アーマーより、行動しやすいチェイン・メイルが好まれたのは当然といえましょう。

図1に示したのは、ドイツ騎士の一例です。チェイン・メイルで全身を包み、その上か

図1　14世紀初期のドイツの騎士

ら膝のあたりまである長いコートを着る、というのが、この時代の騎士の基本的なパターンで、この絵でもそうなっています。この場合はチェイン・メイルのほかに防具をつけていませんが、腕や胸のように重要な部分にプレートをつけることは、すでに始まっています。ヘルメットは少々古いタイプの、バケツ形をした、面頬のないものです。また、この時代には馬に鎧をつけることは、まだあまり行われていません。この絵のように紋章を描いた布をかぶせるだけというのが一般的でした。

図2　14世紀初期のイタリアの騎士

図2は、イタリアの騎士です。図1で示したドイツ騎士と異なるのは、腕、胸、足などにプレートをつけて防御力を強化していることと、ヘルメットが新型の面頬のついたタイプになっていることです。

二 ⚜ 百年戦争時代の騎士

百年戦争[*二]は一三三八年から一四五三年の間にイングランドとフランスの間で散発的に戦われた戦争ですが、この時代には鎧が大きな変化をとげました。特に次の二点が重要です。

一　プレート・アーマーの多用

二　コートの縮小化、そして消滅

図3に示したのは、十四世紀中頃の騎士の典型的な二つの姿です。外観上、まず目につく特徴は、それ以前の長いコートの代わりに、ジュポン（jupon）と呼ばれる、腿の上部あたりまでしかない、ぴったりした上着を着ていることです。この上着の下にはプレートの胸当てをつけ、その下には上着の下に少しはみ出す程度の長さのチェイン・メイルを着ました。腕や足の防具はほとんどプレート・アーマー化しています。ただし、図4のように、腿の部分は完全なプレートでなく、固くした布や皮などで作った防具をつけている場

図3　百年戦争時代14世紀中頃の騎士

合もあります。

二つの絵で大きく異なるのはヘルメットです。図3では、従来から使われている頭部全体を包むヘルメットをつけています。このヘルメットにはイノシシの装飾がつけられていますが、このようにヘルメットの上に動物などの装飾をつけることは一般的に行われていました。これはずいぶん重そうに見えますが、軽い木や皮などで作られているため、見た目ほど重くはないのです。このヘルメットの下には、首の開口部を守るために、カメール（camail）と呼ばれる、頭全体から肩にかかるようなチェイン・メイルをかぶっています。

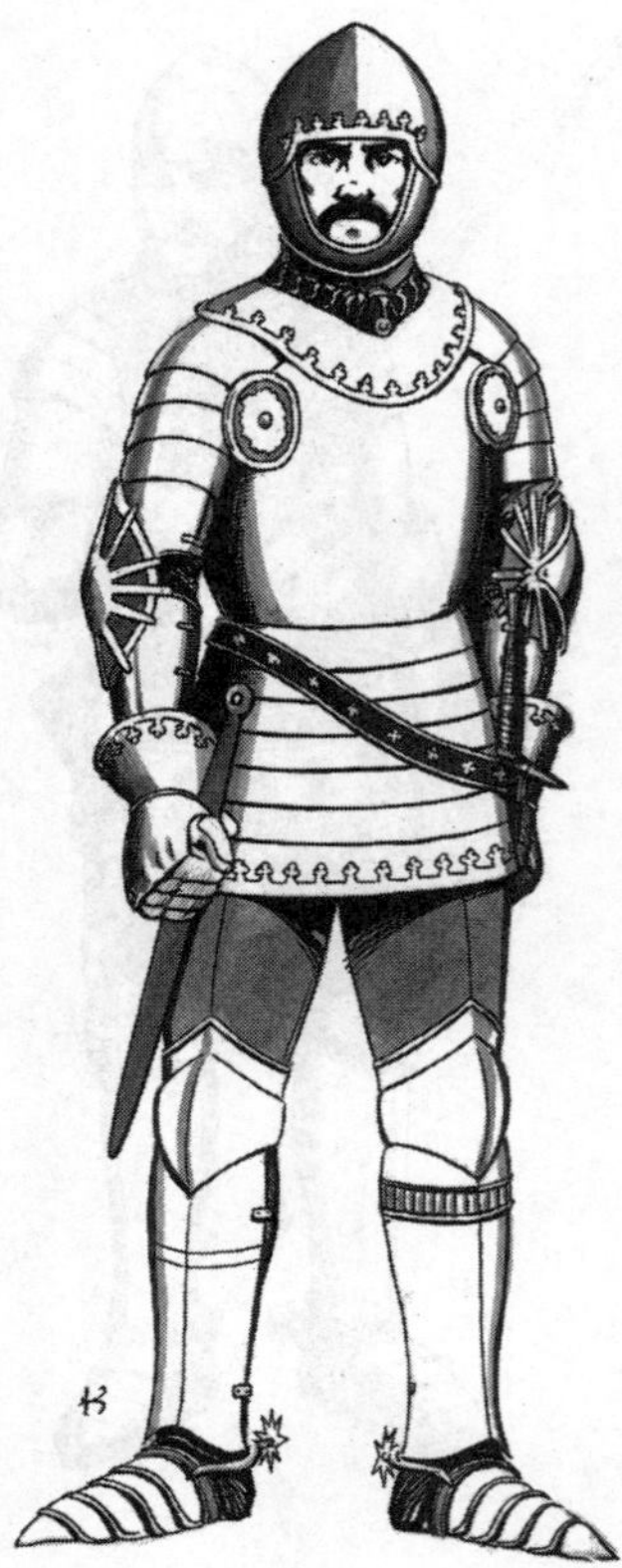

図4　15世紀のプレート・メイル

図4のヘルメットはこの時代に多く使われるようになったもので、頭部に密着した円錐形のものです。この場合もヘルメットの下にカメールをかぶっています。この図では面頬がついていませんが、それがついたタイプのものもあります。

この時代から馬に防具をつけることが一般的に行われるようになります。といっても、まだ完全なものではなく、馬の頭と首を保護する程度のものでした。

十五世紀になると、鎧のプレート・アーマー化がいよいよ顕著になってきます。また、布製のコートの類をまったくつけない、全面プレート・アーマーの鎧も出現してきます。図5に示したのは、そのような新タイプの鎧の典型的な例です。大きく変わったのは二点、すなわち

一　下腹部の防護

二　首のまわりの防護

です。従来、下腹部の防護はチェイン・メイルで行われていたのですが、これもプレート・アーマーになりました。ただ、この部分は動きが激しいので、プレートを何枚かつないで、動作を楽にしています。頭部の防護に関しては、今までのヘルメットの下にカメールをかぶるというやりかたは、ヘルメットとカメールの重さがすべて頭にかかってくるという点に問題がありました。そこで、後頭部や頬の部分はヘルメットで覆うことにし、首はゴルゲット（gorget）と呼ばれるプレートの防具で守るようになりました。こうすれば、

ゴルゲットの重さは肩にかかってくるので、頭部の負担はかなり軽減されるわけです。ただ、しょせんプレート・アーマーですから柔軟性がなく、頭部の動きは若干制限されることになります。

三 ⚜ 十五世紀末の騎士

十五世紀の後期になると、鎧のプレート・アーマー化はほぼ完了します。鎧の基本的なスタイルは百年戦争後期のものとあまり変化はありませんが、ヘルメットの形がまた変わっています。図5に示したのはサレット（sallet）と呼ばれる、この時代もっとも一般的に使われたタイプのヘルメットです。十四世紀初めのバケツをひっくり返したようなヘルメットに回帰したような形ですが、ヘルメットの下部が開いている（特に後部はかなり伸びている）のが特徴です。また、首の回りの防護も進歩して、首と顎の部分の形に合わせたプレートの防具が使われるようになりました。これとサレットを組み合わせれば、この絵のように頭部の保護は完全になるわけです。

馬の防護もかなり発達して、プレート・アーマーで馬の体の大部分を覆うようになりました。馬の鎧は乗り手のことを充分考慮して作られているのも特徴で、たとえばこの絵の場合、サドルの前面に大きなプレートがついていて、騎手の下腹部を保護するようになっ

図5　15世紀末の騎士

ています。

ちなみに、馬の鎧の重さは三十～三十五キログラム、騎士の鎧もそれと同じ程度の重さでした。したがって、馬にとっては二人乗せているのと同じことになるわけです。

プレート・アーマー

プレート・アーマーは十五世紀中頃～十七世紀にかけて全盛となり着用された鎧です。小銃の実用化と鎧を作る技術の発展、さらに鎧そのものの材質が鋼に代わったことによって、剣などでは当然切ることができない強度を持ちました。しかし、そのために動きが鈍く、視界の狭まったものとなってしまいます。こうしたプレート・アーマーを着た戦士が多くを占めた時代には相手を叩きつける打撃武器が全盛期を迎えました。メイス、フレイル、ピック、両手剣などです。また、相手の関節部分にある鎧の隙間を突き刺すために剣も細身の物に変化していきます。

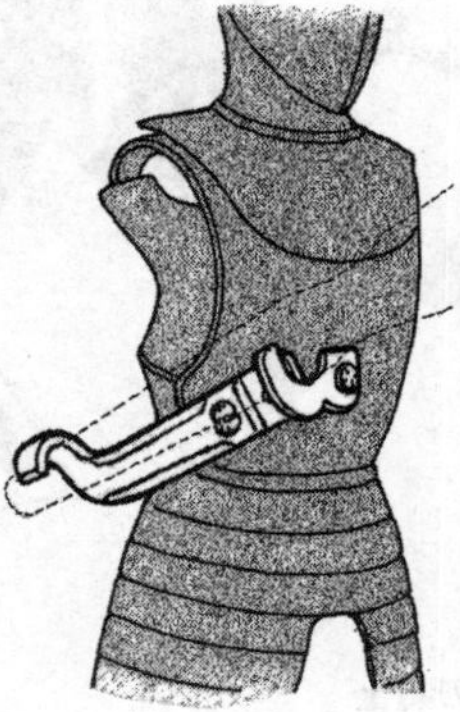

一般的にプレート・アーマーといえば、胸甲、背甲、肩甲、腕甲、脚甲からなる鎧を蝶番、尾錠、掛け金などでつなぎ合わせたものです。初期においては覆えない部分にメイルを当てて補いました。そのためプレート・メイルといえばこれを想像する方も多いのですが、実際それはプレート・アーマーと呼ぶのが正しいでしょう（この誤解の原因はもっとも多くの辞書類に用いられている鎧の絵がプレート・

アーマーの初期のタイプを模写した絵によるものだからでしょう)。

十六世紀末期にはプレート・アーマーは全身を覆うものから、一部を防護するものへと変化していきます。この現象はギリシア時代のホプリタイの変化にも似ていますが、その理由は機動性を増すためであったわけではありません。

理由は至極簡単で集団攻撃と火器の発展によってなされたことで、鎧の効力ではそれに対抗できなくなったからです。そして、ここで登場するのがパイクマン・アーマーです。その後、こうしたプレート・アーマーは胸甲部分を残し、廃れてしまいます。十八〜十九世紀には重騎兵と呼ばれる騎兵達が着用し、胸甲騎兵などと呼ばれました。図のようにプレート・アーマーの右胸に見える金具はランス・レストと呼ばれるものです。これはその名の通り、騎士の主要武器であるランス(騎槍)を脇で固定するためのものです。

四 ⚜ 槍兵

図6は十四世紀から十五世紀における槍兵の典型的な装備で、主に傭兵隊[*三]や都市の市民兵などの歩兵隊の中核をなす部隊です。槍は長さが二メートルほどの一般的なもので、突撃するときは近代の銃剣[*四]のようにかまえ、防御時には槍ぶすまを作ります。ただし、スコットランドの槍兵などのように、もっと長い、三メートルくらいある槍を使う場合もありました。ところで、混戦になると槍は役に立たなくなるので、個人戦闘用には剣を持ちますが、この剣は騎兵の持つような長くて重いものではなく、せいぜい数十センチメートル

から一メートル程度の軽量のものでした。盾は騎兵の持つものとは異なり、この図に示したような丸盾や、もっと大きなパビス（pavise）と呼ばれるものを持つことが多かったようです。

歩兵の服装は当時の通常の服装に防御用の鎧などをつけるのが基本でした。一般に好まれたのはチェイン・メイルで、それも騎士のように長いものではなく、太股のあたりか長くても膝あたりまでのチェイン・メイルです。その上には布製のチュニックなどをつけます。プレート・アーマーは腕や足の防御用として部分的に装着することもありましたが、騎兵のように全身をプレートで覆うことはルネサンス時代になるまであまり行われませ

図6　槍兵

ん。もっとも、プレート・アーマーを着た歩兵部隊が描いてある資料も存在するかもしれませんが、それは騎士が下馬して戦闘している場合です。騎士の下馬戦闘というのは中世末期には好まれた戦術でした。ヘルメットはいろいろなタイプのものが使われました。ここにあげた第二次世界大戦のイギリス軍に似たヘルメットは、この時代広く用いられましたが、騎士がかぶっていたような頭の先が尖った円錐型のヘルメットや、面頬のついたヘルメットも使われています。

五 ⚜ 鉾槍兵

中世からルネサンスにかけては、日本語で鉾槍（ほこやり）と訳されることの多い棒状武器が広く使われていました。この種の武器で代表的なものにはビル[*五]（bill）、ハルベルト（halbert）、ポールアックス（poleaxe）などがあります。これらの武器は槍と異なり、穂先のほかに斧状の刃とものを引っかけるための刺がついています（図7）。したがって、単に突くだけでなく、払ったり引っかけたりするという柔軟な使い方ができます。ただし、これは槍と違って常に両手で持ってしかも振り回す必要があるので、一般に盾は持ちません。そのほかの装備は槍兵に準じるもので、チェイン・メイルを主体とした鎧をつけ、さまざまな形のヘルメットをかぶっていました。

六 ⚜ クロスボウ兵

図7　鉾槍兵

クロスボウ（crossbow）あるいはアルバレスト（arbalest）は十世紀頃に発明された武器で、それまでの弓と違い、訓練をそれほど行う必要がないという点から、中世には広く使われました。特にフランスはクロスボウを好んで使ったといわれています。ただ、クロスボウはほかの弓と比べて一般に重く、しかも発射準備に時間がかかるという点が欠点でした。そのため野戦[*六]ではほかの弓、特にイングランドのロングボウ（longbow）と比べて非力さが目立ちました。

初期のクロスボウでは、手や足を直接使って弓のつるを引っ張ったわけですが、鎧の重装化に対抗するために弓の力を強化する必要が生じてきました。そのため、当初木や鯨のひげなどを使って作られていた弓は十五世紀の初めまでにはすべて鉄製のものになりました。それに伴い、なんらかの機械的手段を講じないと弓のつるを引くことができなくなり、さまざまな方法が考案されました。ウインドラス[*七]（windlass）と呼ばれるロープを使った巻き上げ装置や、ハインド・フットボウ[*八]（hind-foot bow）と呼ばれるてこの原理を応用した装置などは特に有名なものです。しかし、このような装置を使うことによって、クロスボウの発射速度はさらに低下することになりました。

　クロスボウ兵（図8）にとって忘れてならないのが、パビス（pavise）と呼ばれる大き

図8　クロスボウ兵

な盾です。クロスボウ兵は戦闘時にはこの盾を地面に立て、敵の矢に対する防御としました。この盾は羽目板状の木を組み合わせて、表面を馬などの皮で覆ったもので、矢に対する防御力はその軽さに比べてかなりのものでした。矢に対する防御力だけからいえば、白兵戦用の盾よりも強力であったといわれています。パビスの形は、四角いものや下部が尖っているものなどさまざまでしたが、大きさは白兵戦用の盾に比べてはるかに大きく、普通胸から下は全部覆うことのできるほどの大きさでした。

七 ⚜ ロングボウ兵

中世の間、もっとも優秀な射撃部隊はイングランドのロングボウ部隊（図9）でした。これは一二八〇年にエドワード一世が創設したものです。この弓は主にイチイの木で作られ、長さは射手の身長と同じであるのが理想的とされていました。おもしろいことに、ロングボウに使われたイチイの木はイングランドに自生していたものではなく、イタリアやスペインから輸入したものでした。イチイのほかには、ニレ、ハシバミ、トネリコ、ウォルナットなどが使われました。

矢は長距離射撃に使われる九十センチメートル程度のものと、短距離射撃に使われる七十センチメートルくらいのものと二種類がありました。ロングボウの貫通力は非常に強力なもので、チェイン・メイルならほとんど問題なく貫通しますし、プレート・アーマーの場合でも、当たり方がよければ貫通したといいます。実際、近年の実験結果によれば、近距離では九センチメートルのオーク材を貫通し、二百メートルの距離でも二・五センチメートルのオーク材を貫通できたといいます。

イングランドのロングボウは初期の火縄銃などよりはるかに性能がよかったため、イングランドでロングボウ部隊が完全になくなったのは十六世紀も終わりの一五九五年になってからでした。

図9　ロングボウ兵

＊一　小銃の実用化　一三七五年頃に手銃が普及し、一四一一年頃に火縄銃が普及したとされています。

＊二　百年戦争　一三三八～一四五三年の間にイギリスとフランスの間に起こった戦争。アギンコートの戦い（イギリス人がつけた戦いだから）やジャンヌ・ダルク（フランス人だから）などが一般に知られています。

＊三　傭兵隊　なんらかの報酬（一般的には金銭）によって戦争に一役買った部隊。スイス傭兵隊やドイツ傭兵隊などが有名です。

＊四　銃剣　銃口に取り付ける剣のことで、単発銃が弾を込める間に無防備にならないように考え出されました。本書が扱う時代から考えると随分新式の武器にあたります。

＊五　ビルは長柄矛、ハルベルトは矛槍、ポールアックスは長柄戦斧などと訳されます。

＊六　野戦　両軍が陣形をとって、防御施設（要塞や城のことで、定置武器は含まない）に頼らず戦う戦闘のこと。英語でいうところのフィールド・バトルのことです。

＊七　ウインドラス　歯車と連動したハンドルを巻き上げることによってつるを引く方法です。

＊八　ハインド・フットボウ　スパニング・レバーという工具を使ってつるを引く方法を用いるクロスボウ。

十六世紀以降の戦士

一 ⚜ 傭兵隊

傭兵隊が生まれる理由には封建的な軍制に要因を見出すことができます。一つの国家が対外戦争を行う際、それが長期戦となる場合が多く、自国内の軍制では、領民を長い間、戦争に徴集しておくことができなかったのが封建制の弱味でした。そのため、戦争に長期間留まらせることができる雇い兵を集め、戦争を行いました。そうした兵士を傭兵（マーセナリィ：Mercenary）と呼びます。封建制における兵士の報酬は土地でしたが、傭兵達の報酬は金銭であり、略奪行為の了承、さらに捕らえた敵の価値によって決まる身代金の配当です。

図1左の戦士は十六世紀初めのスイス傭兵です。彼らはこの時代もっとも強い傭兵隊として知られ、主にパイクを用いて戦うことを専門にしていました。そのため優秀なパイク兵として多くの国に雇われたのです。図で見ても分かるように彼らは上半身のみを鎧で覆っています。そして、ズボンとして縦縞模様のストッキングを履いています。これは、ショス（Chausses, Hose）と呼ばれるもので、元来は靴下として履かれていたものが、男性

図1　傭兵隊

用のみ変化し、脚衣となったものです。中世の時代において、特に十五世紀にメリアス編みが登場すると兵士の間で流行し、多く出回りました。単色のものもあれば、図の戦士が履いているようなストライプの物までさまざまな種類があります。

スイス傭兵の持つパイクはその長さが三〜六メートルで、当時の軍隊が持つパイクの中でもっとも長いものでした。このパイクの効力は戦闘時に前に向かって突き出し、騎兵の突撃から自軍を防御するものでしたが、これを振りかざしてチャージも行いました。

図中央の戦士はスイス傭兵とは犬猿の仲で知られるドイツ傭兵隊の指揮官で、クウォーターマスター（Quartermaster）

と呼ばれています。ドイツ傭兵は正確にはランツクネヒト（Landsknechts）と呼ばれ、スイス傭兵についで二番目に強い傭兵隊として知られています。彼らがつけている鎧はハウプトロイテ（Hauptleute）という脚や腕の部分も防護できるものです。彼らは自前で装備を整えていたため、このような鎧を着られたものは多くはいませんでした。

ドイツ傭兵隊の戦士の服装はその趣味の悪さで有名です。ショスも左右違った色や模様のものを履き、上着もやはり同様でした。図の戦士では判別はむずかしいのですが、その上着はヒラヒラのついたダブダブのもので、布には切れ目が入れてあり、下地の色が見えるというもの（アコーディオンの蛇腹を思い浮かべてください）でした。このような派手なコスチュームはやはり当時戦士達の間でも問題になりましたが、マクシミリアン一世は「あまりに危険な立場に置かれることの多い彼らが、少しばかりの誇りと楽しみを求めてこのようなコスチュームをしていたとしてもそのくらいはよいではないか」という議会発言によって異議を退けられました。こうして、彼らの派手な衣装は、戦時を通して続けられました。図の戦士が手にしている武器はポールアックス（Poleaxe）と呼ばれるもので、突いたり、切ったりすることや、相手の足を引っかけてころばしたりすることができました。腰に装備している剣は、ブロードソード（Broadsword）と呼ばれる両刃の剣で、その名の通り（ブロードとは幅広いという意味）刃幅が広くなっています。

ドイツ傭兵隊の一つの中隊の定員数は約四百名で、そのうち百名はドッペルソルドネル

(Doppelsoldner）と呼ばれる精鋭部隊でした。右の戦士はその戦士の姿で、彼らは両手剣（Two-Handed Sword）を装備していました。これは敵のパイクを切断するための目的で使うものです。この図の戦士はそのコスチュームの色からブラックレギオン（Black Legion）と呼ばれた者です。彼らはまたフラムベルグ（Flamberge）という波状になった刃を持つ両手剣を使用することもありました。両手剣はドイツ語ではツヴァイハンデル（Zweihander）とも呼ばれます。

二 ⚜ ポーランドの戦士

ポーランドが東方でその支配的勢力を拡大したのは十四世紀初めのことで、末にはリトアニアと同君連合をひきました。一四一〇年、ヤギェウォ朝の時代にはタンネンベルクの戦いでドイツ騎士団を大敗させました。十五世紀におけるポーランドは対外的にはドイツ騎士団との戦争、国内的にはカトリックとギリシア正教の不和が問題となります。しかし、一四六六年に騎士団と和約（トルンの和約）し、西プロイセンを併合し、騎士団はポーランドに対して忠誠契約を結びました。こうして、彼らはポーランドに対して従軍の義務を与えられたのです。

十五世紀中頃には近隣国家であるトルコ帝国に対し戦端を開きます。これはポーランド

ソード

剣にはいろいろな種類がありますが、ソード（Sword）と呼ばれるものにはある定義にもとづいたものである必要があります。その定義とは、鋭く尖り、長い刃を持ち、切ることか突くことができるか、その両方ができる武器です。そのためソードとは刃剣とするのが良いでしょう。

大きくその種類を分ければ短刃剣、長刃剣の二つのタイプになります。短刃剣とはショート・ソードのことで、長刃剣とはロング・ソードのことです。この二つの剣の種別は近世になって行われたものですが、最初は短くそして長くなったりする刃剣を分類する時使うわけです。長刃剣とは一般に七十センチメートル以上のものとなり、それ以下で、刃剣の定義にもとづいて使われるものが短刃剣です。この種別については剣の歴史から考え出されたようです。

金属で作られた最初の刃剣は銅製のもので、北アフリカを起源としますが、この時代にはまだ石製の刃剣も存在していましたから、銅製でも充分有効なものでした。しかし、青銅期に入るとこうした刃剣は廃れてしまいます。青銅製の刃剣が全盛を迎える時代には、七十〜八十センチメートルの長さでした。彼らはこれを「長い刃剣」と呼んでいました。これらは、北欧やギリシアにおいて見ることができます。それは時代によって変化したり、用法によって変化したりしましたが、大きな違いはありませんでした。

ギリシア時代においては補助的な武器でしたがローマ人やケルト人によって多く用いられるようになります。この時代にはグラディウスと呼ばれる刃剣はギリシア、イベリア、ローマタイプの三種類あり、ローマの戦士の項で記した通りです。ケルト人が用いた刃剣はグラディウスよりも数段長く、詳しくは同様にケルトの戦士の項で記しています。こうした刃剣をローマ人はやはり「長い刃剣」と呼んでいます。

図2　ポーランドの戦士

十字軍として知られています。しかし、一四四四年にはヴァルナの戦いで国王を失い、一四九七年のコジュミンの戦いで敗れてしまいました。十六世紀にはロシア、スウェーデン、トルコと戦争を行いました。十七世紀に入ってあの有名なグスタフ・アドルフに敗れリヴォニアにおける重要拠点をスウェーデンに譲渡しました。この年、またまたトルコの中央ヨーロッパに対する侵攻が始まります。一六八三年から始まるこのトルコ戦役はポーランドも援軍を派遣し、カーレンベルクの戦いでの勝利を皮切りに、トルコを押し返しました。

図2の騎兵は十七世紀末、トルコ戦争時における騎兵です。彼らはコムラーデ(Comrade)と呼ばれる重騎兵で、一般

の通り名としてウィングド・フザール[*二]と呼ばれています。その由来は図を見て頂ければ分かると思いますが、背中につけている二枚の羽根飾りによるものです。元々は盾に鷲の羽根をつけていたことから始まり、背中に立てるようになります。背中につけた当初は一枚羽根でしたが、この時代になって二枚の羽根をつけるようになりました。

上半身はプレート・アーマーを着け、腕には小手をつけています。肩から羽織っているのは豹の毛皮です。腰には剣と小銃を携帯しています。剣にはサーベル（スザブラ：Szabla）と長刃剣（ロング・ソード：Long sword, Pallasz, Koncerz）の二つのタイプがありました。長刃剣はさらに二つの種類があり、パラーズ、コンセルズと呼ばれています。主に手にする武器はランスです。このランスは木製で、先に金属の刃先とペナントをつけています。このランスは大体四メートルくらいあり、ペナントも一・五メートルから三メートルもあるものがあります。

左側はロタマスター・ボーイと呼ばれた日本の戦国時代における小姓で、彼らは部隊指揮官であるロタマスター（Rotamaster）の膝元近くに仕え、マスターの両手剣を持ち歩きました。ポーランド軍においては、こうしたロタマスター・ボーイと両手剣は必ず見ることができます。

中央の戦士はコサックの勇者です。彼らはアーケバストで武装することもありますが、主に戦斧や連接棍棒などを持っています。図の戦士が持っている戦斧はバルディチェという長柄戦斧で肩にかけているのが連接棍棒です。彼らコサックはこうした武器を好んで使用したのです。

三 ⚜ 十六～十七世紀の鎧の変化について

プレート・アーマーの全盛期は十五～十七世紀のごく限られた期間で、私達が一般的に想像するイメージの戦士はこの時代に全盛期を迎えています。その初めは火薬の誕生によって、そうしたものからいかに身を守るか、または、十三世紀頃から見られる騎士の馬上試合、トーナメントのために変化をとげたものの成れの果てといっても過言ではありません。

十六世紀のプレート・アーマーの特長は一枚ないしは数枚の鉄板で作られた胸甲と背甲を尾錠で止めて着込み、肩にはスパウドラ

両手剣、クレイモアー

両手剣を用いた軍隊として有名なのは、インド、トラキア、ダキア、ドイツ傭兵、ポーランドやスコットランドなどです。彼らは、両手武器を相手を叩き切るために用いました。こうした武器はそれを使うものには防御面でマイナスとなりましたが、使われる側からすればこんなにいやなことはありません。

中世における両手剣は二メートルを超える長さの巨大な剣で、肩にのせて振り下ろすといった風に使われています。ドイツ傭兵はこの方法で、相手のパイクを叩き切ったのです。スコットランドの両手剣として知られるクレイモアー（Claymore）は、ゲール語（スコットランドのケルト人の言葉）のクラゼヴォ・モル（Claidheamh mor）を起源とするもので、この意味は巨大な剣というものです。このクレイモアーは十六世紀中頃から使われ、スコットランド兵の精鋭であるハイランダーや、スコットランドの傭兵達が好んで使いました。

(Spaudler)という卵の殻状鉄板を数枚つなぎ合わせた半円筒形のものからパウルドロン(Pauldron)という、肩を両側から挟み込むようなタイプに変わります。このパウルドロンにはパス・ガード(Passe-Garde)という敵の槍先をそらす、とさか状の衿がついていることもありました。腕甲は蝶番で止めて一体化したもので、前腕、関節、上腕部分からなり、脚は単独に三つの部分を分割してつけられ、すねや太股部分は内側から掛け金で止めました。爪先は尖っていたものが平たく横に広がった形状になっています。腰にはタセット(Tasset)と呼ばれる物がつきます。こうした、要所要所に細かく取りつけられる鎧の誕生によってさらに複雑化した鎧は全身を完全に覆うものに変わります。

十六世紀末の戦争においては、いよいよ火器の威力が増し始めると部品の一部をはずしたり、機能的で、軽量のものが好まれるようになります。ここで登場するのがパイクマン・アーマーです。この頃になると、パウルドロンは、腕鎧と金具で一体化されました。大きく目立つものとしては、ニー・ガードと一体化した広がったタセットですが、これもしまいにははずされ胸甲部分しか残らなくなります。

そして、十七世紀に戦闘が切り合いから撃ち合いに移行していった時点でプレート・アーマーは完全に廃れてしまいます。この時にはプレート・アーマーを着て戦うことは機動性をなくすことであり、それが命取りになったのです。こうして騎士達の鎧は無用の産物となりました。ですが、時にはそうした鎧を着た部隊が効果的に使われることもあります。ポーランドの騎兵などがそれに当たるわけです。さらに、十八世紀に見られる胸甲をつけた騎兵たちなども彼らの末裔なのです。ではここで、プレート・アーマーの時代にその名を馳せた鎧達を紹介し、西洋戦士の最後を飾りたいと思います。

(一) マクシミリアン鎧と装飾された鎧

十六世紀初め、製法技術の進歩に伴って複雑精巧な加工が可能になると、鎧の表面に多数の溝がつけられたマクシミリアン鎧（図3）が登場します（これはよく、辞書類を参照するとアーマーの項で見ることができます）。鎧の表面に溝をつけることは十五世紀末か

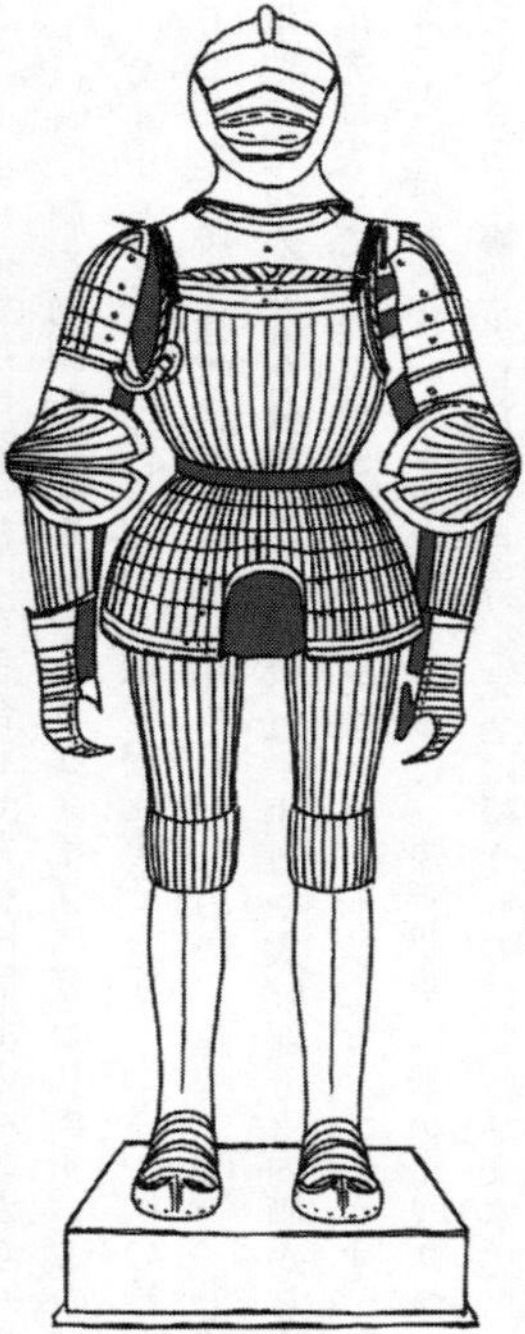

図3　マクシミリアン鎧

ら始められますが、広く行われたのはこの時代からでした。また、鋭角だった鎧の風体が、曲線的な形に変化し、特に胸甲や、ヘルメットにそれが見受けられます。爪先を覆う鎧であるソラレット（Solleret）もそれまでの尖ったものから横に広がったのもこの時期です。

製法技術の向上は鎧の装飾にも見られ、浮き出し加工、エッチング、金メッキなどが生まれました。これらの加工は鎧の防御面にはまったく無関係で、それどころか有害なものにもなってしまいます。鎧を装飾するという考え方はこの時代にみられたあらゆる物に線刻模様をきざんだ一般的傾向に則していたといえます。よく、鎧などの本で見かけられる怪物の頭を模写したヘルメットなどもこの頃の作ですが、こうしたことは、すでにプレート・アーマーが実用的意義を持たなくなったことを感じさせられます。そうした影響からか、この時代には鎧の一部をつけて町を歩いたり、一般住民でも剣を下げて歩くことがごくあたりまえの習慣となりました。

（二）実用鎧の頂点

火器の発展が進み、プレート・アーマーの実用性が薄れたとはいえ、鎧製造の技術はこの時代に頂点に達したといえます。それまでの重装騎兵の重要性は薄れ、歩兵を中心とした戦闘が行われるようになります。こうした中で生まれたのが歩兵用の鎧です。

パイクマン・アーマーはこうした時代に生まれたのです。ただあくまでも歩兵は歩いて戦わなければならないため、思い切った重装化は見られず、胸甲や、図４のような鎧が主流を占めています。胴、下腹部だけを守り、頭にはヘルメットをかぶりました。このヘルメットはモリオン（Morion）と呼ばれ、つばの部分の前端と後端が上にそり上がっています。また、バーゴネット（Burgonet）と呼ばれる顔を覆うバイザーを取り外しできるものも現れます。

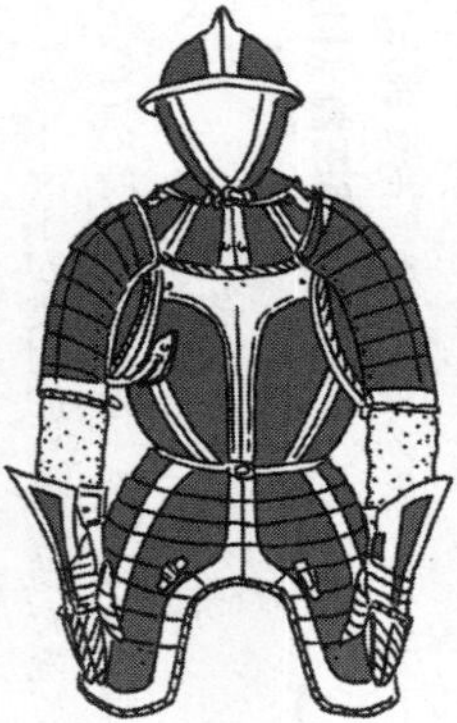

図4　カラビニエール・アーマー

＊一　フザール（Hussars）　ハンガリーを語源とする騎兵の呼び名でハンガリーの村では二十軒に一騎の騎兵をだす制度があり、これから生まれたといわれます。また、ハンガリーの最小騎兵単位の「二十（Husz）」から、もしくは騎兵の給料から生まれたとする説や、スラブ語の「馬賊（Gussar）」からとする説などがありますが、真意は定かではありません。ナポレオンの時代においてはフザールといえば軽騎兵の部類に入るのですが、もともとはそうした制限はなく、重騎兵でもフザールと呼びました。

プレート・アーマーの着方

図は十六世紀中頃のプレート・アーマーの着方です。このようにゴージットという首の部分から取りつけ、ブレスト、バック・プレートを着ます。次に腕を覆うアッパー、ローア・キャノン、エルボーガードをつけ、次に肩を防護するパウルドロンをつけます。この段階で、頭と手を残した上半身の鎧をすべてつけ終わります。次に爪先から太股へと鎧をつけます。ソラレット、グリーブ、ニー・ガード、キュイサールの順です。そして、腰の周りを防護するタセットをつけ、頭と顔を覆うヘルメットであるアーメットをかぶります。最後はガントレットと呼ばれる手の甲および指を防護する鎧をつけて着終わります。

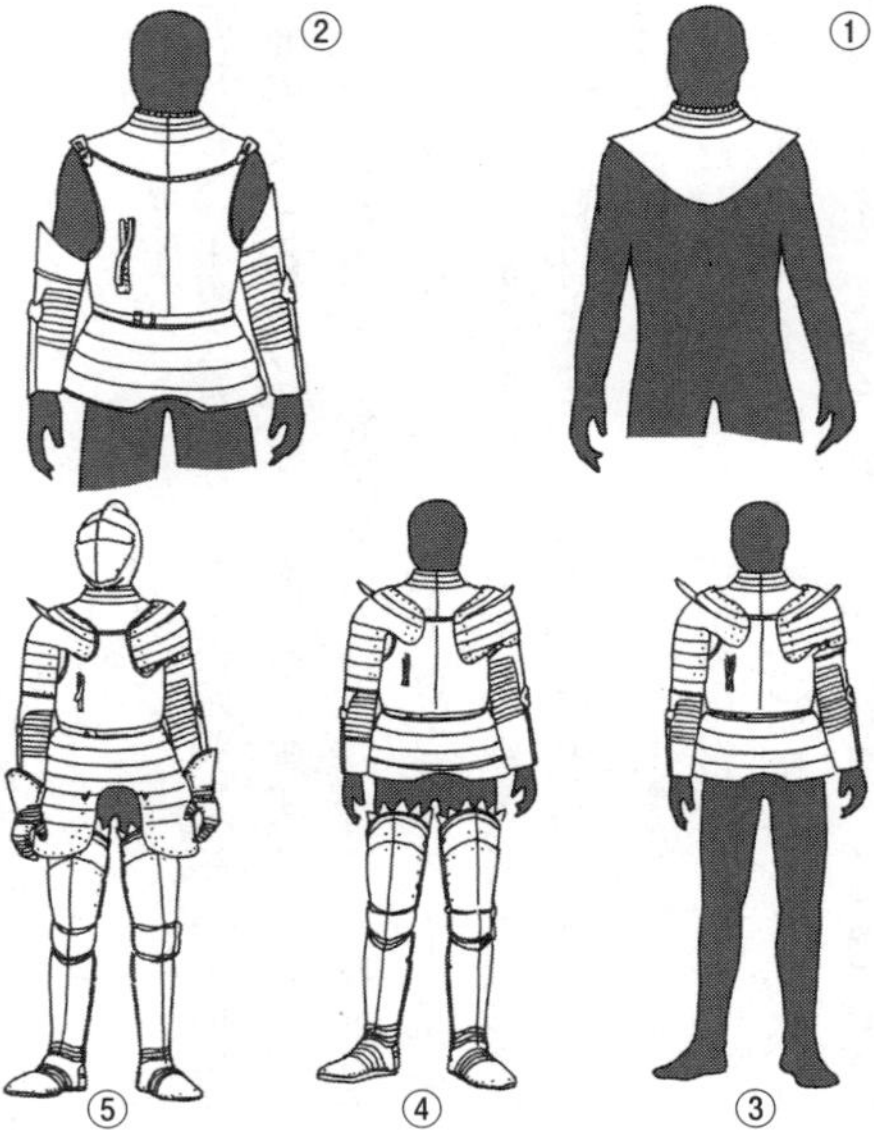

中国の戦士

商、西周の戦士

商（紀元前一五二〇頃～紀元前一〇三〇年頃）および西周（紀元前一〇三〇～紀元前七二二年）の時代の軍隊の主力は戦車で、これに歩兵がつき従っています。

戦車は、横に並べた四頭の馬に引かれて移動し、三名の戦士が乗っています。戦車の乗車部分の幅は、百三十～百六十センチメートルで、深さは八十～百センチメートルです。戦車の車輪は、スポークを使用しており高い機動性を持っています。戦車の材質は基本的には木製です。戦車を引く馬には、部分的に身を護るための皮製の馬甲（ばこう、うまよろい）が使用されることもあります。

この時期の戦士が持っている武器はおおむね青銅製で、遠距離用の投射兵器として弓（きゅう）、長兵器（長い兵器）として戈（か）、矛（ぼう）、斧（ふ）、鉞（えつ）、戟（げき）、殳（しゅ）、近接戦用の短兵器として刀（とう）、剣（けん）、匕首（ひしゅ）が使用されます。

戈は、長い竹か木製の柄に鉤のように青銅製の刃をおよそ垂直に取りつけた兵器で、戦車戦の発達とともに主要な兵器となります。柄の長さは短いもので一メートル、長いものは三メートルに及びました。この兵器は両手で持ち、敵にその刃を打ち込むか引っ掛けて刺すという方法で使用します。戦車戦では、戦車がすれちがう時に使用されますが、戦車戦が廃れるとともに戈は姿を消すことになります。

矛は、長い竹か木製の柄の先端に青銅製の両刃の穂先を取りつけた兵器で、長柄の二〜三メートルのものは戦車の戦士の主要装備の一つとなり、それより短いものは歩兵の主要装備です。矛の使用法は先端の刃で敵を刺すことです。やがてこの兵器が発達して槍となります。

斧と鉞は現在のものと基本的に形はあまり変わらず、木製の柄に幅が広く、厚い刃がついていました。斧と鉞は、割り、たたき斬るための兵器で、片手か両手で使用されます。この兵器は商代にはよく使用されましたが周代には廃れて、祭器[*一]になっています。

戟は、戈と矛を合わせたような兵器で、矛のような柄の先端に、戈のように柄に対して垂直に青銅製の刃が取りつけられています。この兵器はその形から分かるように、戈と矛の両方の方法で使用することができます。戟は戦車戦の主要な兵器ですが、歩兵にも使用されています。

殳は木製の棍棒です。このもっとも初期のものは単なる木を削って武器にしたものです。後に打撃を与える部分を金属で補強したものも出現しています。使用法は片手か両手で握り、敵に打撃を与えるというものです。単純な兵器ですが、この種の打撃兵器は命中すれば、鎧甲の上からも有効です。後にこれは、杖、棍、棒と呼ばれる兵器に発達します。

剣は両刃の近接戦用の兵器です。青銅で作られ、刺すためと斬るために使用されます。ただしこの時代には、長さは三十センチメートル前後で、戦車の上から使用しても敵を傷つけることはできず、補助的な兵器でした。匕首は短剣で、刺すことが主な使用法です。刀は片刃の近接戦用の兵器です。青銅製で斬るために使用され、剣と同じように戦車戦全盛の時代には、補助的な兵器です。

弓は矢を射つための兵器で、この時期の矢は青銅製の鏃（やじり）を持っています。弓と矢の材質は、木か竹です。

戦車に乗る三名の戦士のうち、一名は御者で戦車を操縦し、残る二名が戦闘要員で貴族か上級の平民です。御者の右側の戦士は戈、矛、戟などの兵器を持ち、左側の戦士は弓を持って戦い、中央の御者は身を護るため剣や刀を持っています。戦車の戦士は、防具として、商代には青銅製の冑（かぶと）、皮製の甲（よろい）を、西周では青銅製の冑（かぶと）と甲（よろい）を身につけています。

歩兵は盾を持ち、前述の兵器のいずれかを装備しています。歩兵には、甲冑を身につける兵士と、つけていない兵士があり、前者は後者に比べて身分の高い階級の出身者で占められていました。盾は、丸や方形の盾が使用されます。主要な材質は、皮、木、藤の蔓(つる)を編んだもので、まれに青銅が用いられました。

二 ⚜ 春秋、戦国時代の戦士

春秋時代(紀元前七二二～紀元前四八〇年)および戦国時代(紀元前四八〇～紀元前二二一年)の軍隊では、依然として戦車隊が高い地位を占めていますが、攻城戦や平坦でない地形では歩兵が主力となり、やがては軍隊の主力を占めるようになります。騎兵はもともと北方の遊牧民族が使用していたもので、戦国時代に趙[*二]の武霊王の実施した「胡服騎射」によって騎兵が中国に導入されています。春秋時代の末期、南方の呉(ご)や越(えつ)といった国では歩兵が中心で、また水軍も編制されています。

この時代の戦士が持った兵器は、従来からの青銅器に加えて、戦国時代には鉄器の使用が始まっています。ただし鉄器はこの時代には完全に青銅器を駆逐するまでに至りません。青銅器の製造技術はその最高点に達し、剣の刃に錆[*三]止め処理が加えられるまでになりました。

遠距離用の投射兵器として従来からの弓(きゅう)に加えて戦国時代に弩(ど)が発明されています(図1)。弓は、歩兵、戦車兵、騎兵のいずれにも使用されていました。弩

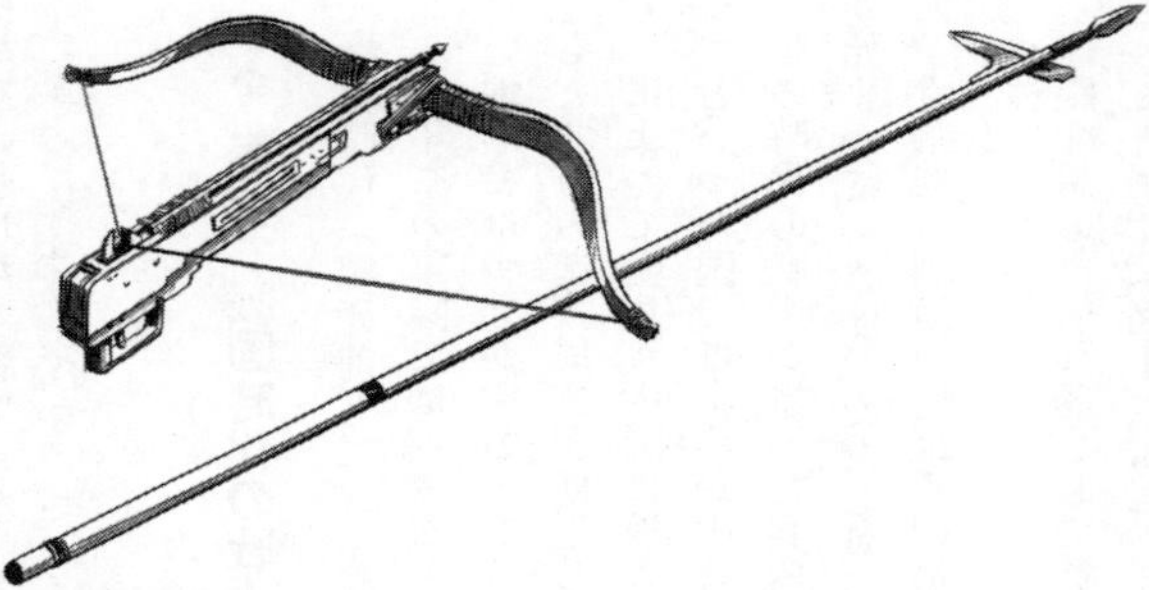

図1　戦国弩と戟

はより遠く矢をとばし、殺傷能力が強大な射撃兵器で、歩兵が装備しています。弓の部分とそれに直角に取りつけられた手で支える部分からなり、射撃する引き金や照準器など機械構造が取りつけられています。

弩には矢を手のみでつがえるものと、足を使ってつがえるものがあります。弩の登場は容易に進路を変えられない戦車にとって大きな脅威となりました。ただし弩は連続して発射する性能を欠くという欠点を持っていました。

白兵戦用の兵器には長兵器（長い兵器）として戈、矛、戟、殳、近接戦用の短兵器として剣、匕首が使用されます。剣はよく発達し、主要な兵器となります。春秋時代、南方の諸国では、その地形のため戦車隊は発達せず、歩兵が軍隊の中心でした。彼らが装備した短兵器が剣であったため、製造法が非常に発達し、すぐれた剣が生産されました。これらは青銅製の剣で材質の制限もあって、おおむね五十センチメートルくらいのものが中心でした。戦国時代に入ると歩兵の進歩とともに、剣は主要な兵器となりました。硬い青銅を刃とし、柔らかい青銅を身にした剣が製造され、これは八十～九十センチメートルくらいの長さです。鉄製の剣は一メートルくらいの長さが標準でそれ以上のものも作られました。あまりに長い剣は、腰にさしていたのでは行動の邪魔になり、簡単に抜けないので、背中に背負って鞘から抜きます。匕首はこの時代に暗殺用によく使用されています。蒸した魚の中に匕首を隠して暗殺を行った例もあります。

戦士の防具は、青銅製の甲が中心となり、皮製のものは補助的な位置を占めるようになります。鉄製の冑や甲も出現しており、甲は青銅や鉄や皮の長方形の札を皮の紐でつづり合わせたものが主でした。また木製か皮製の盾が使用されています。

三 ⚜ 秦、漢の戦士

春秋、戦国と続いた混乱の時代を統一したのが秦（紀元前二二一～紀元前二〇七年）でした。しかし秦は短命に終わり、それに代わって前漢（紀元前二〇二～西暦九年）が建国されます。新（九～二三年）による一時的な中断はありますが、漢は後漢（二五～二二〇年）として続くことになります。この時代は製鉄技術がふいごの使用、炭素を鉄に含有さ

図2　前漢の騎兵

せて鋼を作る技術の発明により進歩しました。そのため武器や甲冑は鉄製のものが普通となり、青銅製の兵器は秦代に使用されただけで完全に姿を消しています。

秦、漢を通じて騎兵が発達し、戦車に代わって軍隊の中心となっています。これは北方の強大な騎馬民族である匈奴に対抗するためでした。前漢の武帝の時代に漢は戦場に十万の騎兵を送り込むことが可能でした。また後漢の光武帝は北方の遊牧民族の烏垣の先鋭騎兵（突騎）を戦場で先鋒隊として使用し、勝利を収めています。この時代の騎兵（図2）は鞍を置いた馬に乗り、鉄製の甲冑を身につけており、まだ鐙（あぶみ）と馬甲は出現していません。騎射の術、すなわち馬上から弓、弩を射る技術が重視され、漢の騎兵の最大の武器は馬上から射撃可能な弩（腕のみで矢をつがえる）か、弓でした。ほかに長兵器として戟、矛、短兵器として刀、剣を持つのが、普通の装備です。騎兵の進歩により、春秋・戦国時代を通じて多用された剣が使用されなくなり、儀式用のものになっていきます。それに代わって片刃の刀が短兵器の主役となります。兵器の戦闘で剣を振るって斬ることに使用する場合、剣は構造上、刀よりも折れやすかったのです。剣は先をとがらせた両刃の兵器のため、刺すことに適していました。強度を増せば折れにくくできたのですが、もっとも厚い中央部をさらに厚くすることを両刃がはばんでいたのです。それに対して刀は片刃で背になるにつれてその厚みを増すことができ、斬るのに適した兵器で、需要に応えることができたのです。

歩兵は騎兵と同じような装備を持っています。ただし彼らは騎兵が使用することができない足で張る弩を使用することができました。こうした強力な弩は、騎兵が持つ弓、弩よりも射程が長く、また装甲に対する貫通力も高かったため、歩兵が騎兵に対抗するための手段の一つでした。矢をつがえるのに時間がかかるのが弩の大きな欠点でしたが、これを克服するために弩を持った戦士による集中射撃が行われ、匈奴や羌の騎兵を撃破した戦例が残っています。また白兵戦兵器を持つ歩兵は一般的に盾を持って戦いました。漢軍全体ではおよそ四割前後の兵士が鎧甲を身につけていました。

四　三国時代の戦士

漢帝国が崩壊すると中国は長い分裂と混乱の時代に入ります。その最初の時代は、『三国志』の舞台となる魏（二二一～二六四年）、呉（二二二～二八〇年）、蜀（二二一～二六四年）の三つの国が争った時代です。

この時代には、軍隊は騎兵と歩兵の陸軍と水軍で構成されていました。それぞれの国は、その領土によって得意とする分野が異なっていました。魏は北方に領土を持っていたためほかの二国に比べて騎兵が発達しました。呉は最強の水軍を保有していましたし、蜀は周囲を山や高原に囲まれていたため歩兵が発達しました。また袁紹軍の地下坑道を掘って敵を攻める部隊のように、攻城戦用に専門に訓練された工兵が野戦にも投入されています。

戦士の使用した兵器としては、戟、矛、刀、槍、弓、弩が通常、使用されています。特殊なものとしては砲があります。発石車とも霹靂車（へきれきしゃ）とも呼ばれた砲は、一種の投石器で、移動のため車を使用しています。この砲は、曹操[*四]と袁紹[*五]が戦った官渡の戦い（二〇〇年）のおり、袁紹軍による土山の上に建てた高楼からの射撃に苦しんだ曹操がこれを製造、高楼を破壊するのに成功しています。この射撃音があたかも雷のように聞こえたので、霹靂車（霹靂は雷のことです）とも呼ばれました。原則としてこのような兵器は、攻城戦で使用されています。

　三国時代は、後漢時代の製鋼法の発達を継承、兵器は非常に進歩します。その最大の功労者が蜀の諸葛亮[*六]（孔明）です。彼の配下の職人は、弩、刀、槍、鎧甲などを改良し、その質の高さは次の晋や南北朝の時代までとどろきました。諸葛亮が改良した兵器でもっとも有名なものに、元戎弩（げんじゅうど）と呼ばれる連弩があります。これは一度に十本の矢を発射できるようにした弩で、発射速度に欠ける弩の欠点を補っています。また矢は鉄製のものを使用し、その威力を高めています。後世の図によればこれは同時に矢を発射する弩ではなく、矢を連発することができる弩です。これを使用したのは、蜀の南中（蜀の南部）出身の専門に訓練された部隊です。槍については諸葛亮は木や竹の柄に鉄製の穂先をつけて使用しています。これが槍の最初とする書物もありますが、これ以前から槍は使用されていたようです。刀は剣に代わって軍隊でもっとも主要な装備になります。魏、呉、蜀の三国いずれも優秀な剣が製造されています。

三国時代（二二〇～二八〇）

　魏、呉、蜀の三国が天下を争ったこの時代は小説『三国志演義』の舞台となり、曹操、劉備、関羽、張飛、孫権、諸葛亮、周瑜、陸遜、司馬懿、呂布、袁紹、公孫瓚などの数多くの英雄、豪傑、智将達によって彩られています。『三国志演義』の舞台となる時代は黄巾の乱が発生した後漢の中平元年（一八四年）から晋が呉を滅ぼし天下を統一した太康元年（二八〇年）までの戦乱の時代です。

蜀では諸葛亮が配下の蒲元[*七]に命じて斜谷で刀、三千本を作らせ、それがあまりにも精巧であったため神刀（しんとう）と呼ばれました。このほかにも刀は数千本単位で大量に生産された記録が残っています。この時代の鎧は、基本的には鉄板の鱗状の小片をつなげたものです。ただし刀の刃に使用される鋼よりも強度の低い鋼が使用されています。諸葛亮が製造したものは有名で、次の晋や南北朝でも優秀な鎧は彼から伝わったものとされています。

五 ⚜ 晋、南北朝の戦士

晋、南北朝の時代は混乱の時代でした。三国に分裂した中国は西晋（二六五〜三一七年）によって一時的に再統一されますが、内戦（八王の乱―三〇〇年）と飢饉、北方や西方からの騎馬民族（五胡）の流入は、中国を再び分裂の時代へと戻します。東晋（三一七〜四二〇年）の時代には北中国（華北）は五胡の国家が次々に興っては滅びていきます（五胡十六国）。北朝（北中国を支配）には、北魏（三八六〜五三五年）、東魏（五三四〜五四三年）、西魏（五三五〜五五四年）、北齊（五五〇〜五七七年）、北周（五五七〜五八一年）があり、南朝には、宋（四二〇〜四七九年）、南齊（四七二〜五〇二年）、梁（五〇二〜五五七年）、陳（五五七〜五八七年）の諸国があります。戦争が絶えることなく

図3　重装騎兵と歩兵

続き、貨幣経済は完全に崩壊した時代ですが、こうした混乱の時代であればこそ兵器は着実に進歩しています。

兵器の進歩は科学技術の進歩と密接に結びついています。灌鋼法（かんこうほう）と横法鋼（おうほうこう）の発明に代表される製鋼法の進歩は、質の高い鋼を大量に生産することを可能にしました。かくしてより質の高い鋼が兵器の材料として使用され、兵器の性能を高めています。煉丹術（錬金術）の発達はやがて火薬を発明することになります。馬具として鐙（あぶみ）の使用がこの時代に始まっています。鐙の使用により騎兵は乗馬、下馬が容易になり、馬上で姿勢を安定させることができるようになります。また騎兵の弱点である馬を護るため、馬の全身を覆う馬甲が製造され、重装騎兵（図3）が出現しています。ここに突撃、白兵戦を主戦法として衝撃力を重視する重装騎兵と、騎射を主戦法とし機動力を重視する軽装騎兵との役割が分かたれます。この時代に中国に大量に流入した騎馬民族はいずれも騎兵戦に長けており、騎馬民族の建設した国家である五胡十六国や北朝の軍隊の中心は騎兵です。

この時代の戦士が持っていた兵器としては、戟、矛、槍、刀、弩、弓があります。通常、重装騎兵は長柄の戟、矛、槍を持つか刀と盾を持ち、軽装騎兵は弓、弩、刀、盾を持ち、歩兵は盾と弩、矛、刀を持つか盾と弓、弩を持っています。鎧甲も大きく進歩し、鉄製の両当鎧、明光鎧といった新式の鎧を身につけていきます。前の時代まで長柄の兵器の主役であった戟は次第に使用されなくなっていきます。これは装甲の進歩の結果、戟の効果が低くなったためです。これに対して両刃の矛は刺すこと専用の兵器であったため、依然として有効であり、大量に使用されることになります。また北方の騎馬民族が矛を好んで使用していたこともあり、改革は騎兵から進みました。やがて歩兵も矛を多く持つようになります。

図4　唐の騎兵と隋の明光鎧
隋の兵士が持っている武器は双錘

六 ⚜ 隋、唐の戦士

分裂し、混乱していた中国を統一したのは隋（五八一～六一八年）です。隋は煬帝（ようだい）の失政とそのために発生した中国全土を舞台とする農民反乱によって滅亡することになります。これに代わって興ったのが唐（六一八～九〇六年）で中国は長い安定期を迎えることになります。

隋、唐の戦士（図4）の武器は槍、長刀が長柄の兵器の主流となり、短兵器としては刀が主流でした。これに加えて錘（すい）、鐧（かん）、棒（ぼう）、鞭（べん）などの兵器が使用され始めていきます。これらはいずれも打撃兵器です。

錘は鉄製か木製の瓜の形をしたものに

柄をつけたもので、鞭は節のある竹のような形をした鉄棒で、鐧は四角い鉄棒に持つところをつけた武器です。

刀は長柄の長刀と片手持ちの刀があります。長柄の刀には片刃の従来型のものに加えて両刃の陌刀（はくとう）が出現しています。陌刀は専門の部隊が編制されるほど、よく使用されていました。この陌刀は実は剣が変化したもので漢代に使用された馬を斬るための剣がその前身であるといわれています。陌刀は宋ではさらに掉刀（とうとう）と呼ばれる刀に変化しています。片手持ちの刀では横刀と呼ばれる刀が戦士の基本装備となっています。遠射兵器としては弓、弩が使用されています。騎兵は弓矢、長柄の槍、刀を装備し、歩兵は長柄の兵器を持つか弓矢、弩を装備しています。唐の制度では全軍の戦士の一割に弩、一割に棒、三割に弓、一割に槍、一割に盾、八割に刀が支給されました。

唐の戦士は、全軍中の約六割が鎧甲を身につけています。鎧甲には明光甲、光要甲、細鱗甲、山文甲、烏錘甲、鎖子甲（くさりかたびら）といった鉄製の鎧甲や皮製の鎧甲があります。また布製や紙製の鎧甲もありましたが、実戦で有効なものではありません。

隋、唐の戦士のうち府兵[*八]制度によって徴兵された兵士は、弓一、矢三十、横刀一、荷物運搬用の馬、衣類、当座の食料を自分で負担しました。唐は法律で甲冑、弩、矛などの強力な武器を私有することを禁じていたため国家から甲冑と強力な兵器の供給を受けました。府兵の兵士は所属している軍府によって定期的に訓練されていました。

七 ⚜ 宋の戦士

唐の滅亡後、五代十国（後梁、後唐、後晋、後漢、後周、九〇七～九六〇年）の分裂時代を終わらせ、中国を再統一したのが北宋（九六〇～一一二五年）です。北宋は金のために滅ぼされ、北中国は金の領土となりますが、生き残った皇族は南で南宋（一一二七～一二七九年）を建国します。

この時代の軍隊の中心は歩兵でした。騎兵は国内の軍馬の不足、馬の体格が劣っていたため北方の騎馬民族の敵ではありません。北宋の名将、狄青[*九]や南宋の名将、岳飛[*十]の配下の騎兵の例のほかはあまり活躍していません。北宋の時代には馬軍（騎兵隊）の名称を持っていても十人に三、四人は馬がありませんでした。また南宋になるとさらに馬の不足は深刻になっています。騎兵、歩兵のほかに、南宋では強力な水軍も編制されています。宋の軍隊は数のみ多く、質は非常に低い軍隊でした。特にもっとも優秀であるべき禁軍（近衛軍）の質の低下が軍隊を弱くしていました。この例外は二つの宋の建国当初の軍隊と地方軍でした。

遠距離用の投射兵器としては、弓、弩が使用されています。騎兵は弓を装備し、歩兵は弓、弩を多く装備していました。弩は宋の戦士の中心的な装備で、敵に恐れられた強力な兵器でした。神臂弓（しんぴきゅう）はその代表で、一〇〇八年に李宏によって発明され

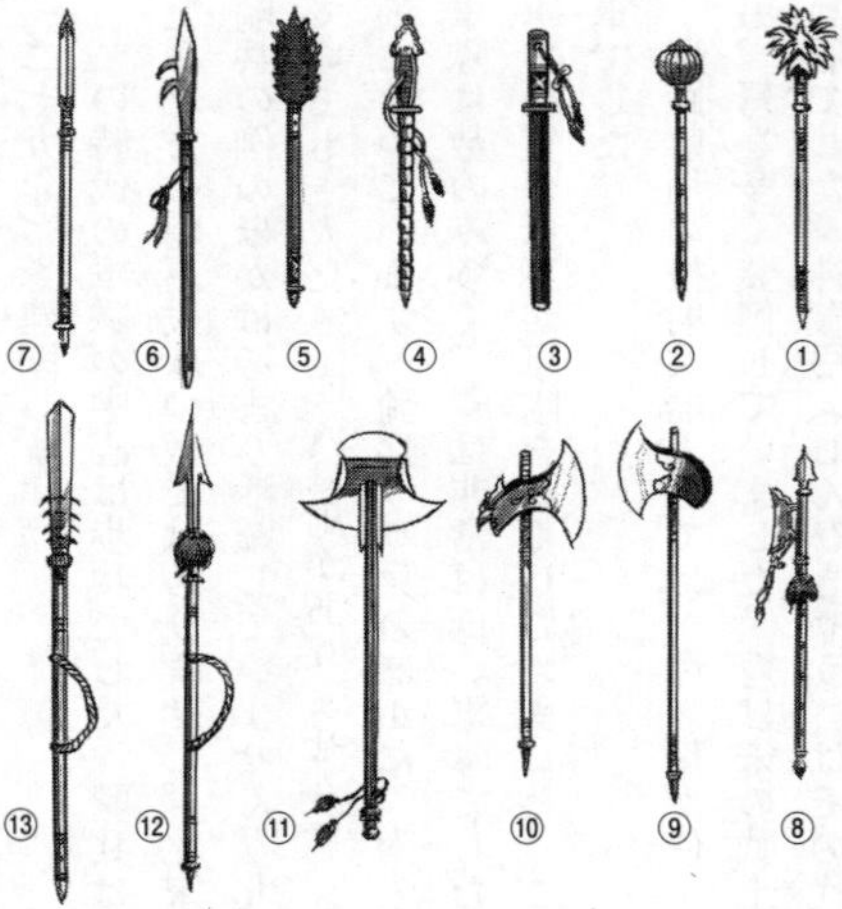

①蒺藜骨朶
②蒜頭骨朶
③鉄鐧
④鉄鞭
⑤狼牙棒
⑥鉤棒
⑦掉刀
⑧掉刀
⑨宋の斧
⑩宋の斧
⑪宋の斧
⑫単鉤槍
⑬双鉤槍

図5　宋の武器

た弩で、戦士一人で操作可能で、射程はおよそ三百七十メートルあり、大きな貫通力を持っていました。南宋の初期に韓*十一世忠が製造させた克敵弓（かってききゅう）は、さらに強力で、戦士一人で操作可能で、射程はおよそ五百五十メートルあり、性能は二枚重ねた鎧を貫き、鉄製の馬甲をつけた馬を一撃で倒すことができました。また床子弩（しょうしど）という大型の弩が使用されています。これは複数の人間で操作する弩で、発射する矢は一本だけではなく十本の矢を同時に発射し、最大射程はおよそ一キロメートルでした。床子弩は輸送が困難なため主に城の防御用に用いられましたが、野戦で使用された例もあります。このような強力な弩も発射速度が遅いことが欠点でした。

白兵戦の兵器（図5）としては、斧、刀、槍、鞭、鐗、棒、骨朶（こつだ）などが使用されています。これらの兵器は一般的に重装騎兵に対抗するため切れ味よりも打撃力を重視しています。斧は弩と並んで敵に恐れられた兵器でした。斧は長柄の斧で、その使用法から重装騎兵に対して非常に有効です。重い斧の打撃は騎兵の装甲の上から肉体を傷つけることができます。刀は麻扎刀、横刀など重装騎兵に対抗するための長柄の重量のある刀が多く使用されました。鞭、鐗、棒、骨朶、これらの打撃兵器はすでに唐代に出現していましたが、この時代より盛んに使用されるようになります。いずれも打撃兵器であるがために斧と同じ理由で重装騎兵に対して有効でした。

火薬[*十二]の発明は中国人の手になり、火薬を使用した兵器も中国で最初に製造されました。宋代は初めて中国で火器が使用された時代です。この時期の火器はどちらかというと攻城戦や守城戦で多く使用されましたが、野戦でも使用されています。火器には、燃焼性の火器、爆発性の火器があります。後に火器の主流となる投射性の火器はまだ出現していません。

燃焼性の火器には火箭、火槍、火球があります。火箭は燃夷弾で火薬を詰めた筒や球を矢に装着したもので、弓や弩、特に大型の床子弩で射撃されました。火槍は火炎放射器で、通常、槍の先端に火薬を詰めた筒を装備しています。有名なものに梨花槍（りかそう）があり火炎放射後、槍で戦うことができました。火球は火薬を紙や布で覆い球状にしたもので、手で投げるか、投石器で投げられました。火球には燃焼、毒煙、煙幕の効果があります。爆発性の火器には、鉄火炮があり、これは金の震天雷と同じものですので次の項で述べます。

宋代の戦士がまとっている鎧甲は、火器が発達するまでの最高の水準に達しています。歩兵の鎧甲は重装騎兵に対抗するため次第に重装となり、鉄甲では三十キログラムのものも現れました。柘皋（しゃこう）の戦い（一一四一年）で、宋軍は勝利しましたが、兵器も含めた重装備のため追撃できませんでした。鎧甲の材質は鉄、皮、紙です。馬甲は騎兵が有力ではなかったため、鉄製のものはなくなり、皮製のもののみが製造されています。

盾は歩兵は長方形の大型の盾を持ち、騎兵は円形の盾を使用します。材質は木、竹、皮ですが、木を皮で覆ったものが標準的です。

八 ⚜ 遼、西夏、金、元の戦士

この項で取り上げる国々、遼（九〇七～一一二五年）、西夏（九九〇～一二二七年）、金（一一一五～一二三四年）、元（一二六〇～一三六八年）の共通点は、軍隊の主力が強力な騎兵であったことと宋の軍隊の敵であったことです。宋はこれらの騎兵と互角に戦える騎兵をごくわずかな例外を除いて養成することができませんでした。

遼は契丹族が建設した国で契丹族は北方の有力な遊牧民族で、軍隊の中心は騎兵です。遼の騎兵は高い機動性を持ち、騎上からの射撃を得意としています。騎兵の標準的な装備は、馬三頭、戦士と馬は鉄甲を身につけ、弓を四、矢を四百本持ち、長槍、短槍、骨朶、斧などです。

西夏は中国の西部に党項（タングート）族が建設した国で、馬の産地や交易路を手にしたことから、騎兵を主力とした軍隊を作りあげました。西夏の騎兵には、鉄製の甲冑と馬甲を身につけた重装の騎兵があり「鉄騎」と呼ばれています。また戦士は歩兵でも必ず駱駝（らくだ）を一頭は持っています。騎兵の標準的な装備は、馬一頭、駱駝五頭、戦士と馬は鉄甲を身につけ、弓を一、矢を五百本持ち、槍、棍棒などを装備していました。西夏の重装騎兵の甲冑は強弩でなければ効果がありませんでした。西夏軍の中には駱駝の上から小型の投石器（旋風砲）を使用して拳の大きさの石弾を射撃する砲兵隊もいました。

金は半農半狩猟民であった女真族が建設した国で、兵士も馬も全身に鎧をつけた強力な重装騎兵が軍隊の主力です。ただし金の騎兵がもっていた弓矢は性能が悪く、重甲を着けた宋の歩兵にはあまり効果がありません。騎兵のほかに攻城戦に長けた歩兵隊も編制されています。金は火薬の製法と火器の使用を中国侵攻の後に覚えました。金軍の使用した火器としては飛火槍（ひかそう）という火炎放射器と、震天雷（しんてんらい）という炸裂弾が有名です（図6）。震天雷は金で発明された炸裂弾で、鋳鉄の容器に火薬をつめ、導火線をつけたものです。この兵器は野戦だけでなく、攻城戦において攻撃にも防御にも使用されています。使用する時には、導火線に火を点け、手で投げるか砲（火薬を使用しない投石器）によって投げます。爆発の威力はかなりのもので、人を殺傷する能力と大きな音と煙で敵を脅えさせる効果があります。南宋や元では鉄火炮（てつかほう）と呼ばれ、元寇の時には日本軍に対して使用され、「てつはう」と呼ばれています。

元は遊牧民族の蒙古族が建国した国で、軽装騎兵も重装騎兵も強力でした。蒙古兵は非常に騎射に巧みで、彼らが持つ弓は優秀な合成弓で鉄製の甲冑を貫通する能力がありました。初期の蒙古の騎兵は、皮製の鎧を身につけ、主として弓矢で戦い、白兵戦の兵器としては剣を持っていましたが、なるべくこれで戦うことは避けていました。また白兵戦にも使用可能な投げ槍を装備していました。

図6　震天雷

元の戦士の装備は、その征服戦争を通じて征服した国々のものを取り入れたため、より進歩したものとなります。さらに征服した国々の降伏した軍隊もその支配下に置き、攻城戦のための工兵や砲兵、水軍や海軍を編制しました。元軍はイスラム諸国から砲の使用を、金や宋から火器の使用を学びました。元は回回砲（襄陽砲）に代表される火薬を使用しない投石器である「砲」を大量に使用しました。投射する弾丸には、石弾などの爆発しない弾丸、火薬を使用し焼夷効果を持った火球、震天雷に代表される炸裂弾が使用されました。やがて元の中頃に、現在の火器の先祖である金属の筒に、火薬と弾丸を装填した、投射性の火器である「炮（ほう）」が製造されています。これらはいずれも機動性がないため攻城戦で主として使用されました。

九 ⚜ 明の戦士

火器の発達は戦士の持つ兵器、装備に大きな影響を与えました。明（一三六八～一六四四年）の時代を通じて戦士は次第に兵器を火器に持ち代えていきます。明の終わり頃には、正規軍の装備の半ばは火器を装備するようになっています。明の正規軍の神機営[*十三]の戦士は火器を専門に装備していました。明は北方の遊牧民族の騎兵に対抗し得る強力な騎兵を持っていました。また騎兵を防ぐための戦車を使用しています。この戦車は周の戦車とは異なり、移動しながら戦うのではなく、騎兵突撃の障害物として臨時の城壁として使用され、中に火器を装備してその火力で戦うというものでした。

明の戦士の持っていた火器は、より発達したもので、投射性の火器が主力となります。

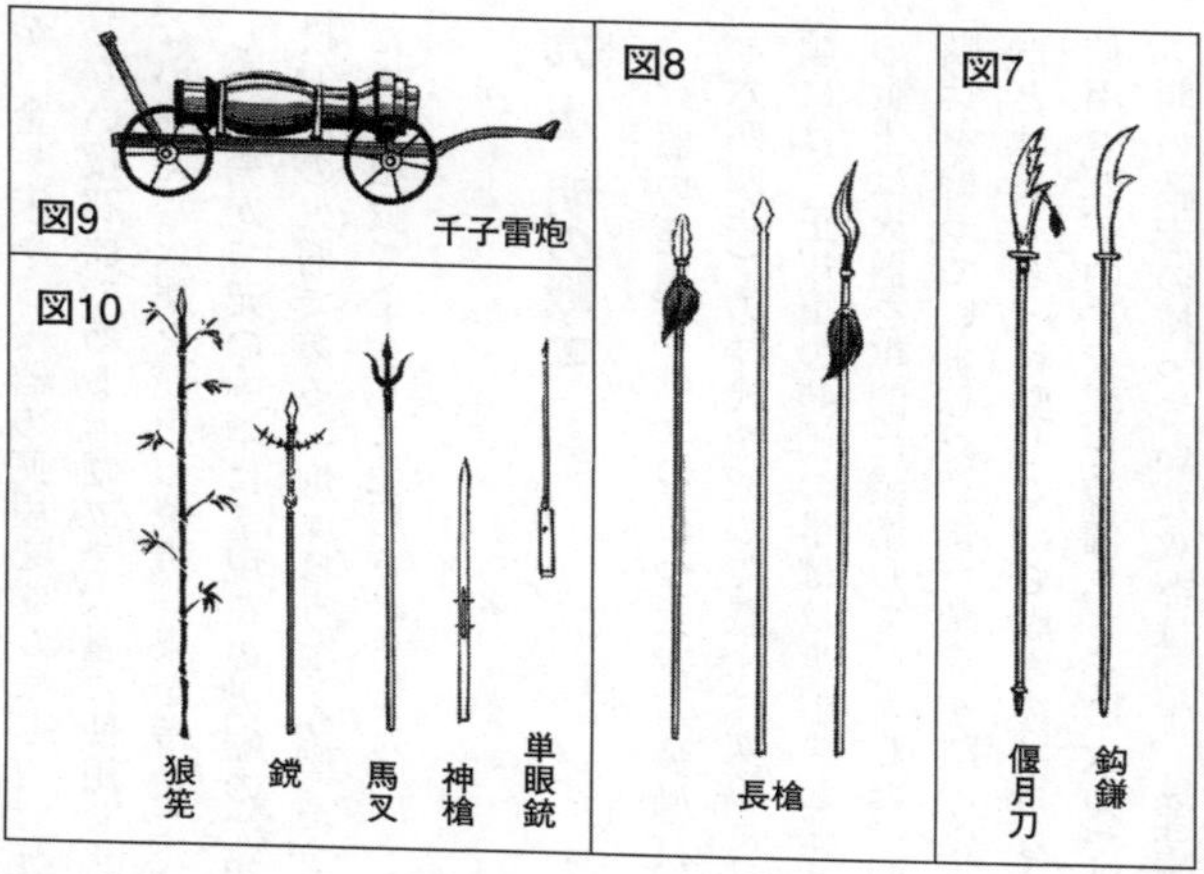

さまざまな呼び名を持った火槍、火銃、火炮、火箭、地雷、水雷が使用されていました。火銃、火炮は元代に使用されたものを受け継ぎ、より改良したものでした。大型のものは車に載せて運びました。初期の火炮の弾丸は、石や鉄製で、十五世紀に炸裂弾が使用されるようになります。小型の銃は金属製の管に火薬と鉛の弾丸を詰めるもので現在の小銃の先祖にあたります。

明の戦士は、火器のほかに槍、長柄の刀、馬叉（ばさ）、鎲（とう）、鈀（は）、鏟（さん）、斧、弓、弩、さまざまな棒、鞭、鐗、狼筅（ろうせん）、標槍（投げ槍）を使用していました。明代の刀は、これまでの刀とは異なり日本刀の影響を大きく受け、日本刀と同じような形をしていました。また日本刀が輸入され使用されていました。馬叉、鎲、鈀、鏜といった兵器は、明代に使用が始まった長柄の兵器です。槍のように刺す兵器であり、その構造上、防御力の高い兵器であり、敵の兵器をからめとるのに適していました。狼筅も明代に特有の兵器です。節と枝葉が多い竹で作り、その先端に鉄製の槍の刃をつけていました。先端の刃で槍のように使用されていました。この武器は防御性の高い兵器で、わざと竹の枝葉を落とさないため容易に切断することができず、また枝葉が敵の武器の打撃を阻んでいました。ただしこの兵器は行動するときの邪魔になるという弱点をかかえていました。

明の時代の初期には、三十キログラム以上の重甲がよく使用されますが、火器の発達により、運動性を重視した軽くて柔軟性があるものも次第に主流となります。そうした需要を満たすため綿が鎧甲の材料として使用されるようになっています。騎兵は次第に軽装騎兵が主流となります。重装騎兵は火器の前にはその装甲が必ずしも有効ではなくなりつつありました。

十 ⚜ 農民反乱軍の戦士

中国の歴史の特徴の一つに、王朝の政治が乱れると民衆は武器をとって蜂起するということがありました。陳勝、呉広の乱以来、数えきれないほどの反乱が起こっています。指導者は必ずしも農民であるというわけではありませんが、反乱を起こした集団に参加したのは、追いつめられた農民達が大多数を占めていました。大多数の農民達は農具や狩猟に使用するあまり性能のよくない兵器などありあわせのものを武器として反乱に参加しました。しかし彼らがもし正規軍を撃破することに成功したり、どこかの都市を占領できれば、兵器を手に入れ、その時代の標準的な装備を身につけることができたのです。

＊一　祭器（さいき）　祭りに使用する道具。

＊二　趙の武霊王（ぶれいおう）　紀元前三二五年即位、紀元前二九五年没。戦国の七雄（秦、楚、趙、魏、韓、斉、燕の七国）のうち趙国の王。騎兵の服装に北方の民族（胡）の服装を採用し、騎兵の戦術に馬上からの射撃（騎射）を採用した「胡服騎射」を実施し趙の軍事力を高め、趙の東北にあった中山国を滅ぼし、北は北方の民族を攻め破り領土を大きく拡張しましたが、内乱に巻き込まれ非業の死をとげました。

＊三　錆止め処理　当時の錆止め処理の最高水準のものは、クロム化処理を行って金属の表面に酸化層を作り、内部が錆びるのを防ぐというものです。

＊四　曹操（そうそう）　一五五生～二二〇年没。『三国志』の群雄の一人。後漢末における最高の名将であり、政治家、詩人でした。魏の開祖（ただし皇帝として即位はしていない）。

＊五　袁紹（えんしょう）　生年不明～二〇二年没。『三国志』の群雄の一人。名門の出身。現在の河北省、山東省、山西省、黄河以北の河南省を領土とする一大勢力を築き、曹操と中国の覇権を賭けて戦いますが、一九九年から二〇〇年の一連の戦闘に敗北し、彼の死後、後継者達は曹操によって滅ぼされます。

＊六　諸葛亮（しょかつりょう）　一八一生～二三四年没。字（あざな）は孔明（こうめい）。蜀の丞相。政治家および軍人として大きな功績がありました。彼の軍事指導は、小説に見られるような奇策を多用するものではなく、国内経済の安定、兵士の装備の強化、軍事科学の研究により敵を分裂させるなど、万全の準備を整えたうえで戦うというものでした。

＊七　蒲元（ほげん）　生没年不詳。諸葛亮の配下の技術者として、武器や運送器具の発明、改良を行っています。

＊八　府兵制度　隋、唐の軍事制度。一定の年令の農民を徴兵の対象とし、農民は居住地を管轄する「軍府（ぐんふ）」という機関によって徴兵、訓練されました。兵士はさらに「軍府」が所属する上位組織の軍団に配属され、首都の防衛、国境の警備、出征を行いました。

＊九　狄青（てきせい）　一〇〇八生～一〇五七年没。北宋中期の名将。対西夏戦に功績をたて、騎兵を主体として儂智高（のうちこう）の反乱を鎮圧。後に軍政の最高の官職である枢密使（すうみつし）に昇進。

＊十　岳飛（がくひ）　一一〇三生～一一四二年没。南宋初期の名将。

＊十一　韓世忠（かんせいちゅう）　一〇八九生～一一五一年没。南宋初期の名将。岳飛と同じ頃に対金戦争で活躍しています。

＊十二　火薬の発明　火薬は中国人の手によって少なくとも唐代に発明されていました。火薬は不老不死を得るための薬の製造実験中に発見されています。唐代には花火に使用されています。

＊十三　神機営（しんきえい）　明の永楽帝によって組織された「京軍三大営（けいぐんさんだいえい）」のうちの一つ。「京軍三大営」は首都に駐屯する中央軍であり、「神機営」のほかには「五軍営」と「三千営」がありました。

第二章 戦術

ギリシア時代の戦術

⚜ホプリタイ戦術

古代ギリシアの陸戦は、ホプリタイと呼ばれる重装歩兵を主力として行われました。ホプリタイはファランクス隊形と呼ばれる密集隊形をとって戦います。ちなみに、日本でファランクスというと、後で述べるマケドニア式ファランクスを指すことが多いようですが、古代ギリシアでは密集隊形のことを一般的にファランクスと呼びます。ただし、ファランクスを構成する兵を指す「ファランギテス」は、普通マケドニア式ファランクス兵を意味します。

ホプリタイの一般的な隊形は、兵士一人当たりの正面幅が約九十センチメートルの、いわゆる「肩と肩が触れ合う」ような密集隊形です。前後の間隔もこの程度です。こうすると、直径一メートル程度の大きな丸盾であるホプロンの左半分は左隣にいる兵士の体の右半分を守ることになり、前から見ると丸い盾が横に連なり、その上下に兵士の頭と足がのぞくという格好になります（図1）。このような隊形を、一般的には四の倍数の横隊だけ並べます。八列横隊がもっとも標準的ですが、マラトンの戦い（紀元前四九〇年）のよう

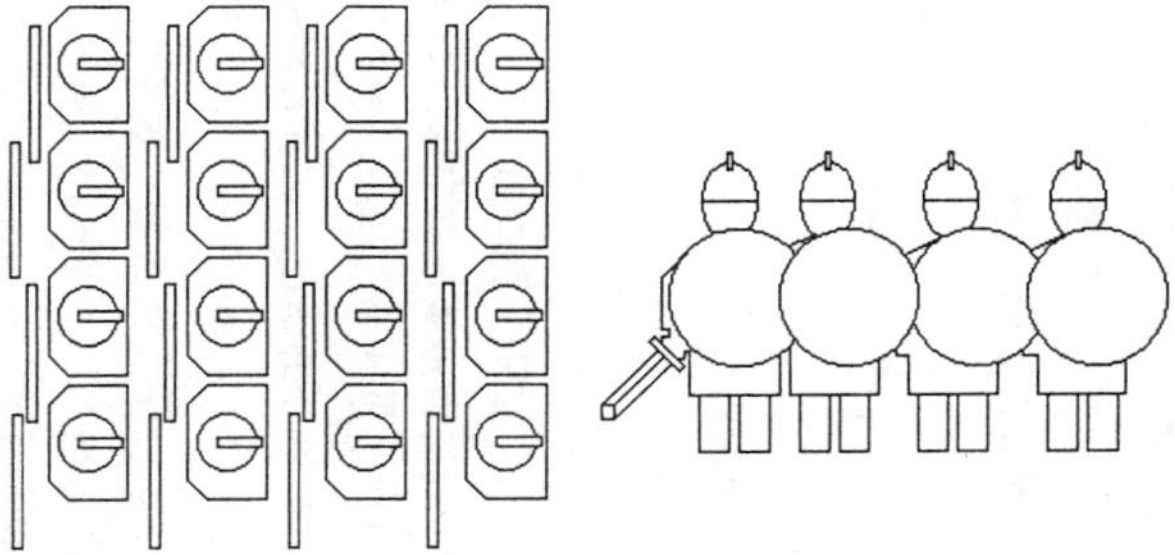

図1　密集隊形　正面図と平面図

に四列横隊にすることもありますし、十二列横隊や十六列横隊も使われます。なお、テーバイの部隊は縦深隊形を好むことで知られており、通常でも二十列横隊くらい、有名なレウクトラの戦い（紀元前三七一年）のように五十列横隊以上の深い隊形を組むこともあります。ただ、このように深い隊形がどの程度効果的であったかは議論の多いところです。隊形を縦深にすればそれだけ正面幅が狭くなるわけで、これは敵に側面をつかれる可能性が多くなるわけですから、ホプリタイの極めて嫌うことでした。実際、テーバイの部隊は正面幅を広げないと、同盟軍に非難されることもありました。また、スパルタはほかのポリスと異なって六の倍数による編制を行っていました。したがって、スパルタの場合は六列横隊ないし十二列横隊で、十二列横隊が標準的です。

ホプリタイのファランクスでは、兵士一人一人が自分だけを守っていれば良いというわけではありません。一人欠けると、その左隣の兵士の右側面ががら空きになり、非常な危険にさらされるのです。ですから、前列の兵士が倒れた時は、そのすぐ後ろにいる兵士がその隙間をすかさず埋め、戦列が崩壊するのを防がなければなりません。その意味からか、ホプリタイにおいては、縦列を非常に重視し、『アスクレピオドトス（野戦を扱ったギリシア時代の軍事書ではもっとも古いものの一つです）』においても部隊編制の実用上の最小単位は一縦隊であると述べられています。ただし、スパルタ以外でこのような細かい単位の編制が行われた証拠はありません。

また、最右翼の縦列は、その右側にいるべき兵士がいないため、右側面ががら空きになります。盾を持っている部隊の場合、盾を持つ左側に比べ右側の防御力が劣るというのは一般的な傾向ですが、ホプリタイの場合は特にそれが激しいわけです。したがって、最右翼というのは名誉ある場所とされ、戦場で展開する場合も、一番優秀な部隊を右翼に配置しました。

さて、以上に述べたようなホプリタイの基本的な戦術隊形から、次のような性質が導かれます。

一　部隊の前面には盾が切れ目なく並ぶことになるので、正面に対する防御力はかなり強い。

二　側面からの攻撃にはきわめて弱い。

三　隣接する兵士と行動を共にしなければならないので、軽快な機動が難しい。
四　不整地では、隊形が混乱しやすい。
一、二の性質から、ホプリタイの軍隊は敵が自軍の側面に回ることを極端に嫌います。したがって、しばしば戦列は極端に横長となります。また、右翼に強力な部隊を配置するため、両軍とも右翼が前進し左翼が後退するというパターンの展開になります。いずれにせよ、スパルタやテーバイの部隊のように縦深隊形でないと複雑な機動は難しいので、ホプリタイ同士の戦闘は横長の長大な戦列同士が正面からぶつかり合う、という経過をたどることが多くなりがちです。事実、古代ギリシアにおける将軍の役割は戦場に戦列を並べることで終わりになり、戦闘時には将軍は最前列に立って戦うのが伝統でした。したがって、戦闘中に予定外の柔軟な行動をとるのは極めて困難だったのです。
ここで、ホプリタイが活躍したいくつかの戦いを見てみることにしましょう。

(一) マラトンの戦い

紀元前四九〇年、ペルシア帝国はギリシアに対して、二度目の遠征を行いました。この遠征は、小アジア西部のギリシア植民市がペルシア帝国に対して反乱を起こした際に、アテナイなどのギリシア本土の都市がその反乱を支援したことに対する報復が目的でした。二度目というのは、最初の遠征は艦隊がエーゲ海の北にあるアトス岬で難破し、中止されたためです。この遭難に懲りたのか、ペルシア艦隊[*一]はエーゲ海の南部を島づたいに航海し、アテナイの近くにあるマラトンの浜に上陸しました。その兵力は正確には分かりませんが、一説では歩兵二万、騎兵五千といいます。

これを迎え撃ったのが、アテナイ（九千名）とプラタイアイ（六百名）のホプリタイからなる連合軍（実質的にはアテナイ軍といっていいでしょう）です。スパルタにも援軍を要請したのですが、宗教上[*二]の理由で出発が遅れてしまったのです。

戦闘開始までの経過は省略します。なにしろ、二対一の兵力差がありますから、ギリシア軍はそう簡単に仕掛けることはできません。いざ、戦闘となっても、敵の戦列の長さに

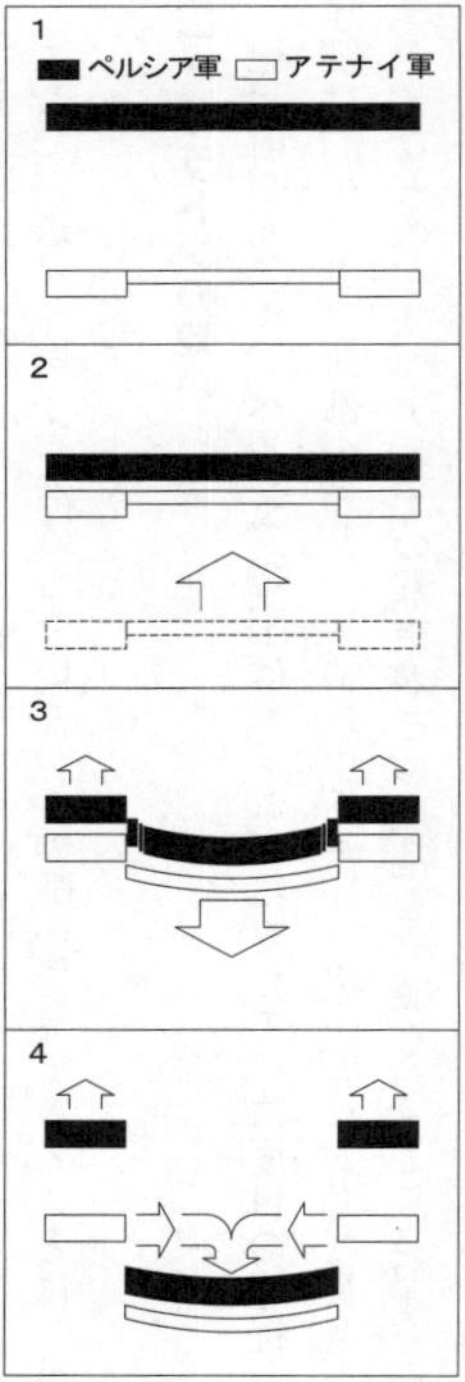

1　アテナイ軍は半分の兵力
2　しかし、両翼を補強し攻撃開始
3　ペルシア軍の両翼、ギリシア軍の中央が後退
4　ペルシア軍の両翼が崩壊し、突破部隊が敵の中央を後方から攻撃

図2　マラトンの戦い

対抗するためには、通常よりはるかに薄い陣形にしなければなりません（ホプリタイが敵より短い戦列を極めて嫌うのは前に書いたとおりです）。そこで、左右両翼の部隊は通常の八列横隊の隊形とし、中央部は四列横隊のごく薄い隊形にして、なんとか戦列の長さをかせぎます。そして、ギリシア軍は敵の弓の射程範囲に入ったら駆け足で前進するという戦術で、攻撃をかけます。この当時のホプリタイはすでに軽量化されていましたから、こんな芸当ができたわけです。

ペルシア兵は弓に比べて白兵戦が苦手なため、両翼ではギリシア軍の方が優勢で、敵は敗走しました。しかし、さすがに四列横隊という薄い隊形では中央部の優秀な敵を支えることはできず（ペルシア軍ではもっとも優秀な部隊を戦列の中央に配置するのが伝統です）、ギリシア軍の中央部は崩壊します。ここで、アテナイ軍の優秀さが発揮されました。左右両翼の部隊は敵の追撃をやめ、中央の敵を包囲しはじめたのです。これは、新型の開[*三]口部の多いヘルメットだからこそ可能であったといえるでしょう。

これで勝敗は決し、六千四百名のペルシア兵が殺されたといわれています。マラトンの戦いは軽量化されたホプリタイの勝利でした。

（二）ネメアの戦い

ペロポネソス戦争（紀元前四三一～紀元前四〇四年）に勝利をおさめたスパルタは、その後も拡張主義的な政策を継続しました。その典型例[*四]はアゲシラス王の小アジア遠征でしょう。このようなスパルタの態度に対して、ギリシアの諸ポリスが連合して紀元前三九四年に起こしたのがコリントス戦争です。

その最初の戦いがここで述べるネメアの戦いで、コリントスに集結した連合軍を攻撃しようとするスパルタ軍と、それを迎え撃つ、アテナイ、アルゴス、テーバイ、コリントスの連合軍の間で戦われました。

スパルタ軍の兵力は一万三五〇〇で、そのうち六千はラコニアの同盟軍です。それに対して連合軍の方はアテナイ六千、アルゴス七千、テーバイ五千、コリントス三千と、スパルタ軍の二倍に近い兵力を持っていました。この戦いで面白いのは、何列横隊にするべきか、という議論が連合軍の側で長時間にわたって行われたことです。これは、縦深な隊形を好むテーバイが連合軍の側にいたせいでしょう。結局、十六列横隊にすることで決着がつきましたが、テーバイはそれを無視して、より深い隊形を組みました。

このように一般的なホプリタイの隊形より縦深な隊形をとったため、数が優勢であるにもかかわらず、連合軍の左翼はスパルタ軍の右翼に包囲される形となり、左翼に陣取っていたアテナイ軍は敗走します。しかし、連合軍の右翼では状況はまったく逆でした。スパルタ軍の左翼は同盟軍だったこともあり、テーバイ、コリントス、アルゴスの部隊は、スパルタ軍の左翼を撃破しました。ところが、連合軍はこれで満足してしまい、自軍の野営地

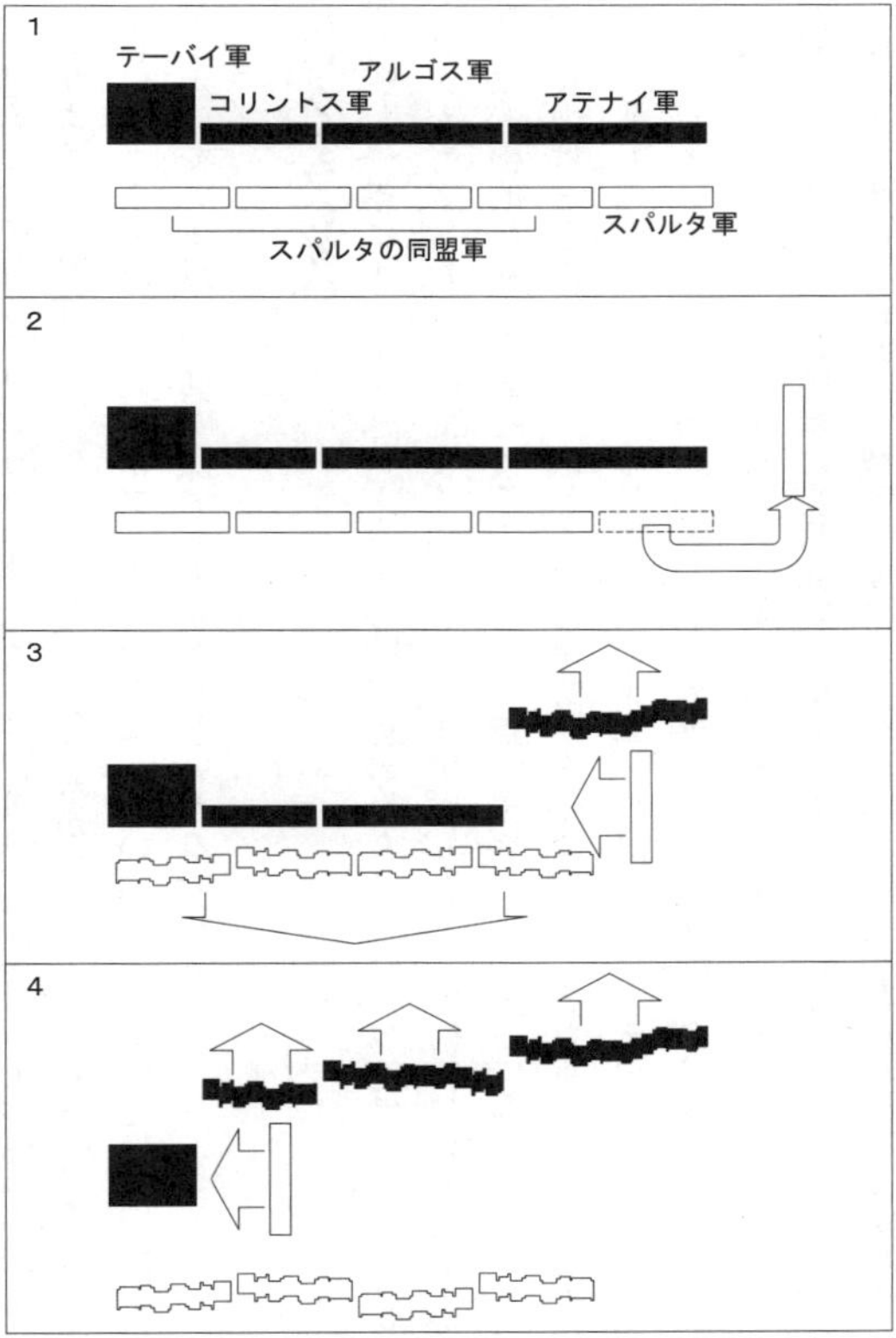

図3　ネメアの戦い　スパルタ軍の側面攻撃で連合軍は敗走

に引き返しはじめます。この時、アテナイ軍を破ったスパルタ軍右翼の部隊が左に九十度旋回し、連合軍の側面から襲いかかりました。ホプリタイは側面から攻撃されたらひとたまりもありません。連合軍は二対一の優勢であるにもかかわらず、敗れてしまったのです。

この戦いは、よく訓練されたホプリタイならば、どの程度まで臨機応変の機動が可能であるかを示している点で、興味深いものがあるといえるでしょう。

(三) レウクトラの戦い

紀元前三七一年にスパルタとテーバイの間で行われたこの戦いは、テーバイの将軍エパミノンダス[*五]が考案した斜線陣[*六]でよく知られています。しかし、戦術的には騎兵とホプリタイを初めて有機的に組み合わせて使ったという点が重要だといえるでしょう。

両軍の兵力はともに約一万、ほとんどはホプリタイですが、どちらも千騎程度の騎兵を保有していました。スパルタは歩兵を通常の十二列横隊に並べ、その前に騎兵を配置しますが、テーバイは、テーバイ市の部隊を五十列横隊という極端に深い隊形にして左翼に配置し、残りのボイオティアの同盟軍はこの部隊のやや後方に薄い隊形で配置しました。騎兵の配置は、スパルタ軍と同様に歩兵部隊の前方です。

最初に起きたのは騎兵同士の戦闘です。この当時のテーバイ騎兵はスパルタ騎兵よりも優秀だったので、スパルタ騎兵は敗走します。しかし、その後ろには友軍歩兵部隊の戦列

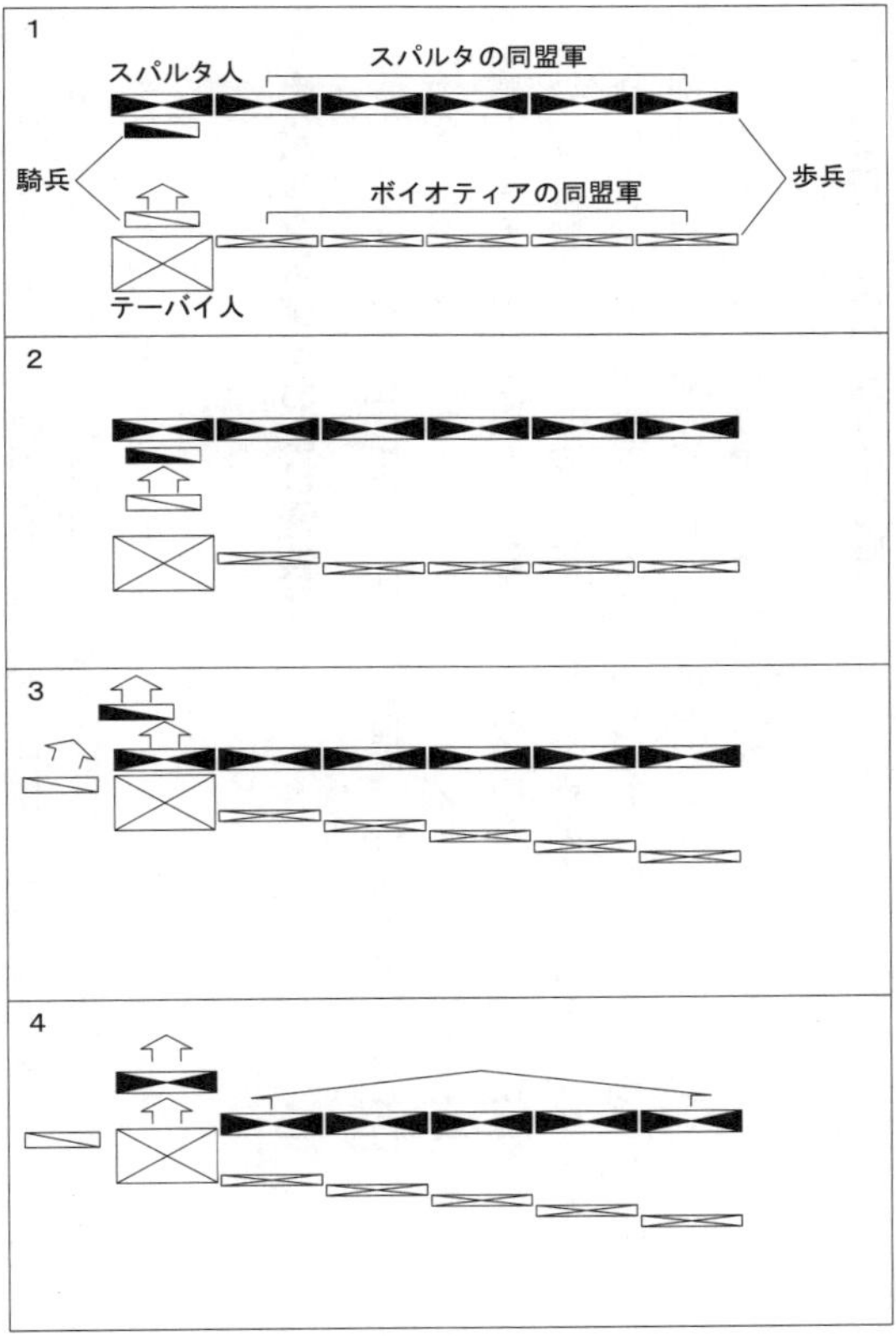

(1) 騎兵同士の戦闘で、(2) スパルタ騎兵が敗走、(3) 混乱したスパルタ軍にテーバイの歩兵部隊がおそいかかる、(4) スパルタ全軍が敗走。

図4　レウクトラの戦い

があります。敗走する騎兵に突っ込まれてはたまりません。スパルタ軍の戦列は一挙に混乱します。この混乱した戦列に対して、五十列横隊という強力なテーバイの歩兵部隊が襲いかかったのでした。その結果、スパルタは重装歩兵同士の正面からのぶつかり合いで、初めての敗北を喫してしまったのです。

二 ⚜ ペルタスタイおよび軽装兵

ペルタスタイは軽装兵に比べれば、ある程度、白兵戦用の装備をしているわけですが、その主要な武器は投げ槍です。したがって、ホプリタイのような重装歩兵に対しては、敵が突撃してきたら可能な限り白兵戦になるのを回避し、代わりに投げ槍の雨を降らせるというのが基本戦術です。この戦術によって、ペロポネソス戦争やコリントス戦争においてアテナイ軍はスパルタ軍に対して多くの勝利をおさめました。もちろん、敗走で混乱している部隊や、軽装兵に対しては自ら白兵戦をしかけることもあります。

ペルタスタイの典型的な戦いには次のようなものがあります。

(一) ピュロス＝スパクテリアの戦い

ペロポネソス戦争が始まってから五年目の紀元前四二五年、アテナイはデモステネス[*七]、

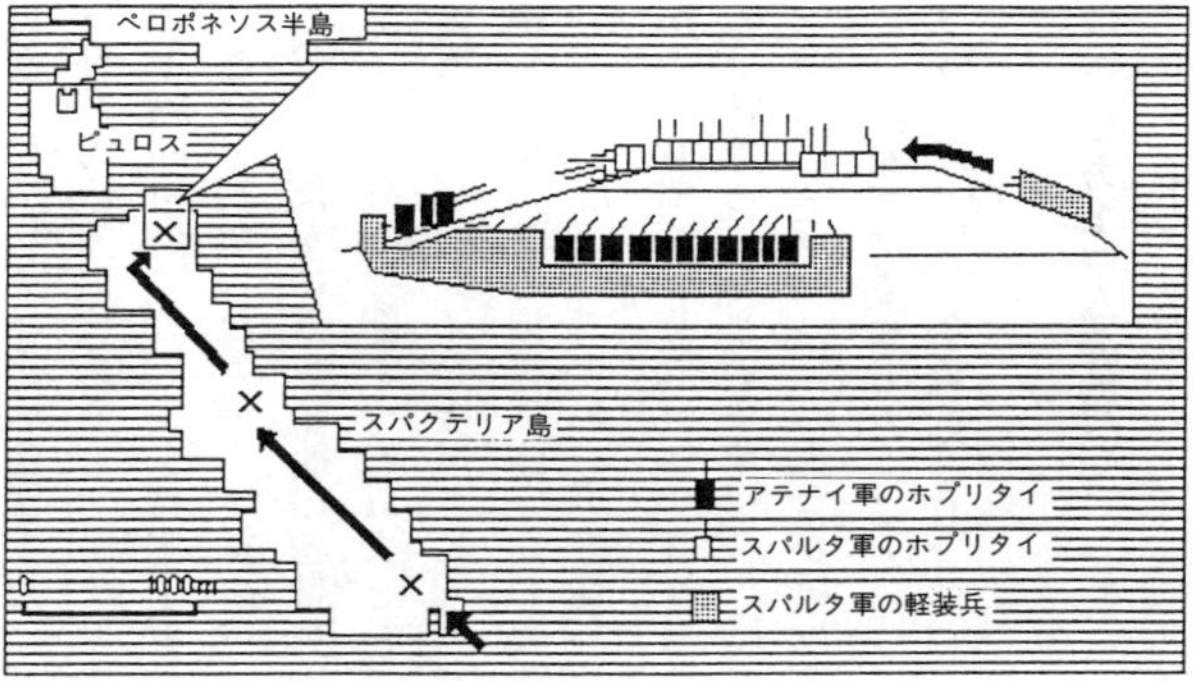

図5　ピュロス＝スパクテリアの戦い

ソポクレス、エウリュメドンらを指揮官とする艦隊を派遣しました。この艦隊は悪天候のため、ペロポネソス半島の西南、メッセニア地方のピュロスに上陸しました。ここで、デモステネスはかねてからの計画を実行します。それは、ここに城塞を築きメッセニアの反乱を支援するという計画です。

　メッセニアの支配はスパルタにとって常に頭痛の種でしたから、こんなことをされてはたまりません。直ちに数千のホプリタイと六十隻の艦隊をピュロスに送りました。対するアテナイ軍の兵力は約千名で、ほとんどがペルタスタイや軽装兵でした。しかし、アテナイ軍の城塞は、砂州で本土とつながった島の上にあったので、陸上からも、また海上からもきわめて攻めにくい位置にあったのです。

　スパルタ軍の城塞に対する攻撃は成功せず、そのうちにアテナイ軍の艦隊が戻ってきて、スパルタ艦隊を壊滅させます。困ったのは、ピュロス湾の入口にあるスパクテリア島に上陸した約千名のスパルタ軍（そのうちホプリタイは約四百名）で、完全に本土との連絡を断たれてしまいました。

これを攻撃したアテナイ軍の主力はホプリタイ、ペルタスタイ、弓兵、ともに八百ずつで、そのほかにガレイ船[*八]の船員数千名も参加しました。最初、戦いは、南北に長いスパクテリア島の中央部で行われました。アテナイ軍はスパルタのホプリタイが前進してくると自軍のホプリタイを後退させ、スパルタ軍の側面からペルタスタイ、弓兵が飛び道具で攻撃します。この損害に耐えかねたスパルタ軍は島の北にある丘に後退し、全周防御態勢をとりました。ホプリタイが前面からの射撃に対してはかなり強い、ということはテルモピュライの戦いで既に示されていましたが、スパクテリアの戦いでも、それは実証され、戦線は膠着してしまいます。

結局、メッセニアの士官が抜け道を通って軽装兵をスパルタ軍の背後に回すことによって、決着がつきました（これもテルモピュライと同じですね）。包囲されたスパルタ軍はついに降伏したのです。

（二）レカエウムの戦い

コリントス戦争中の紀元前三九〇年、コリントス近郊のレカエウム（このときはスパルタ軍が支配していました）から、スパルタに向けて帰還する隊列がその西方にあるシキュオンに向けて出発しました。レカエウムの守備隊（ホプリタイ六百、騎兵百）はこの部隊を護送します。

ホプリタイの部隊は、騎兵より先にレカエウムに帰還することになりましたが、これを待ち伏せしていたのが、知将イピクラテス率いるアテナイ軍のペルタスタイでした。アテナイ軍はスパルタ軍の盾のない方向（右側）から攻撃をしかけます。スパルタ軍のホプリタイがペルタスタイを攻撃しようとしても、ペルタスタイの方が逃げ足が速いので、つかまりません。そんなことをしているうちに、スパルタ軍の兵力は着実に減っていきます。しばらくすると騎兵が到着しましたが、密集隊形を組んで攻撃したため、これもペルタスタイを捕捉することができません。結局、スパルタ軍は兵力の約半数もの損害を出して、レカエウムに退却していきました。

この戦いは、地形の障害がないところでも、正しく運用すればペルタスタイがホプリタイを撃破できることを示した点で重要です。スパクテリア島の場合は、地形が厳しく、ホプリタイの移動がかなり制限されていたのでした。

三 ⚜ ピリッポス二世の改革

ピリッポス二世からアレクサンドロス大王にかけてのマケドニアの軍隊において、ホプリタイ戦術は頂点を極めたといってよいでしょう。その軍隊の根幹はマケドニア式ファランクスと呼ばれる重装歩兵隊で、その装備は「戦士」の項で説明したとおりです。マケドニア式ファランクスの基本的ユニットはシンタグマと呼ばれる二百五十六人からなる部隊で、これを十六×十六の正方形の隊形に展開します（図6）。

マケドニア式ファランクスはそれまでのホプリタイに比べて、機動性が高いといわれていますが、それでも側面からの攻撃には脆弱です。そこで、ファランクスの側面を援護するため、ヒュパスピスタイ[*九]と呼ばれる、より軽量の部隊が作られました。ただ、この部隊の装備がどのようなものであったのかについては、定まった学説はないようです。また、地形の険しい所や、攻城戦では長い槍を持った密集隊形の歩兵は役に立たないので、そのような場合には投げ槍を持った軽装兵の装備で戦うこともありました。

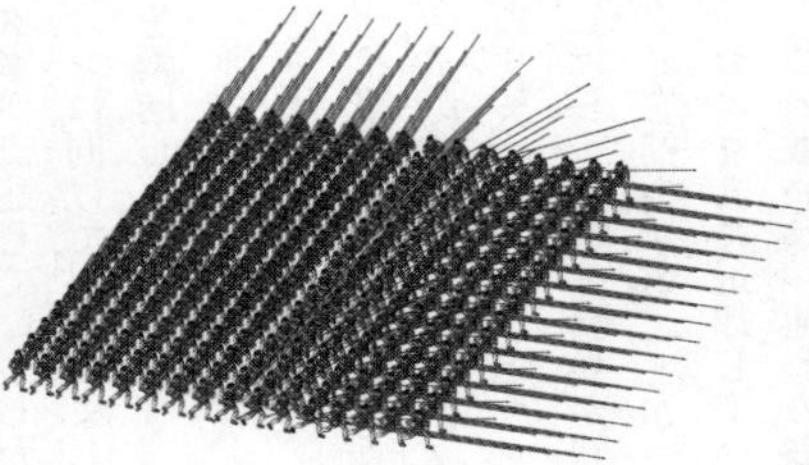

図6　マケドニア式ファランクス

しかし、この時代のマケドニア軍の特徴は突撃部隊としての騎兵の利用でしょう。騎兵を攻撃兵器として重要視するのは、テーバイのエパミノンダスがレウクトラやマンティネイアなどで既に行っていますが、マケドニア軍は、その伝統を受け継いでいるといっても良いでしょう。実際、アレクサンドロスの参加したどの戦いでも、決戦兵力はアレクサンドロス自身の率いる重装騎兵隊（ヘタイロイ）で、この部隊を効果的な時点、場所に投入することによって、敵の戦列に突破口を作り出す、という戦術はアレクサンドロスのもっとも得意とするところでした。その典型的な例は、アレクサンドロスがその父ピリッポス二世とともにテーバイ・アテナイ連合軍を撃ち破ったカイロネイアの戦いです。

(一) カイロネイアの戦い

紀元前三三九年マケドニアのピリッポス二世はギリシアに侵攻しました。これを迎え撃つアテナイとテーバイを中心とする連合軍の兵力は、ホプリタイ二万、ペルタスタイ五千。対するマケドニア軍の兵力は、マケドニア式ファランクスが二万四千、そのほかの歩兵が八千、騎兵が二千強でした。

連合軍は、左翼のカイロネイアのアクロポリスの丘、右翼のケピッソス川に挟まれた地点に戦列を展開し、左翼はアテナイ軍、右翼にテーバイ軍、中央にそのほかの同盟軍という配置にしました。左右の障害物のため、マケドニア軍に側面から攻撃される心配のない

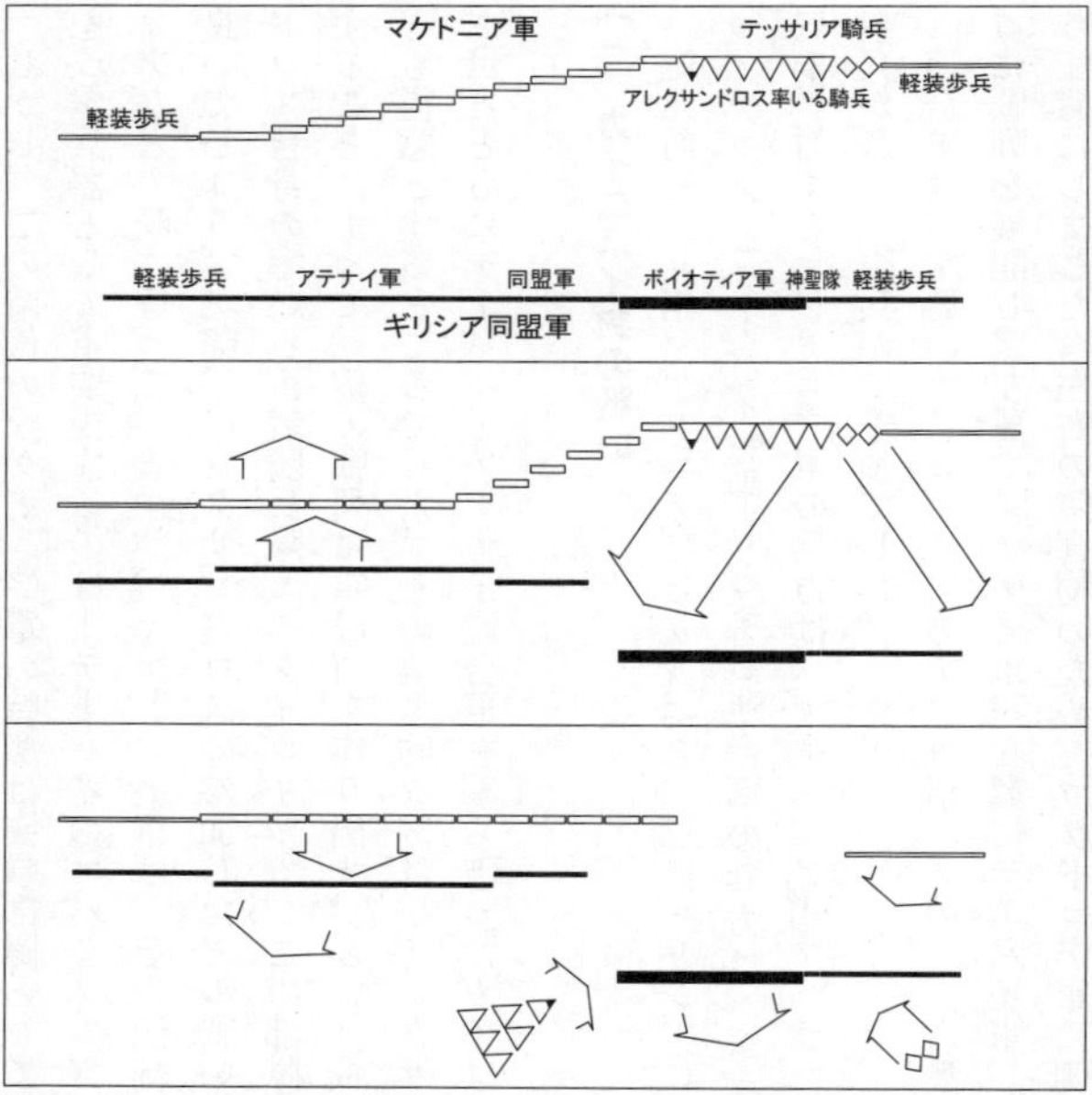

図7　カイロネイアの戦い

堅固な布陣です。マケドニア軍は中央にファランクスを並べ、右翼にピリッポス二世自ら率いるヒュパスピスタイを左翼にはアレクサンドロスの騎兵隊を配置し、右翼が前進した斜線陣としました。

最初に攻撃を仕掛けたのはピリッポス二世のヒュパスピスタイでした。しかし、この部隊はアテナイ軍と戦闘を交えるとすぐ後退し始めました。これは、ピリッポス二世のフェイントであったと

スリンガー

スリンガーとは簡単にいってしまえばスリングを撃つ兵士のことです。スリングとは、投石紐と呼ばれる石を投げるために使う投てき補助具で、古代の軍隊の常備兵器の一つです。その歴史は古く紀元前三〇〇〇年頃のシュメールの軍隊ですら使用しています。スリングで石を投げる方法は、紐の両端を持って、丁度中間に弾となる石をはさみ、紐の片端を、自分の指などに縛りつけ振り回して遠心力をつけて手を離せば石が飛んでいくというものです。威力はかなりのもので、しかも弾の補充が簡単であるため、顔や、頭などに直接当たれば相手を死傷にいたらしめることもできました。

ギリシアや、ローマの時代になると、鉛で専用の弾を作り、さらに威力を増すことができました。この鉛の弾には時には文字が刻んであって「降伏しろ!」とか、相手を罵倒する文句を書いたものがありました。

スリングにはスタッフ・スリングと呼ばれる棒にスリングをつけたものや、そのまま棒に差し込む弾をもった棒状スリングがあります。これは通常のスリングよりも遠くに飛ばすことができ、近くならより強力な打撃力を持っていたのです。

地中海に浮かぶ島、バリアレス諸島にはバリアレス・スリンガーと呼ばれる優秀なスリンガーがいて、古代ローマや、多くの軍隊に傭兵として雇われていました。彼らはほかのスリンガーと比べると、数段優秀なスリンガーだったのです。そういえば、それと匹敵するものにクレタン弓兵というやはり優秀な弓兵がいたことは、先に話した通りです。

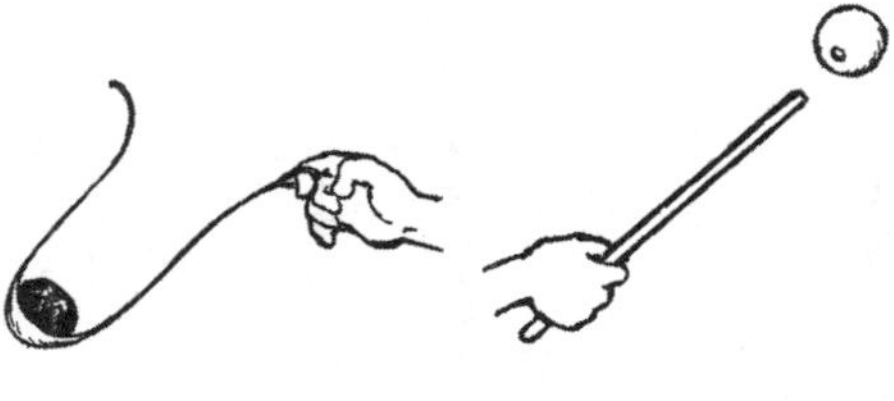

思われますが、敵が後退するのを見たアテナイ軍は無謀にも前進を開始してしまいます。その結果左翼のアテナイ軍と右翼のテーバイ軍の間に隙間ができてしまいましたが、これをアレクサンドロスが見逃すはずはありません。直ちに指揮下の騎兵隊をその隙間に突入させ、その後左に旋回してテーバイ軍の左翼を包囲しました。これと同じ頃マケドニア軍中央部のファランクスも前進を開始します。ピリッポス二世のヒュパスピスタイも後退をやめ、アテナイ軍を攻撃します。また、マケドニア軍の軽装騎兵隊もテーバイ軍の右翼から包囲を開始しました。

正面から戦った場合、伝統的なホプリタイはマケドニア式ファランクスの敵ではありません。連合軍の左翼および中央部は崩壊し、敗走を開始しました。右翼のテーバイ軍は、両翼から騎兵隊に包囲されてしまったため、逃げたくとも逃げることができず、ここに、テーバイの誇る神聖軍団は壊滅し、マケドニアのギリシア本土に対する覇権が確立したのです。

＊一　ペルシア艦隊　ペルシア帝国海軍の主力はフェニキア（現在のパレスティナ）沿岸の通商都市の艦隊でした。

＊二　宗教上の理由　このとき、スパルタは祭りの最中だったため、満月以前の出動は不可能だったのです。

＊三　開口部の多いヘルメット　いわゆる、アッティカ式のヘルメットです（戦士の章 ギリシアの二 軽量

化したホプリタイを参照)。

＊四　**アゲシラス王(紀元前四四三〜紀元前三六〇)**　ペロポネソス戦争直後のスパルタの王。小アジアに遠征しペルシア帝国と戦ったが、コリントス戦争の勃発によってギリシア本土に呼び戻されました。

＊五　**エパミノンダス(?〜紀元前三六二)**　テーバイの将軍。レウクトラおよびマンティネイアの戦いでスパルタ軍を破ったので有名だが、後者の戦いで戦死した。

＊六　**斜線陣**　敵の戦列に対して自軍の戦列が斜めになるようにした陣形。

＊七　**デモステネス(?〜紀元前四一三)**　アテナイの将軍。本文で述べたようにピュロス＝スパクテリアの戦勝で有名。その後、シケリア遠征の援軍の指揮官としてシュラクサに送られたが、アテナイ軍の壊滅後処刑された。

＊八　**ガレイ船**　多数のオールを推進力とする軍船。

＊九　**ヒュパスピスタイ**　ペゼタイロイの側面援護、および騎兵に対する協力などを目的として作られた比較的軽装の部隊。

ローマ軍の戦術

一 ⚜ アキエス戦術

王政時代の戦術はその部隊単位であった千人隊が各々に固まって、隊形を作りました。これは密集隊形と呼ばれるもので、ギリシア語では先に述べたファランクス、ラテン語ではアキエスといいます。王政ローマの隊形はこのアキエスを前後三列に並べ、その両翼に騎兵隊を配置しました。騎兵隊はこの時代において戦術的な意味はあまりありませんでした。彼らは戦場において敵に威圧感を与えるためのものでしかなかったのです。この時代においては戦術よりも数で優る軍隊のほうが充分強かったのです。

二 ⚜ マニプルス戦術

ローマ軍はそれまでのアキエスを組んで戦う隊形から、各部隊の機動性を考慮し、一つのアキエスを十個に分け、その一つ一つを独立した部隊としました。これはマニプルス（中隊）と呼ばれるもので、ここに世にいう中隊戦術が誕生したのです。この戦術は山岳

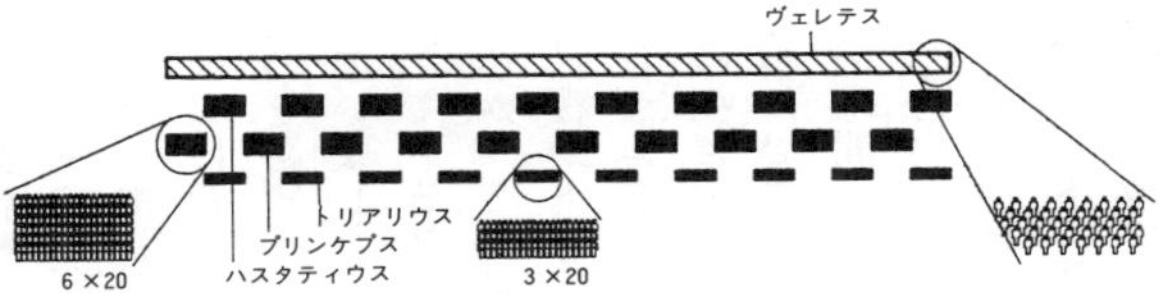

図1　マニプルス隊形（4,200名＝1レギオ）

地帯での戦闘が多かったサムニテス戦争（紀元前三四三年～）の時に考え出されたもので、機動性と戦場における自由度を増すためのものです（図1）。

この当時の基本的な隊形は重装歩兵を前後二列に並べるもので、ローマ軍もこれにならってごく初期には長槍を持った兵士を二列に並べました。しかし、マニプルスの登場によって三列となり、武器は全員が長槍（ハスタ）を持っていました。そのため彼らは、ハスタティウスと呼ばれるようになります。

マニプルス戦術の利点とは、それまで一丸となっていたアキエスがどこか一カ所破れるとすべてが崩れてしまう欠点を、どこかが破れてもそれは一つのマニプルスが崩れただけで、全体に影響が及ばないものとしたことです。ですから、一つのマニプルスが崩れても後ろに控えたほかのマニプルスが埋めるといった臨機応変な処置をとることができたのです。そのため個々のマニプルスの間には少なからずの隙間がありました。

このマニプルスが持っていた武器は後にエトルスキやサムニウムとの戦いの影響からピルムへと変換されていきます。これは、ハスタが機動性にとんだ武器ではなかったことからも変換の理由があったと考えられます。そして、その結果、年の若い順に、前後三列に並ぶ隊形が生み出されました。この戦列は一列目が一番若く、前列ということから前列兵、つまりプリンケプスと呼ばれます。二列目には次に若い兵士で、それまでの長槍を持ったハスタティウスが並びました。三列目にはもっとも古参の兵士が並ぶことになりました。彼らは三列兵、つまりトリアリウスと呼ばれていました。しかし、ピルムの数の問題から実際はこうしたきまりを守らずに、経験を積んでいる兵士が前に出され、ハスタティウスが一列目に並び、ピルムを持ちました。ところが、それは後々にまで受け継がれ、前列がハスタティウス、次がプリンケプス、そして最後がトリアリウスとなります。

各マニプルスの間には一個分のマニプルスが通れるほどの間隔を作りました。これは敵の戦列に前列の戦士が当たったとき、とびとびで敵の戦列を攻撃しその戦列を崩そうとしたわけです。そして、適当な頃合で引き下がり、後ろに控えた別の部隊が今度はマニプルスの隙間から入って戦闘をしかけます。すると今度は先ほど戦闘していない敵の戦列と当たるということを行いました。

この戦法は、確かにこれまでのローマの外敵であったサムニテスやラテン、エトルスキ、ケルトの蛮族などには通用しましたが、エペイロスの王ピュロスがヘレニズムの軍隊と共にやってくるとその戦術にはほとんど歯が立ちませんでした。そのため、戦術よりも数で優る軍隊という以前の路線が復活します。第二次ポエニ戦争（紀元前二一八〜紀元前二〇一年）が勃発すると、その緒戦において、ローマの戦術がいかなるものかが問われることになります。はたして数がものをいうのか戦術が重要なのか、ここでその一つの例を見てみましょう。

カンナエの戦い（図2）

ハンニバルはカンナエにおいてヴァロ率いるローマ軍と対戦し歴史に残る完全勝利を果たすわけですが、まずはその過程を述べる前に、両陣営の戦術プランを検討してみましょう。

ヴァロはカルタゴ軍の二倍もある自軍をカルタゴ軍に合わすため、マニプルスの厚みを二倍にし、その正面幅を縮めました。これはピルムによる攻撃力を半減させ、機動戦術に欠けることになり、先にも述べたようなアキエス戦術同様に融通のきかないものとなってしまいました。しかし、その分、白兵戦による戦闘力の強化というメリットはありました。

一方ハンニバルは斜線陣をとることに決めていました。この戦術はかつてスパルタ軍を破ったテーバイの戦術であり、アレクサンドロスもガウガメラで用いペルシア軍を破っています。彼は重厚な正面を力押しでは破れないことを見抜いていたのでしょう。そこで、両翼包囲を成功させるため、中央には薄い隊列を組み、敵に叩かれても抵抗せずに退き、両翼での戦闘にかけました。

①ローマはセオリー通り三列の陣をとった重装歩兵の前にスカーミッシュを行う軽装歩兵を配置し、両翼に騎兵部隊を置きました。右翼の騎兵隊を指揮したのはパウルス、左翼はヴァロでした。

ハンニバルは中央に三日月形に戦列を組んだイベリア人とケルト人を置き、その両端にリビアの重装兵を配置しました。右翼はケルトの騎兵、左翼はヌミディア騎兵を配置（この逆という説もあります）しました。軽装歩兵による戦闘を退け、ローマの重装歩兵の攻撃がはじまると、カルタゴ軍の両翼の騎兵も攻撃を仕掛けはじめました。

②まず、左翼のローマ騎兵は敗れ後退した。三日月形の戦列も、敵の攻撃に応じて徐々に後退し、ローマの重装歩兵を中央に誘い込み出します。左翼のカルタゴ騎兵は敵を追撃せずに、右翼の騎兵を後ろから挟撃しようとします。

③ローマの右翼騎兵部隊も退却を始めると、両翼にいたリビアの重装歩兵がローマの重装歩兵の両側面を包囲し、左翼騎兵隊が後方から迫ります。こうして全周包囲に陥ったローマ軍は、混乱のままに壊滅し、五万名に及ぶ死者をだして、戦いを終えました。カルタゴ軍の被害はわずか五千名でした。

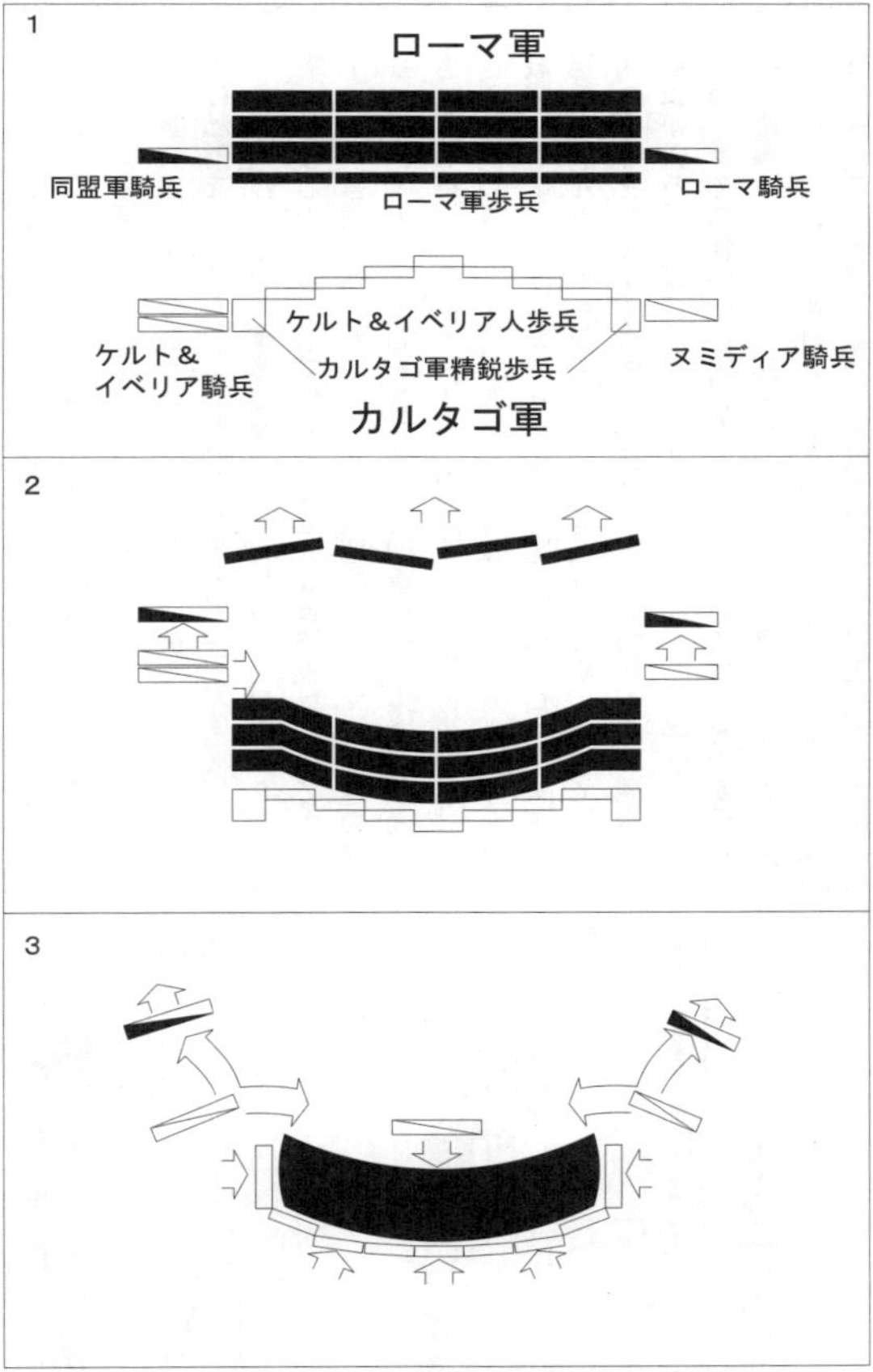
1
ローマ軍
同盟軍騎兵
ローマ軍歩兵
ローマ騎兵
ケルト＆イベリア人歩兵
ケルト＆
イベリア騎兵
カルタゴ軍精鋭歩兵
ヌミディア騎兵
カルタゴ軍
2
3

図2　カンナエの戦い

ローマ時代の交通

「すべての道はローマに通じる」ということからも有名なように、ローマにおける道作りはその軍隊をうまく機能させるために重要なこととして、ローマ国家ではなく、それに仕える軍人達によって競って作られました。彼らはそうしたものに私財をつぎ込むことを名誉と考えていたのです。

後に道作りは公共事業になって、入札方式で業者（？）が専念しました。こうして作られた壮大な道路網は今日でもヨーロッパ各地に残されています。典型的なローマの街道の作りは三メートル幅で石を敷き詰めた四重構造の車道と、両わきにそれに沿って続く一～一・五メートル幅の歩道からなり、さらに両わきの七メートル近くは牧草を生えさせた、平らな状態にしてありました。そして、一定の間隔でローマまでの距離を刻んだマイルストンが立ち並んでいます。そして、市内の通りといえば、大体四～五メートルの幅をもち、馬車の車輪が入る溝が掘ってあります。

ローマの道作りの技術はかなり優れたもので、その測定技術の優秀なことは多く知られたことです。そうしたものは彼らが作った走行距離計からもうかがうことができます。それは、車輪の回転数によって距離を計るように工夫された極めて優れたものだったのです。

三 ⚜ スキピオの戦術

ローマはその緒戦において、カルタゴに多大なる損害を与えられたのです。しかしこれは正しくはハンニバルによってなされた惨敗といっても過言ではありません。カンナエの戦いの後、ローマ軍は独裁官ファビウスの方針によって敵の後方を断つゲリラ戦を展開します。ハンニバルは、充分な補給を本国から受け取ることができず、ついにローマから去り、本国に帰還しました。ここでローマは一人の英雄を得ることになります。それはプブリウス・コルネリウス・スキピオです。彼はそれまでのマニプルス戦術を流用し、各々の部隊の独立性を活かした機動戦を考案しました。それは、陣形のなかにもう一つの別動隊をもうけ、それを遊撃隊のように切り放して敵の背面に回らせるというものです。この戦術はカルタゴ本国におけるザマの戦いでその戦果を得ることができ、その後のローマとマケドニアの戦争においても用いられ、これを破ることができたのです。

ザマの戦い（図3）

スキピオ率いるローマ軍は歩兵二万三千と騎兵千五百、そしてヌミディアのマッシニッサ率いる六千の歩兵と四千六百もの騎兵からなり、対するハンニバル率いるカルタゴ軍は四万の歩兵と騎兵千、そして八十頭の戦象を率い、数ではローマ軍よりも優っていまし

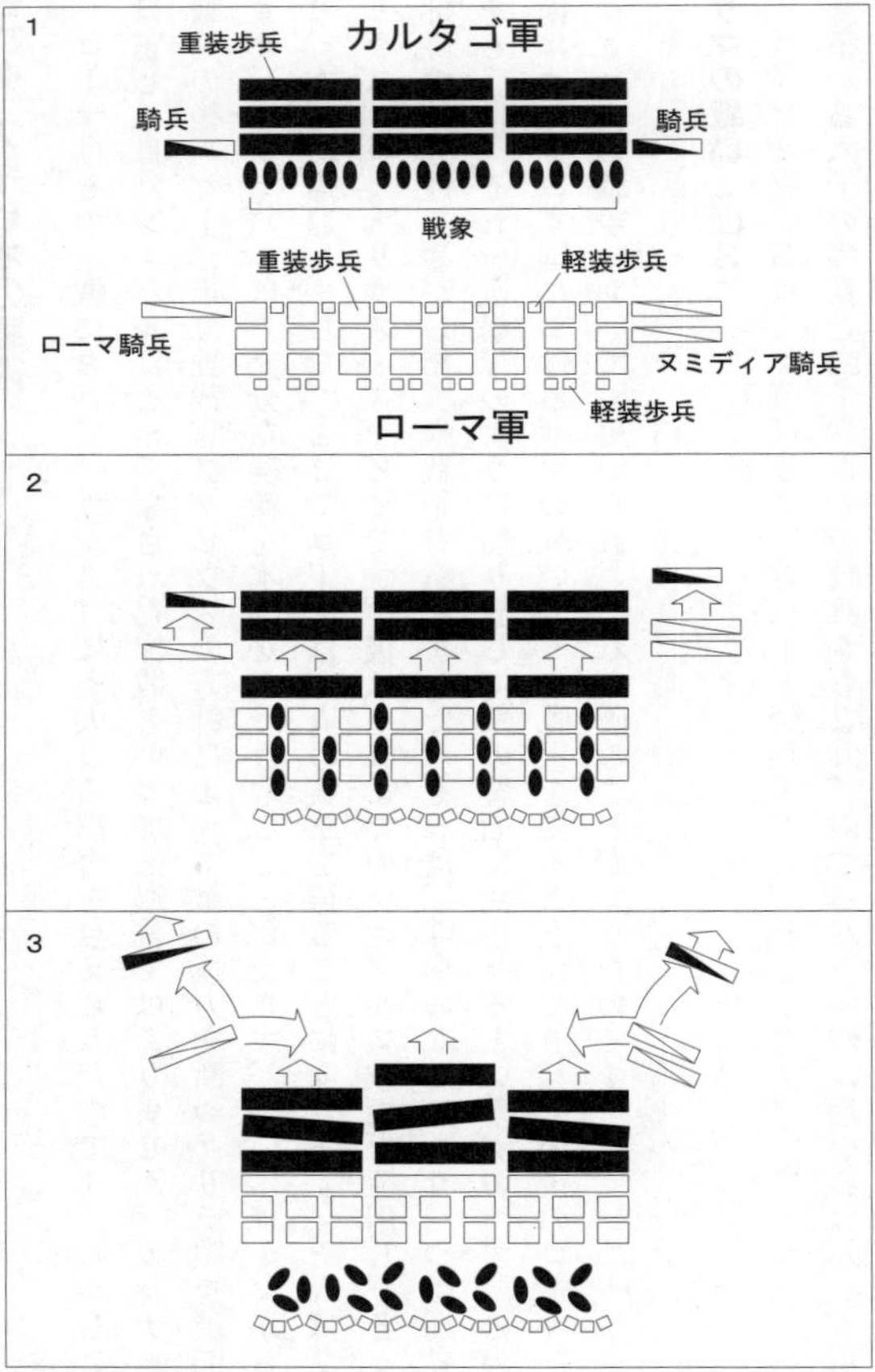

図3　ザマの戦い

た。

①ローマ軍は、やはりセオリーに従った三列の戦列を配置し、両翼に騎兵、そして後方に軽装兵を配置しました。面白い点は後方に軽装兵を配置した点とマニプルス特有の市松模様の隊形は組まずに、各マニプルスの間に前から後ろまで通じる通路を作った点です。実はこれは、突撃してきた戦象をやり過ごすためのものでした（この通路には、軽装兵で蓋をしたとも言われています）。

カルタゴ軍は四列からなる戦列を組みました。先頭は戦象、二列目は傭兵隊、三列目はカルタゴ人部隊、そして四列目には精鋭部隊を置いたのです。

まず両翼の騎兵隊が戦端を開き、戦象は突撃しますが重装歩兵達はこれを相手にせずに、部隊の隙間から戦象隊を通して、後ろに控えた軽装兵に相手をさせました。戦象は密集した部隊に攻撃して初めて効果を得るのですが、軽装歩兵にはまったく無力でした。

②ローマの騎兵達はカルタゴの騎兵を破り追撃を行います。そして重装歩兵もまたカルタゴ軍の戦列を崩し始めました。

③重装兵のぶつかり合いではお互い一歩も退かない戦闘を繰り広げたのですが、追撃にいったローマ軍の騎兵が戻ってくると勝敗は決まってしまいました。こうして、ハンニバルは敗れ去ったのです。

このザマの戦いの結果、カルタゴ軍はその半数近くである二万の兵士を失い、ローマ軍は千五百〜二千五百を失い、マッシニッサのヌミディア軍もそれと同様の損害ですみました。

四 ⚜ コホルト戦術

マリウスは軍制の改革とともに、戦術にも改革を行いました。これは、それまでのマニプルスを三つ合わせ、それをコホルト（大隊）と呼んだのです。三十個のマニプルスからなったレギオン（レギオ：軍団）は十個のコホルトからなる軍団に変わりました。この戦術の最小単位の変化は大部隊で突進してくるゲルマンの戦法に対抗するためのものであり、さまざまな規模の分遣隊、別働隊を選出するのが容易になり、機動戦を得意とした戦術の発展ともなります。

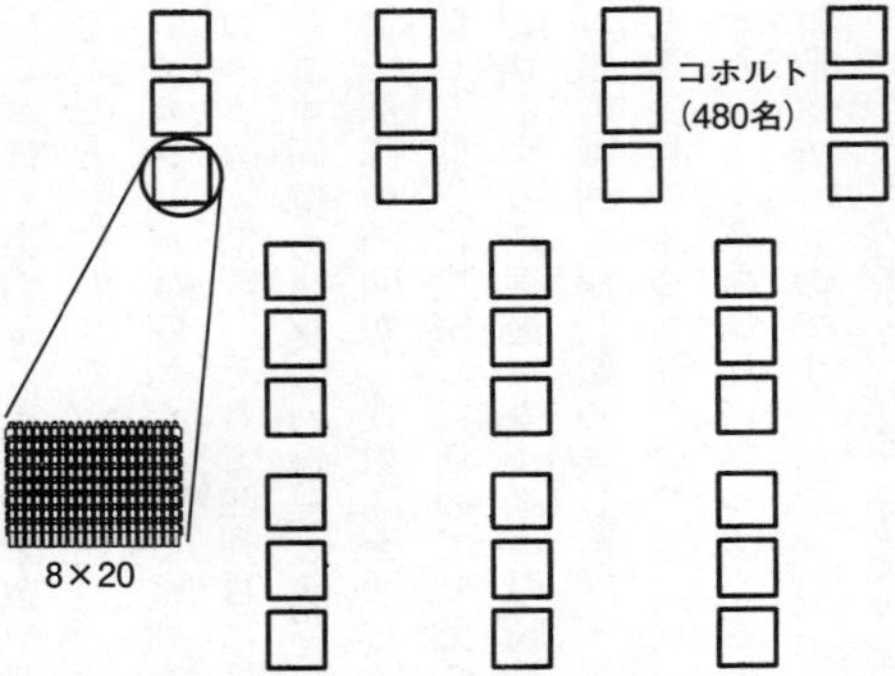

図4　カエサル時代のコホルト隊形（4,800名＝1レギオ）

このコホルト戦術は、その後も使用され、カエサルをへて帝政時代の基本戦術となりました。帝政時代には共和政時代から引き継いだコホルト戦術をそのままに発展し各々の場面に合わせた戦い方が見られるようになります。

ダークエイジの戦術

時代的な区切りをつけずに見ることができる戦術の中に、隊形を作るという考え方があります。本書ではギリシア時代における密集隊形やローマにおけるマニプルス隊形など、その時代独得の戦術を紹介してきましたが、そうした枠の中からはみでてしまっている戦術をここで述べたいと思います。ダークエイジにおいてはそうした、過去からの戦術を受け継ぎ、戦場においてよく用いられています。たとえばフランク人が好んで使用したといわれるくさび形隊形は、ローマ時代においてガリア人やゲルマン人の得意の戦術でもあり、ローマ人がコホルト戦術を生み出した要因として、この隊形に対抗するためであったことが述べられます。ではここで有名な二つの隊形を紹介しましょう。

⚜ くさび形隊形（Wedge）

まず一人の人間が立ち、その後ろに二人、その後ろは三人と徐々に人数を増やして並ぶ隊形で、ちょうど、三角形のような形になって組む隊列をくさび形隊形といいます。歩兵だけに限らず、騎兵もこの隊形をとることがあります。

タキトゥスの『ゲルマニア』には彼らのとるくさび形隊形の構成は家族とその類縁からなる百名の戦士であったと述べられています。ただし、その集まりの構成員が必ずしも百名であったとは限らず、百名前後であって、ときには百二十～百三十名からなることや、五十～六十名であることもありました。騎兵の隊形も同じような隊列によってなります。また、騎兵について述べればドイツ騎士団もこの隊形を用いたことは有名で、彼らはくさび形の隊列の後ろに同じ幅の隊形をくさび形の幅のぶん追加しています。

二 ⚜ スカーミッシュ隊形（Skirmishers）

本書では多く使われている隊形で、よく散兵戦隊形といわれています。この隊形は各兵士が間を空けて前列が射撃したら後ろにいる兵士が入れ代わって射撃し、射撃した者は後ろに下がって再装塡し、射撃するということを繰り返すための隊形です。そのため、投てき武器を装備した部隊でなければとることができません。投げ槍、弓などを装備し、それ以外に白兵戦用の剣などを携帯するのがごく一般的です。ただし、彼らが白兵戦を行う場合は限られていて、それは、投てきによって相手が無力化した時だけです。当然、弓兵、スリ部隊の種類によってはスカーミッシュを専門に行う兵種があります。

ンガー、ペルタスタイ、ジャベラー（投げ槍兵）、騎馬弓兵などはその部類で、時にはランスを持たない重騎兵などが行うこともあります。各兵種をある一定の価値数値で評価するとすれば、スカーミッシュを行う部隊は低コストの部隊となり、質が高いとはいえません。スカーミッシュはどんな軍隊にでも、必要不可欠な部隊であったことは確かですが、すべてがスカーミッシュであるとしたらそれは問題です。どんな軍隊にでも中核となるものがいるのが至極当然で、彼らの仕事はそれを防護することなのです。

三 ⚜ そのほかの隊形

以上で示した代表的な隊形以外にもさまざまな隊形があります。ただ、それはあまり一般的なものではなく、ごく限られた国の部隊がとることのできた隊形です。輪形隊形（Orb）、ひし形隊形（Rhomboid）、亀甲隊形（Testudo）などがそれにあたります。

輪形隊形とは全周防御隊形で、よく西部劇に見られるネイティブ・アメリカンに襲われた幌馬車隊を思い浮かべることができます。スコットランドではシルトロン（Schiltron）とも呼ばれています。ひし形隊形はトラキア騎兵独得の隊形で時代的にはギリシア時代のものとして知られていますが、亀甲隊形はローマ特有のものですが、ビザンティン帝国の兵士も使うことができ、彼らはフォイコン（Fouikon）といいました。カール大帝の軍隊もザクセン人との戦争（七七二～八〇四年）で、要害堅固な町の城壁や歩塁を攻撃する時に亀甲隊形をとったといわれています。また、この亀甲隊形と似たものにマルマディロと呼ばれる盾を頭上に構えて上方からの攻撃をかわす変形バージョンがあります。

（二）フランク王国の戦術

メロヴィング朝（四八一～七五一）時代における軍隊は歩兵を主体とした部隊編制で、剣と盾と斧（フランキスカ）、投げ槍（アンゴ）で戦う戦士の集まりです。明確な戦術はなく、歩兵同士の白兵戦による乱戦によって相手を倒すことが主で、戦闘が遅延することを嫌いました。こうした軍隊の戦術は、くさび形隊形をとって突撃する正面攻撃で、そのとき彼らはフランキスカを投げつけます。このフランキスカは有効射程が大体十二メートルで、戦士の項目でも述べたように、それを投げたと同時に相手に接近し、白兵戦を挑みました。

カール・マルテル（七一四～七四一年）の時代にはアラブ軍の侵入がいく度となく行われました。中でもトゥール・ポワティエの戦い（七三二年）においての勝利は有名です。この時、彼らがとった戦術はベハのイシドールの『年代記』によれば、盾を構えてシールド・ウォールを作り、突撃するアラブ騎兵に対抗したと思われます。つまり、騎兵戦力を持たなかった彼らは密集隊形をとって戦ったわけです。このような、騎兵の不足はのちに改善される方向へと進みます。

カロリング朝（七五一～八一四）の時代には、それまで主力であった歩兵軍隊から、騎兵軍隊の導入がなされ、各部隊の騎兵の比率は二十五パーセントを有するまでに至っています。しかし、この時代における資料は少なく、カール大帝の時代にはいく度となく行われた戦闘の記録がまったく残っていないのが現状です。しかし、この時代から重装した騎兵が登場し始め、確たる地位を築いていったことは、中世の戦術で記される通りです。

(二) ヴァイキングの戦術

彼らの戦術としてもっとも知られているのが小さな丘の上にあがり、密集隊形を組んでシールド・ウォールを作ることです。この隊形は、防御を重視したもので、彼らがとってきた行動からすれば意外なものであることが感じられますが、敵地に赴くことの多い彼らは自分達よりも人数が多い敵に対してもっとも良い方法として、高い場所からの攻撃が優勢権を握るものと感じ、戦術として用いたのです。

また、そうした地形のない平地における戦闘では有名なスティクレスタの戦い（一〇三〇年）でとられた戦術をあげることができます。まず両軍が撃てる限りの弓を使って一斉に射撃を行います。これは空が掻き曇るほどの射撃で、それが終わると今度は槍を投げながら近づき、最後は剣と斧による白兵戦を行うといった感じで、やはり厳密な計画にのっとった戦術は用いませんでした。

（三）ノルマンの戦術

重装騎兵による波状突撃を主体とした戦術で有名な彼らは戦場において、常にそうした突撃を行いました。有名なものとしてヘースティングスの戦いがあり、これはシールド・ウォールを作ったアングロ＝サクソン軍とノルマン軍との戦いでもあります。

ヘースティングスの戦い（一〇六六年十月十四日）

エドワード懺悔王の亡き後、イングランド国王の座につくために征服王ノルマンディー侯ウィリアムと、エドワードから王国を託されたウエセックス伯爵ゴッドウィンの息子ハロルドは、ヘースティングスにおいてロンドンを目指

図1　ヴァイキングの戦術

して進軍するウィリアムの前に立ち塞がったのです。ハロルドは小川を挟んだ小高い丘の上に陣を構え、シールド・ウォールを築いてノルマン軍を待ち構えました。

ノルマン軍はそれに対し、弓による一斉射撃を行い、歩兵による攻撃を行いますが、あまりうまく行かず、いく度となく重騎兵の突撃によって敵の戦列を崩そうとしましたが失敗します。そこで、空高く矢を放ち、落ちてくる矢から身をかばうために楯を上にあげたところに合わせて攻撃を仕掛け、ついにサクソン軍を破りました。

(四) ビザンティンの戦術

六〜七世紀のビザンティンの戦術は本質的には騎兵を使った戦法を基本にしたものですが、歩兵部隊もまた防御面において重要な役割をもっていました。基本に沿った彼らの戦術は全軍一丸となった戦列を築いて戦うことでした。その戦列は二つないし三つの隊列をもっていました。二列目は主に両翼の防備に備え、三列目は後方からの攻撃に備えました。東方における騎馬民族国家の戦術は撤退するように見せかけて隊列を崩した所に反転していっきに強襲する戦法をよくとりましたが、ビザンティンはローマ譲りの重装歩兵と防御工作物による防御陣をしき、敵に攻撃されたところでなんとか持ちこたえ、相手が退却するところへ重装騎兵の突撃を行わせました。戦陣の横幅は大体四百メートル以内に納められ、二列の隊列を持っています。

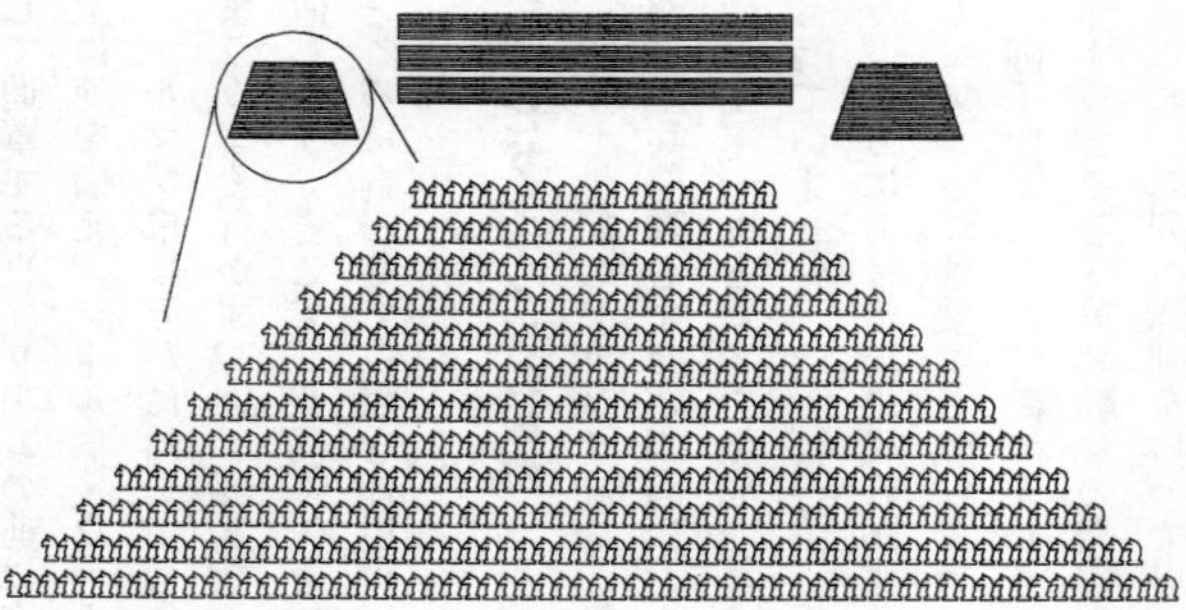

図2　重装騎兵によるくさび形隊形

七世紀末～八世紀にかけて、隊列の増加が行われます。二列に始まった隊列はこの時代には八列にも及ぶようになりました。九世紀になると、クリバナリウスとカタプラクタイのような重装騎兵によるくさび形隊形をとって突撃するようになります。この時、一列目は二十騎からなる隊列に始まって二列目は二十四騎、三列目は二十八騎といった具合に各列四騎の騎兵を追加して、一番後尾の戦列は六十四騎からなる十二列で五百四騎（旗や指揮官などを含め）の騎兵部隊になります（図2）。ビザンティンはこれを二部隊持っていました。

さて、それ以降の時代にはビザンティンの戦術は、いちじるしい国力の衰退によってそれまでの兵力を維持することができず、十字軍の時代を迎えます。

十字軍時代の戦術

一 十字軍の戦術

十字軍は中世封建社会における代表すべき国家の集合体で、各国王侯貴族がその指揮にあたり、国家的な利害の中でまとまりのない作戦を展開するのが常でした。これは、一つの理想を求めたのではなく、国家的な利害が優先してしまったためでした。こうしたことは、当時の戦術に大きく反映し、愚策、珍事が相次ぐ結果となりました。

この当時のヨーロッパの騎兵はイスラムの騎兵と比べると、充分に重装していたと考えられます。ですから、彼らのチャージ戦闘が成功すれば敵を撃退することは可能でしたが、そうした機会にはあまり恵まれることがありませんでした。それは、攻城戦を行うことがメインになっていたこと、さらに、戦術は指揮官となる王や貴族の統率力と戦術に対する機転がものをいう時代だったからです。

砂漠に近い荒野で戦闘するこの時代、戦陣を作る上でもっとも重要であったのが水源を囲んで布陣することで、これは野営する際にも重要なこととなります。それまでの暗黒時代にあった地形的な利点を考慮することよりも、水を重要とした布陣が大切なことだったのです。水なしには戦うことができないということが重要であったということは一一八七年七月四日に起こったヒッティーンの戦いで実証されていますが、これはその原則を利用したサラディンの勝利でもあります。また、この戦いは軍の指揮者が無能であるといかに悲惨であるかを物語っています。

イスラム軍の使う弓の射程は長く、五倍近い射程を持っていたため、それに対して多くの矢を携帯することで対抗しました。イスラムの弓兵は五～十五本の矢を携帯（矢筒は三十本用でしたけど）している程度でしたが、十字軍の戦士は四十本の矢を通常に装備し、多い者は複数の矢筒を持って六十を超える矢を携帯していたのです。

行軍においてはイスラム軍の奇襲戦術に対応すべく行列中央に警護部隊を置きました。これはいざ奇襲を受けた際に中央から左右に展開し、巡礼者を中央に包み込むように陣形を作ります。この時、部隊は梯団隊形をとって迎え撃ちました。これは一一九一年のアルスーフの戦いによる教訓が生かされたようです。

二 ⚜ イスラムの戦術

彼らの使う弓は射程が長く十字軍の弓が三十メートル前後だったのに対して百五十メートル近く飛ばすことができました。イスラム軍の戦術は、まず弓兵による射撃から始まって敵の混乱したところを見計らって突入し、白兵戦を行うことを得意としました。たとえばティルスの攻城戦（一一一一年）においては一日に二万本の矢を射ったといわれ、「空から雨が降るように……」とまでいわれました。こうした戦法はアルスーフでとった戦術にも代表することができます。

ヒッティーンの戦いにおいては乾いた草に火を放ち、乾ききった十字軍の戦士達を混乱させて、煙に紛れて突入し、これを全滅させるという戦法をとっています。一貫していえることは、彼らは常に先手をとって攻撃し、相手を混乱させて叩くといった方法を多く用いたようです。しかし、時には充分に統率された軍隊の前に手痛い打撃を受けることもありました。その中で、もっとも有名なのが、第三回十字軍におけるアルスーフの戦いでしょう。十字軍側にはあのリチャード獅子心王がいたのです。彼の優れた采配はイスラム軍の奇襲戦術に動じることなく対処し、これを撃退しています。

(一) ヒッティーンの戦い（一一八七年七月四日）

ガラリヤ湖に面する町ティベリアスの西方ヒッティーン（Hittin, Hattin：正しくは Horun of Hattin）で行われたこの戦いは、イスラム軍正規兵一万二千と補助軍二万（資料によっては六万ともいわれている）と、イェルサレム国王ギー率いる騎士千、傭兵重装騎兵千二百、軽装騎兵四千、傭兵隊七千、正規歩兵二万五千からなる軍隊との戦闘で、歴史的にはその大敗北で知られていますが、この戦いにおける勝利は十字軍がもたらしたものであり、サラディンの奇襲戦術の成果を示すものでしかありません。

一一八三年九月十七日、サラディンはパレスティナ侵攻のため大軍を率いてダマスカスを発ちました。翌月二十九日にはヨルダンを横切り、その南に位置するガラリヤ湖を目指して進軍し、イェルサレム王国との戦端を開きました。最終的にガラリヤ湖まで進撃した彼は一一八七年七月一日、レイモンド伯爵のティベリアス城塞を攻撃しました。そして、十字軍側の援軍に対応すべく軍を二つに分け一方をティベリアス攻囲に当て、もう一方を率いて援軍を迎え撃つべくヒッティーンに向かいました。

十字軍にはハッティーンと呼ばれたこの地帯における戦闘は、イスラムからはヒッティーンの戦いと呼ばれ、サラディンの輝かしい栄光の序幕を開ける戦いとなります。彼はまず、部隊の中から弓兵を主体とした小部隊をヒッティーン近くの街道沿いにスカーミッシュ隊形で待機させ、ギー率いるイェルサレム軍を攻撃し、その進軍の妨害をします。十字軍の騎士達は、この攻撃によって馬から降り、徒歩で進軍することを余儀なくされました。炎天下を徒歩で進軍した彼らは、「ハッティーンの角」と呼ばれた丘の上で野営を行うことにしました。サラディンはこの時「これで戦争は終わった。奴らは死んだも同然だ！　王国がこれで終焉を迎える」と語ったといわれています。

翌朝、丘はイスラム軍によって包囲され、サラディンのいった通り彼らの運命は風前の灯火でした。彼はまず、この辺り一帯に散らばる枯草を集め、それに火を放ち彼らをその熱と煙で混乱させました。そして、そこへ騎兵隊を突入させ、勝ち負けをいともたやすく決めてしまいました。この戦いによる十字軍の被害は三万名が捕らわれて処刑され、テンプル騎士と聖ヨハネ騎士の総計二百六十名も処刑、そして、テンプル騎士団の総長であり、この作戦の提案者でもあったルノー・ド・シャティヨンはサラディン自らの手によって処刑されました。ところが、国王ギーは処刑されず、その現場を見せられた上でサラディンに手厚く歓待され「王は殺しません」の一言の元にイェルサレムに返されました。この敗戦の結果、「真実の十字架」は奪われ、王国の防備を失ったイェルサレムは十月二日に難なく開城してしまいます。

（二）アルスーフの戦い（一一九一年九月七日）

アルスーフの戦いは第三回十字軍の時代に行われた戦いです。行軍中の十字軍に対し、イスラム軍はいつものように弓兵によって奇襲を行い、混乱を期に襲撃して、敵を叩こうとしたサラディンの戦法はその戦力比三対一の劣勢の条件下においても、リチャード一世のみごとな戦法によって退けられてしまいました。

一一九一年七月十二日のアッコン陥落後、イェルサレムに向けて進軍したリチャード獅子心王はサラディンの追撃を受け、猛暑の中を進軍していました。サラディンはアッコン

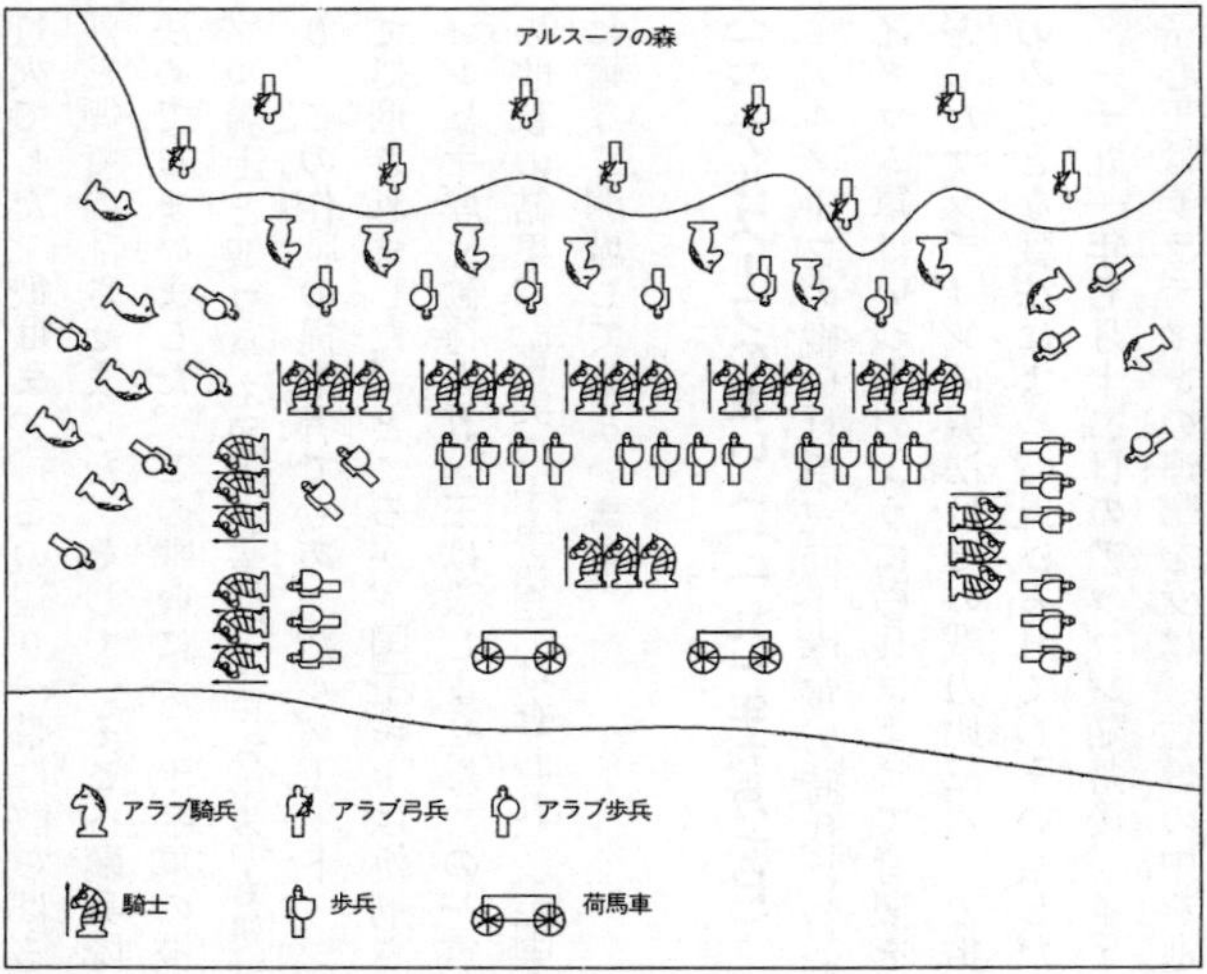

図1　アルスーフの戦い

の大虐殺の恨みをはらすべくこれを追撃しました。そして、九月七日、アルスーフの森近辺において決戦を行うべくサラディンは待ち構えました。彼はまずアルスーフの森に潜み、スカーミッシュ隊形をとった弓兵達を前面において、奇襲攻撃を行い混乱した所を叩くべく十字軍に弓による攻撃を行いました。リチャードはノルマン、ヨハネ、ブルゴーニュ、シャンパーニュ、ポワトゥー、アンジュー、テンプルそして自軍の騎士部隊からなる混成部隊を統制し、サラディンの狙いを察知して勝手な騎兵達の単独反撃を抑え、ただ防戦に努めました。この時彼らは補給物資を運搬する輸送隊を取り囲むように半円陣を組み、騎兵隊を十二個の部隊単位に分け、歩兵を前に出してシールド・ウォールのような隊形でこれを守らせました。

結局、業を煮やして左翼に対し騎兵突撃を行ったイスラム軍の攻撃も失敗し、怯んだ所を十字軍の騎兵隊の一大突撃が行われました。この突撃は「リンゴを投げても落ちないほど」といわれたぐらいに密集した騎兵隊の渦に巻き込まれるようにイスラム軍はなぎ倒されて、結局サラディンの撤退によって幕を閉じます。十字軍七百名の被害に対し、イスラム軍は七千名に及ぶ戦死者をだしました。

中世ヨーロッパの戦術

⚜重装騎兵の突撃

中世ヨーロッパにおける基本的戦術はたった一つです。すなわち、騎士を中心に構成された重装騎兵の集団による正面突撃です。これは、初期ほどはなはだしく、十四世紀には歩兵は補助的な役割しか果たしていませんでした。

中世ヨーロッパでは大規模な戦闘はめったに起こりません。クレッシー（一三四六年）やアギンコート（一四一五年）のような当時の大会戦でも、古代ギリシアやローマ、あるいは後世のナポレオン時代の戦いに比べたら、その規模も参加兵員数もごく少数だったといえます。したがって、戦術を選択する幅は限られたものでした。さらに、封建制度によって集められた軍では、その指揮官は、個人の能力より家柄、生まれなどによって決定されますから、往々にして無能な指揮官が戦いを指揮することがありました。また、指揮される軍隊の方も、正面から突っ込んでいって個人的な戦闘技術を見せるのが騎士道にかなっていると思い込んでいるのですから、始末におえないわけです。

ところで、（当時でいう）大規模な会戦の場合、全軍は「バトル（battle）」と呼ばれる集団に大きく分割されます。これは基本的には騎兵を中心として歩兵をそのサポートに含む混成部隊で、通常前衛（van）、本隊（main）、後衛（rear）の三隊に分かれます。しかし、この名前は単に名目だけのものであり、戦場における部隊配置とはまったく関係がありません。前衛といっても前に配置されるわけではないのです。なお、戦いによっては三隊ではなく、たとえば二隊に分けることもありました。バトルはさらに細かく分割されます。騎兵の場合は今でいう騎兵大隊（squadron）に分かれ、これが基本的な戦術単位となります。

さて、このような軍隊はどのように戦うのでしょうか。まず、最初に前記のような士気は高く装備も重装だが、訓練が悪く統制のとれない重装騎兵隊が突撃[*二]します。騎兵の突撃というと西部劇を見慣れた私たちは、武器を振りかざした兵士を乗せた馬が、集団で疾走していくシーンを思い浮かべますが、中世の重装騎兵の突撃はそれとはかなり異なったものでした。騎士は重い鎧をつけていますし、後期になると馬にもかなりの重量の鎧を着せるのですから、これも当然でしょう。一般に、当時の重装騎兵の突撃は速歩より速くはなかった、と考えられています。もっとも、遅い分だけ重装ですから、衝撃力という点では大差なかったのかもしれません。

彩り鮮やかな鎧に身を固めた重装騎兵が大挙して押し寄せてくるのですから、このような突撃を受ける側、特に歩兵から見たら恐ろしい光景といえます。したがって、練度の低い部隊だったら敵の重装騎兵隊が突撃するのを見ただけで逃げ腰となり、軽く戦闘しただけで敗走してしまうでしょう。もっとも、突撃する方も、これを目的として突撃するわけで、敵が簡単に敗走してくれないと今度は突撃した騎兵隊の方が危険になります。特に、敵部隊に突入した騎兵の数が少数で簡単に孤立させられるようだと、その危険は非常に重大なものとなるのです。いくら重装であるといっても、多数の優秀な歩兵に囲まれれば、ついには馬から引きずり降ろされ、殺[*二]されるか捕虜になってしまうのは避けられないのです。ですから、最初の突撃で敵が敗走しない場合には、敵陣の奥深くまで突入することはせず、再度の突撃を行うために後退することが多かったのです。さて、一度突撃を行ってしまうと、騎兵隊の隊形は完全に崩れ、また指揮系統も混乱します。したがって、再度の突撃を行うためには再集結して態勢を立て直さなければなりません。しかし、再集結を行っている騎兵というのは、敵騎兵の突撃を受けたらひとたまりもないため、彼らを援護する必要があります。これが歩兵の役割となるわけです。当時の歩兵は普通槍兵とクロスボウ兵から構成されていますが、槍兵が槍[*三]ぶすまを作って、その隙間からクロスボウ兵が射撃するというのが一般的な戦術でした。

　前記の戦術は十四世紀前半にはきわめて一般的な戦術であり、十五世紀の後半になってもヨーロッパ諸国の多くでは使われ続けます。しかし、十六世紀における重装歩兵の没落を予言するような戦術が、誕生します。それは、イングランドのロングボウ戦術と、スイスの長槍（pike 以後「パイク」と書きます）です。

二 ⚜ イングランドのロングボウ戦術

ロングボウはもともとウェールズの南部や、イングランドの一部で使われていた武器ですが、この武器の戦術的価値に目をつけたのは、イングランドのエドワード一世です。彼は、一二八二年に八百五十人のクロスボウ兵を雇いましたが、その後十年間の間にクロスボウ兵を七十名まで減らし、その代わりをロングボウ兵の充実にあてたのです。その結果、エドワード一世はウェールズ、スコットランドに対して多くの勝利をおさめることができたのです。

百年戦争を起こした張本人のエドワード三世もこの戦術を受け継ぎ、より発展させます。彼の基本戦術は、次のようなものです。騎兵は一部を除いて馬から降ろし、中央に配置して徒歩で戦わせます。ロングボウ兵は両翼に配置し、前進してくる敵に対して両翼から射撃を行います。一般に、イングランド軍は敵に比べて兵力が少ないことが多いのですが、この戦術をとれば、前進してくる間のロングボウによる射撃で敵は多大な損害を受けますから、イングランドの少数の騎士でも敵を支えることができるようになるわけです。そして、敵が退却を開始したら、虎の子の[*四]乗馬騎兵を出して敵の退路をふさいで、あるいは追撃すれば、大勝利をおさめることができるというわけです。

イングランドは百年戦争においてこの戦術を充分に活用し、数の優勢なフランス軍を破ってきました。ここで、そのうちのいくつかの戦いのようすを見てみることにしましょう。

（一）クレッシーの戦い

これは一三四六年に行われたエドワード三世のフランス侵攻における戦いです。イングランド軍はクレッシー村の北にある丘の上に、フランス軍はその西にある丘の上に部隊を展開しました。イングランド軍は全軍を三つに分けて、皇太子のエドワード[*五]とノーザンプトン伯の部隊を前面に配置し、エドワード三世自ら率いる部隊は後方に予備として配置しました。各部隊とも約千名の下馬した騎士および重装歩兵[*六]と二千から三千のロングボウ兵を割り当てましたが、エドワード三世の部隊は予備でもあるので、ほかの二隊よりは兵力が少なくなっています。全体的な配置としては、各部隊の騎士および重装歩兵の両翼にロングボウ兵を配置するという形にしました。また、ロングボウ兵に直接騎兵が突撃しないようにロングボウ兵の前面には数多くの穴を掘っておきました。

フランス軍の方はジェノヴァのクロスボウ兵を前面に出し、その後ろで突撃のための隊形を整えます。総兵力はイングランドが約一万、フランスが約三万五千でした。

戦いが始まってすぐ、ジェノヴァのクロスボウ兵はイングランドのロングボウ兵に射程

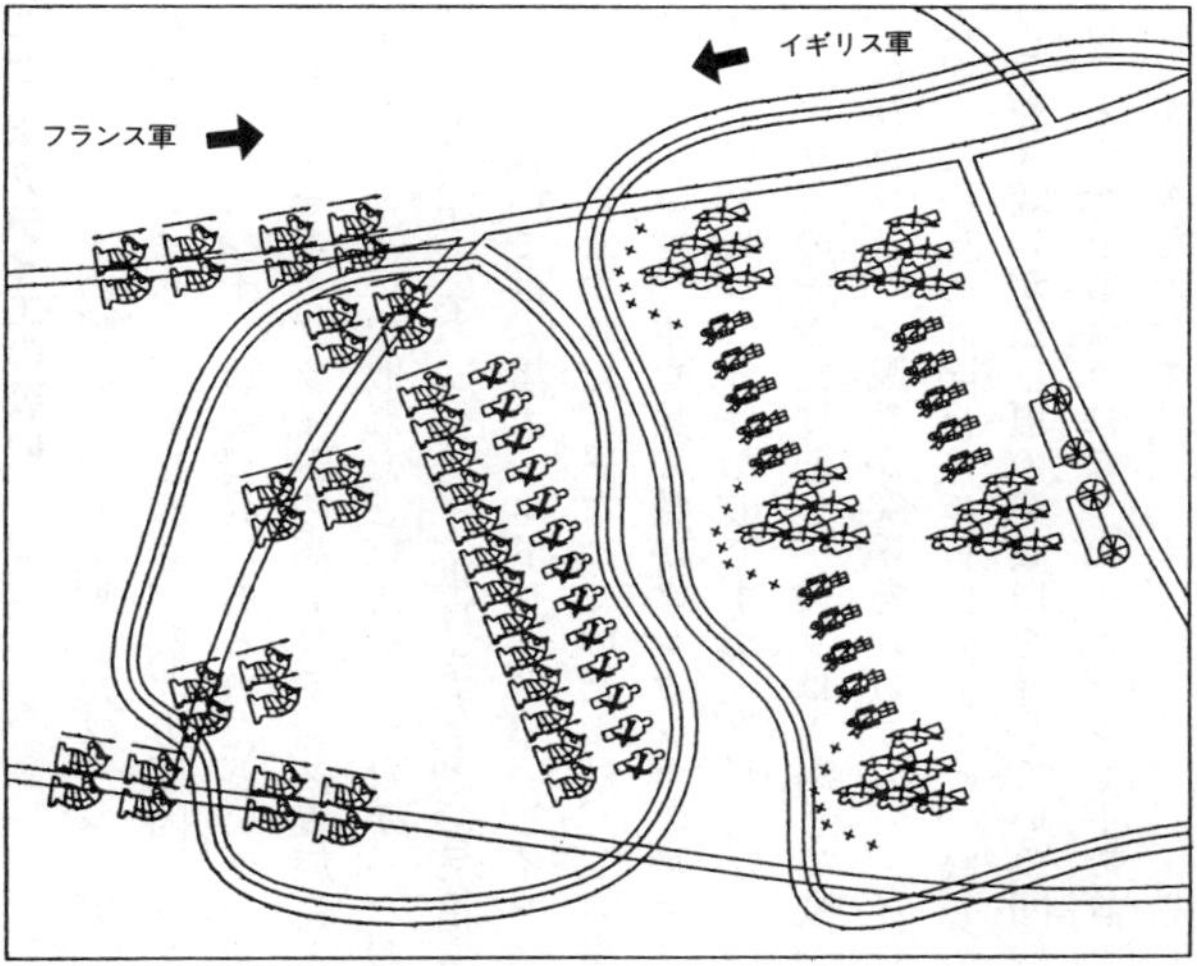

図1　クレッシーの戦い

外から射撃を受け、敗走してしまいます。そこで、フランス軍は得意の重装騎兵による突撃を開始します。しかし、イングランドのロングボウ兵は、騎兵の馬を集中的に狙い、フランス騎兵に多大な損害を与えました。むろん、中には矢をかいくぐってイングランド軍の戦列に到達する騎兵もありましたが、これらはイングランドの重装歩兵が始末しました。フランス軍は十五回の突撃を行い、全軍の三分の一という大損害を出したのですが、とうとうイングランド軍を破ることができませんでした。

(二) ポアティエの戦い

クレッシーの戦いで大敗を喫したフランス軍ですが、その原因については誤った解釈が行われていました。すなわち、敗北の原因はロングボウ兵でなく、下馬して闘ったイングランド軍の騎士、重装騎兵にあるのだというのです。この誤解の原因は理解できないこともありません。プライドの高いフランス貴族にとっては、とるにたらないイングランドの平民などのせいで敗れたとは思いたくなかったのでしょう。この結果、ポアティエの戦い(一三五六年)で、フランス軍はまたも大きな損害を出すことになります。

この戦いでは、黒太子エドワード率いるイングランド軍はクレッシーの時とほとんど同じ陣形をとりました。異なっていたのは、この軍はイングランドとガスコーニュの連合軍であり、ロングボウ兵の数がクレッシーの時より少なかったことです。また、フランス軍は、全軍を四つに分けたのですが、クレッシーの教訓(?)から、乗馬騎兵は先頭に配置した少兵力の一隊だけとし、残りは下馬して戦闘させました。

最初はフランス騎兵が突撃をかけました。イングランド軍は、低い丘に陣どっていましたが、この丘の周囲には生け垣があって、騎兵の通行を困難にしていました。そのため、フランス騎兵が生け垣の突破口を探している間に、適切な指揮のおかげで側面から矢を射ることができるようになったイングランドのロングボウ兵は敵騎兵に大きな損害を与えることができたのです。

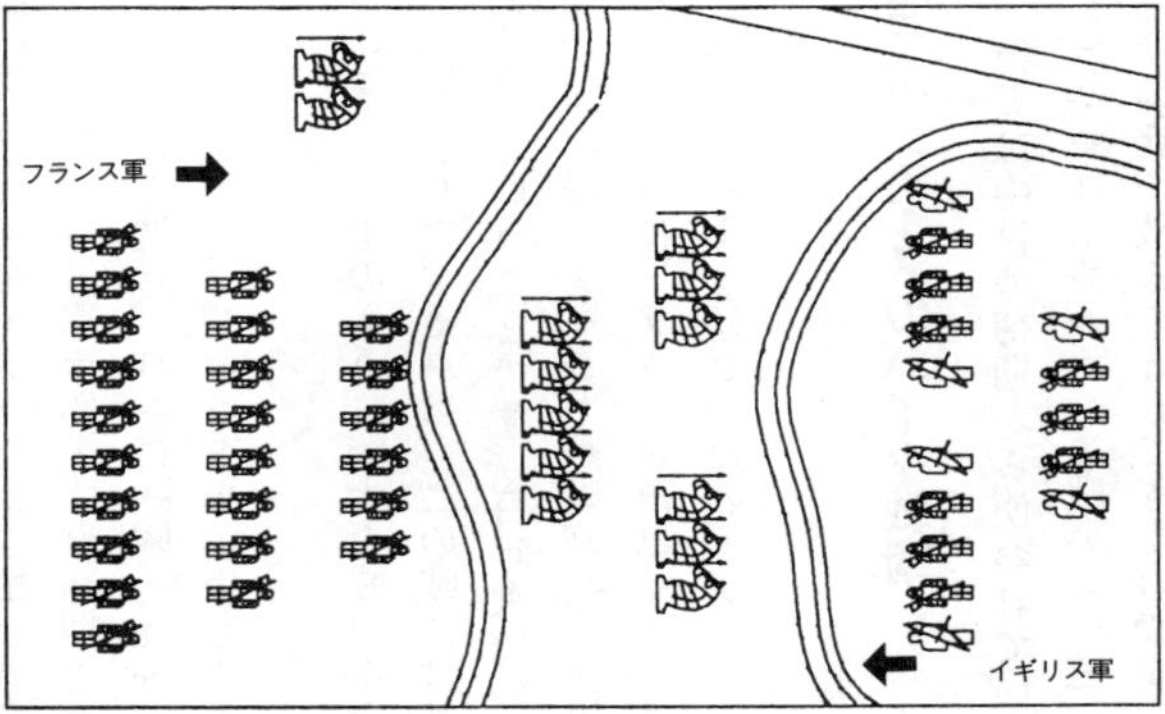

図2　ポアティエの戦い

さて、フランス軍の重装歩兵各部隊は、王太子、オルレアン公、ジャン王自身、が指揮していました。まず、一番前にいた王太子の部隊が前進を開始しました。この部隊は、ロングボウ兵の数が少なかったこともあって、比較的軽微な損害で、イギリス軍の戦列に到達しました。しかし、重い鎧をつけて徒歩で前進してきたため、疲労が激しく、イングランドの重装歩兵を破ることができずに後退してしまいます。ここで、フランス軍はなにを思ったのか、王太子を戦場から離脱させます。これは、フランス軍の士気をダウンさせることとはなはだしく、第二線にいたオルレアン公は勝手に退却してしまいます。このあたりにも、中世の軍隊の規律のなさが表れているといえるでしょう。

これを見て怒ったジャン王は第三線の部隊を率いて新たな突撃をかけました。この第三線の部隊だけでも全イングランド軍より多く、激しい白兵戦が再び始まりました。ここで黒太子エドワードの軍事的天才が発揮されることになります。彼は、騎兵の一隊をフランス軍の後方に派遣し、さらに一隊を使ってジャン王の歩兵部隊に対して突撃をかけさせたのです。この結果、ジャン王を始めとする有力な貴族が多数捕虜になってしまいました。

さて、以上のように絶大な威力を発揮したロングボウ戦術ですが、一つだけ大きな欠点がありました。それは、この戦術は基本的に防御戦術であって、敵に攻撃させないといけない、ということです。百年戦争の末期になるとフランス軍もこのことにようやく気づき、新兵器、すなわち野戦砲兵を登場させます。その結果フォーミニーの戦い（一四五〇年）のように、フランス軍はイングランドのロングボウ戦術に正面から勝利をおさめることができるようになったのです。

三 ⚜ スイスのパイク戦術

槍兵は中世の初期から使われていました。そして、バノックバーンの戦い（一三一四年）やモルトガルテンの戦い（一三一五年）のように地形が騎兵の行動に適さない戦場では、騎兵を破ることもできたのです。しかし、当時の槍兵は訓練の程度が低く、防御的な戦術しかとれませんでした。したがって、騎兵が自由に行動できる地形では、槍兵は騎兵の敵ではなかったのです。

しかし、スイスのパイク兵は異なっていました。その訓練は厳しく、規律は極めて厳格なものでした。そのため、スイスのパイク兵は軽快な機動が可能となり、攻撃的な作戦も可能となったのです。

スイス軍の基本的な戦術は、次のようなものです。まず、全軍を三隊に分けます。これは中世のそのほかの軍隊と同じですが、特徴的なのは斜線陣を組んで前進することです。つまり、一隊が先頭に立って前進すると、二番目の部隊は若干遅れて最初の部隊の斜め後ろの位置を前進します。そして、三番目の部隊は、先行する二部隊の戦闘の経過を観察してから、突撃を開始します。また、パイクの密集歩兵の前面には、飛び道具を持った軽装兵が展開するのが常でした。これによって、パイク隊が敵の射撃にさらされることを防ぎます。

(一) グランドソンの戦い

これはブルゴーニュ公国とスイスの間で一四七六年に行われた戦いです。図3を見れば分かるようにブルゴーニュ軍は古典的な両翼包囲戦法を試み、ある程度まで成功していました。しかし、スイスの残り二部隊が急速に接近してくるのをみた両翼の歩兵は、中央の

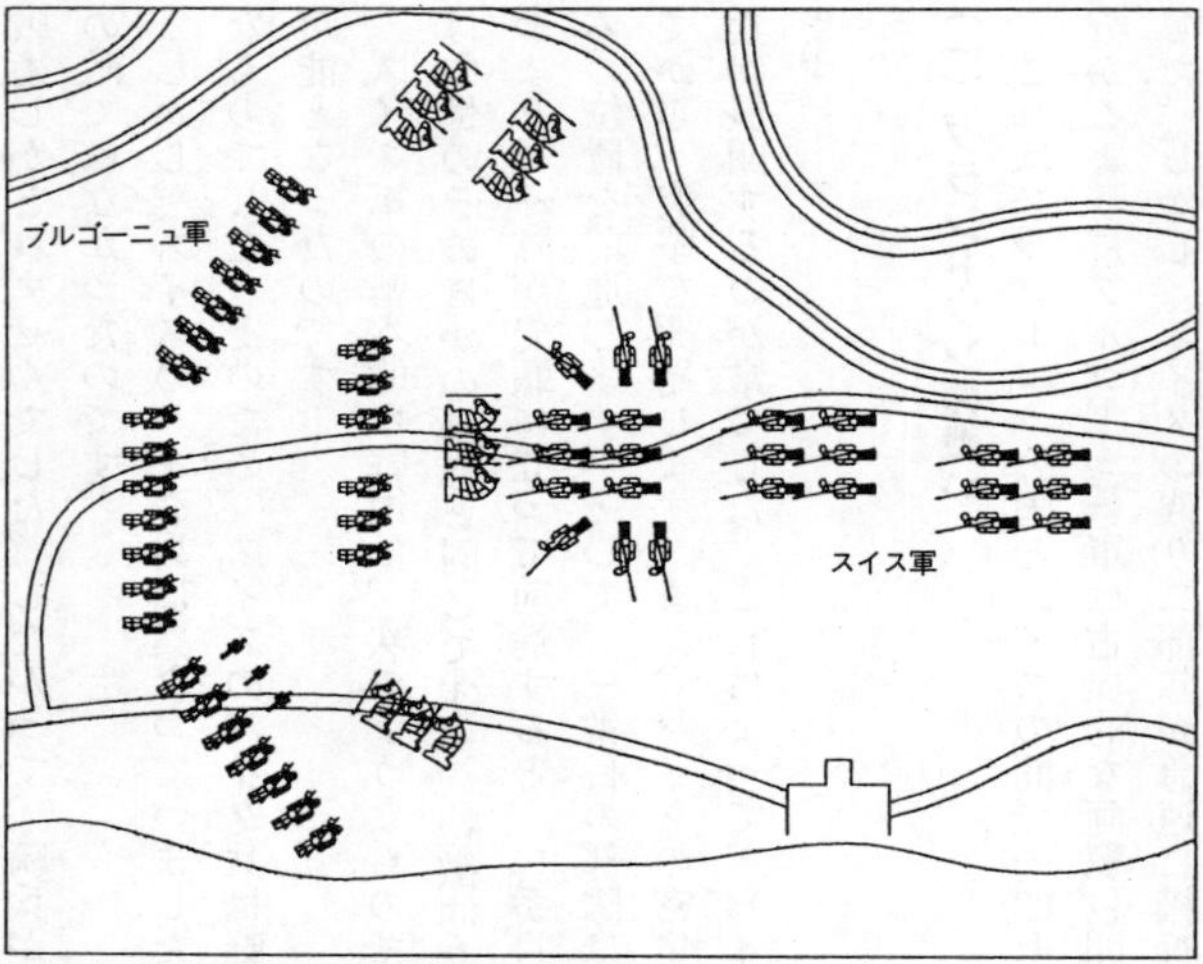

図3　グランドソンの戦い

部隊が戦術的に後退したのを退却と勘違いし、敗走してしまいます。ブルゴーニュ軍はシャルル勇猛公が近代化に熱心だったため、装備は非常に優秀だったのですが、なにぶん、傭兵の寄せ集め部隊だったため、このように無様な結果になってしまったのです。

＊一　突撃　ここでは「突撃」という言葉を英語の charge の意味で使っています。すなわち、敵に白兵戦をしかけるために敵部隊と接触することを目的として、通常の移動速度より速い速度で移動することです。

＊二　捕虜にすることの方が好まれました。捕虜にすれば、貴族の身分によっては莫大な身代金を取ることができますが、殺してしまっては一文の得にもならないからです。

＊三　槍ぶすま　槍兵が盾と槍で、壁を作ることをこう呼びます。

＊四　乗馬騎兵　変な言葉ですが、中世の騎士は（特に十五世紀になると）下馬して戦うことが多かったので、馬に乗っているということを強調したい場合はこのように書くことにします。

＊五　エドワード　いわゆる「黒太子エドワード」です。

＊六　重装歩兵　重装騎兵のすべてが「騎士（knight）」であったわけではありません。英語では騎士と、そのほかの重装兵を含めて men-at-arms といいますが、ここでは場合に応じて重装騎兵、重装歩兵を使い分けることにします。

中国の戦術

一 ⚜ 騎兵戦術と対騎兵戦術

いかなる時代においても中国の王朝にとって最大の脅威は国境地帯に勢力を持つ騎馬民族の騎兵です。強大な騎兵を持つ騎馬民族は、中国の王朝の勢力が弱い時にはしばしば侵攻を繰り返し、時には民族ごと移り住み中国風の国家を建設することもありました。騎馬民族が建国した王朝でさえ例外ではなく、北魏（鮮卑）の強敵は騎馬民族の柔然や突厥でした。前漢や唐といった大帝国は強大な騎兵を編制して騎馬民族に対抗しましたが、ほかにもさまざまな騎兵に対抗する戦術が編み出されました。

(一) 射陣と八陣

馬甲をつけた重装騎兵が晋、南北朝時代に登場するまでは、騎兵は移動しながら馬上から射撃することをおもな戦法とし、敵の陣形が乱れると突撃を行いました。しかし馬に装甲がないため馬を攻撃されると弱いという弱点を持っていました。これに着目して後漢時代には弩の密集射撃によって騎兵を制圧するという戦術が確立します。三国時代、蜀の諸

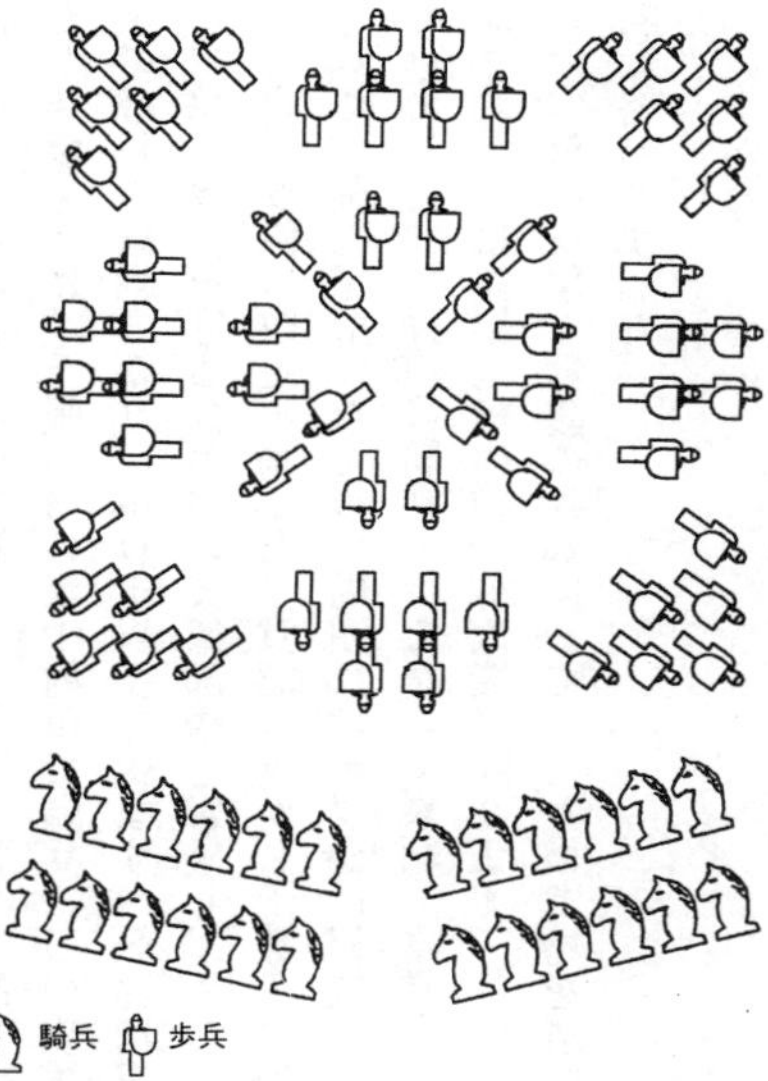

図1　諸葛亮の八陣

葛亮の八陣（はちじん）は騎兵に対抗するための布陣法で、車輌を障害物として使用し騎兵の突進を阻むというものです。諸葛亮は騎兵に対抗するために弩兵の養成に努め、三千人の連弩兵を中核として八千から一万以上の弩兵を保有しています。後に晋の馬隆は八陣を実戦に応用し羌（チベット系騎馬民族）を撃破しています。

戦例一　界橋の戦い　一九一年

後漢末、冀州の領有をめぐって袁紹と公孫瓚[*一]は抗争を続け、初平二年（一九一）に界橋（河北、威県東）の南二十里（約十キロメートル）の地点で、両軍はその主力をもって決戦を行いました。公孫瓚は歩兵三万で方陣を組み、両翼にそれぞれ五千の騎兵を配置しました。公孫瓚軍の主力は両翼の騎兵で白馬義従（はくばぎじゅう）がその中心です。白馬義従は白馬に乗った者が多い精鋭騎兵です。袁紹は部将の麴義[*二]を先鋒とし、この後方に歩兵数万をもって陣を結びました。麴義は兵八百を中央に、この両翼に千人の弩兵を配置しました。麴義は長く涼州（甘粛省）に住み、騎馬民族、羌との戦闘に熟練しており対騎兵戦術に長けていました。公孫瓚は麴義の兵が少ないのを見て、両翼の騎兵に攻撃させました。麴義の兵は盾を伏せて動かず、数十歩にまで騎兵が接近したところで、全軍が立ち上がり突撃をかけ、千張の弩の集中射撃で騎兵一万の攻撃を撃破し、騎兵を率いていた公孫瓚の部将の厳綱を斬り、甲首千以上を得ます。公孫瓚軍は全軍が敗走に移り、麴義はこれを追撃、界橋を守る公孫瓚の後衛部隊を撃破し、さらに軍営に攻め込んだため、軍営に残っていた部隊も敗走しました。袁紹は橋から十数里の地点にとどまって、公孫瓚軍の敗走を見て、備えを解いたため、周囲にはわずかに弩数十張、大戟を持つ戦士百名余りがいるだけでした。公孫瓚は騎兵二千を率いて袁紹の本営を急襲し、包囲して雨あられと弓射を加えたために袁紹は絶体絶命の危機に陥ります。しかし公孫瓚はここに袁紹がいるとは知らず、弩の反撃と麴義の兵が戻ってきたため戦場を離脱し、この戦いは最終的に袁紹の勝利に終わりました。

(二) 騎馬民族の戦術

騎馬民族の戦術がどのようなものであったかについて遼の騎兵戦術を例としてあげておきます。皇帝親征の場合には十五万以上、重臣の場合には十五万以下の兵力を動員し、馬が肥える秋の九月に出征し、十二月には帰還します。全軍の中から百名を探攔子軍として選抜し偵察活動を行わせます。進軍途中の堅固な城は無視して通り過ぎ、出撃して進路を阻もうとする城兵は包囲して矢を浴びせて威嚇し、城内に封じこめた上で前進を続けます。進軍途中の農村地帯では経済を破壊する活動を続けます。打穀草家丁(だこくそうかてい:食糧徴発兵)や衣甲持兵(いこうじへい:後方勤務兵)を動員して庭園や森林を伐採させ、老人や年少者をさらわせ、この老人や年少者を土木人夫や攻城時の先鋒部隊として使役します。敵がすでに陣を結んでいる場合には、兵力の大小を偵察した上で、敵の退却路、援軍の進路、補給路を切断します。しかる後、敵の四面に騎兵を配置し、五百～七百を一隊、十隊を一道、十道を一面に配置し、一隊ごとに敵に波状攻撃を加えます。敵陣に動きがなければ、強攻をせず、二、三日、敵の疲労するのを待ち、打穀草家丁が箒をつけた馬で砂ぼこりを敵陣へ向けて起こし敵を苦しめます。そして、敵が疲労困憊し、飢えたところを待って四面から攻撃を加えるのです。

敵と戦う時は、敵が接近するまでは馬に乗らないので、馬はそれだけ余力がありました。退却することを恥とは思わず、ばらばらに退却しても速やかに集結します。宿営する時には塹壕や柵を設けず、昼夜を問わず太鼓を三回鳴らすことが出発の合図です。食糧については、現地調達、自給自足を基本とし、機動を阻害する輜重隊（しちょうたい）を持ちません。出身地が北方であったため寒冷な気候に慣れていました。このように遼軍は高い機動性を持つ強力な軍隊でした。

（三）重装騎兵と重装騎兵戦術

晋代以降、馬甲と鎧の使用により重装騎兵が登場します。火器が戦場で大量に使用されるようになるまでは、重装騎兵は軍隊の主役でした。北宋軍は騎兵を制圧するために従来よりも強力な弩を開発していましたが、発射速度が遅いため、平原部では遼、西夏、金の騎兵の制圧には成功しませんでした。金軍の戦法は拐子馬（かいしば）と呼ばれ、両翼に精鋭の重装騎兵を配置してその衝撃力で敵の両翼を突破し、包囲殲滅するというものでした。これに対して南宋軍は重装歩兵に打撃力の高い重刀や大斧を持たせて騎兵突撃を破ることに成功しています。

戦例二　郾城の戦い　一一四〇年

宋の高宗の紹興十年五月三日、金は宋との和約を破棄し、大軍を集結、四方向より南下、侵攻を開始しました。しかし金軍の侵攻は、宋の劉錡[*三]が守る順昌（安徽、阜陽）の攻

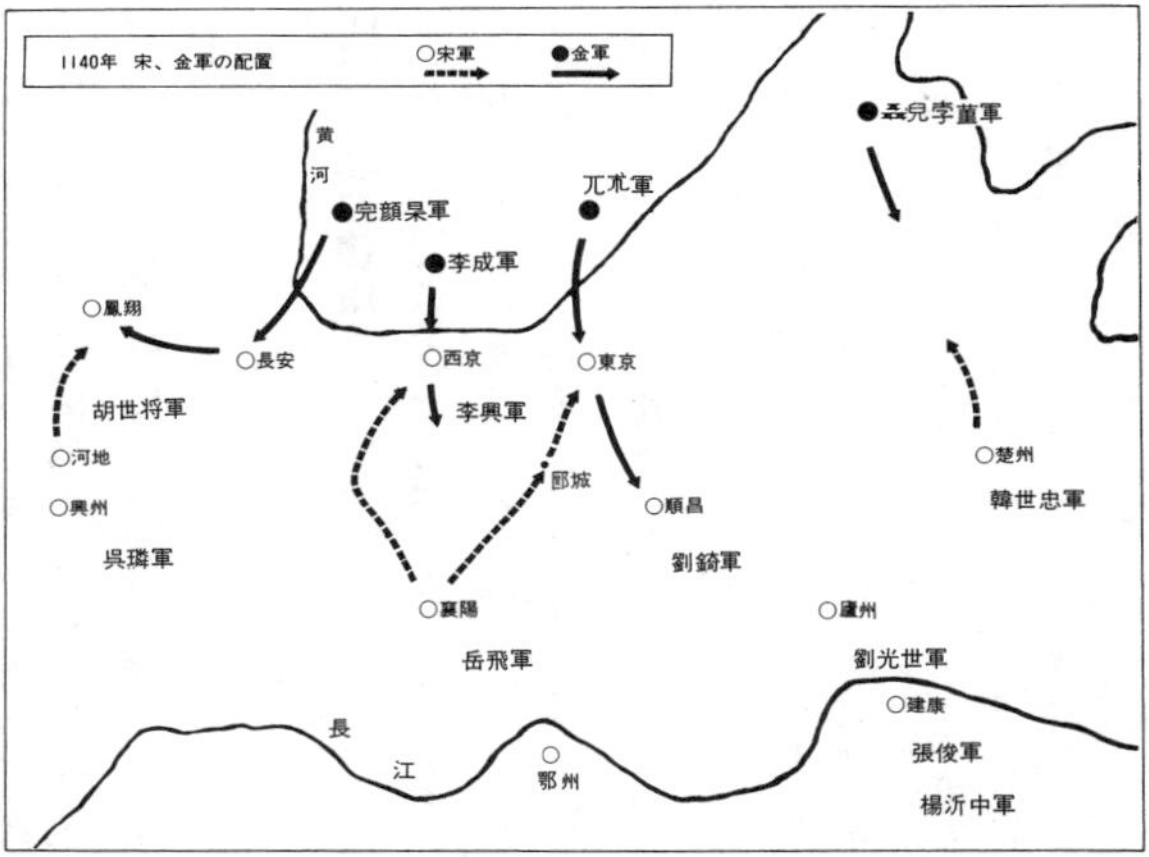

図2　郾城の戦い

防戦で金軍が敗北したことをきっかけとして、宋が国境地帯に配置した駐屯大軍からの反撃を受けてすべて不成功に終わりました。郾城の戦いは、宋の岳飛軍と君の兀朮軍（金軍の主力）の一連の戦闘の最初のものです。七月八日[*四]、兀朮は岳飛軍が駐屯する郾城（河南、郾城）に諸軍を集結、両翼に重装騎兵合計一万五千を配置する拐子馬の戦法をとりました。これに対して岳飛は中央にその子岳雲が率いる精鋭騎兵を配置し、両翼には麻扎刀（まさつとう）、大斧を持った歩兵を配置しました。まず岳飛は岳雲指揮下の騎兵軍に金軍を攻撃させ、大きな打撃を与えました。兀朮はこれに対して両翼の拐子馬で岳飛軍の両翼を襲撃し包囲を図りました。岳飛は歩兵に、敵を仰ぎ見ず、敵の馬の足を狙えと命令し、敵の突撃を阻止しました。この日は激戦が三、四時頃より夕暮れまで続き、岳飛軍が優勢でした。十日、兀朮は兵力を強化して再戦を狙っていましたが、岳飛は偵察隊が前哨戦で勝利したのを好機到来と見て総攻撃を開始、金軍に大勝しました。

(四) 火器の使用

火器の使用は騎兵にとって大きな脅威となりました。しかし火器は歴史が浅く、明代にはいかに火器を運用するかで、騎兵と歩兵の勝敗が決せられました。正統十四年(一四四八)八月十五日の土木堡の戦いでは、秘密兵器とした火器を臨時に兵士に与えたため、兵士はこの使用法を知らず、多くは使用されないまま放棄されました。この戦いでは五十万と称した明軍が半数のオイラート[*五]の騎馬軍によって殲滅され、皇帝が捕虜となっています。しかしそれに続く十月十一日から十四日の北京の戦いでは、兵部尚書(国防大臣)の于謙[*六]によって再編制された明軍は火器の威力を充分に発揮してオイラート軍を撃破しています。

二 ⚜ 陣法（戦闘隊形）

野戦に大量の火器が使用されるようになるまでは、戦闘隊形はすべて密集方陣を基礎としていました。複数の方陣を組み合わせてさらに複雑な陣形が組まれました。そうした戦闘隊形には鶴翼（横隊）、魚鱗（梯隊）、長蛇（縦隊）がありました。鶴翼は正面を広くし、敵の包囲を目指す陣形でした。この例としては一六八年に後漢の段熲が羌と戦った時に、中央の第一列を弓兵、第二列を刀兵、第三列を矛兵とし、両翼に強力な弩兵を配置し、両翼のもっとも外側に軽装の騎兵を配置しています。また諸葛亮の八陣や李靖の六花陣（ろっかのじん）は複数の方陣を組み合わせて大きな方陣を組む陣形です。諸葛亮の八陣は六十四個の小方陣で一個の大方陣を組み、後方に警戒のための騎兵二十四陣を配置したものでした。大方陣は八つの部分に分けて運用されました。李靖の六花陣は諸葛亮の八陣が複雑なので、より簡単に全軍を六個に分けて運用するものでした。

火器が大量に使用されるようになると、密集隊形はまとめて損害を受けることがあるため非常に危険でした。倭寇の使用する鳥銃[*七]の威力は大きく、対倭寇戦争の英雄である明の戚継光[*八]は密集隊形をやめ分散隊形を採用しました。

戦闘隊形を構成する単位を同じ装備の兵で統一する（純隊）か、さまざまな装備を持たせる（花装）かは、大きな問題でした。火器が大量に使用されるようになるまでは純隊の方が有利であったようで、しばしば論争があっても純隊が多く採用されました。明の戚継光の鴛鴦陣[*九]は花装を採用した隊形でした。

三 ⚜ 野戦築城

戦場で臨時に築城し壁を高くして戦わないという戦術がありました。攻城戦の準備のない場合には容易にこれを撃破することができず、持久戦となりました。兵力に劣る軍が防御のためによくこの戦術を採用し、敵の食糧の欠乏や援軍の到着など情況の変化を待ちました。官渡の戦いでは、壁を高くして戦わない曹操軍に対して、袁紹軍は土山を築きその上に高櫓を築いて攻撃したり、地下道を掘って攻撃するという攻城戦の戦術を使用して攻撃しています。

野戦築城の特殊な例としては、「氷城」があります。これは冬期に臨時に構築した城壁に水をかけ、凍らせて強度を高めるものでした。北魏が柔然に遠征した時に、司馬楚之が率いていた兵糧の輸送隊を柔然の騎兵隊が防御物のない平地で襲撃しました。司馬楚之は配下に柳を伐採させ臨時の城壁とし、これに水をかけ、凍らせて氷城を築きました。

四 ⚜ 情報戦

いかなる時代においても情報の収拾は戦争に勝利するための第一歩でした。情報収集のためや敵を欺くために間諜（スパイ）が使用されました。『孫子』には用間篇がありこの問題について一章が費やされています。『孫子』では間諜には、因間、内間、反間、死間、生間の五種類があるとしています。

①因間（いんかん）：敵国の人間を間諜とすること。
②内間（ないかん）：敵の官吏を内通させ間諜とすること。
③反間（はんかん）：敵の間諜を利用すること。
④死間（しかん）：誤った情報を味方の間諜に知らせ、敵に伝えさせる方法。
⑤生間（せいかん）：生きて敵の情報を知らせる間諜のこと。

このほかにも、間諜は流言飛語を流し敵の間に不和を発生させること（離間）や暗殺を行いました。

戦例三　韋孝寛の情報戦

北周の韋孝寛（五〇八～五八〇）は配下の心をよくつかみ、敵国の北斉に派遣した諜者は力を尽くして任務を遂行しました。また北斉の人間に内通者を作っていたため、彼は北斉の動静を熟知していました。たとえば、彼の配下の武将の許盆が背いた時には、即座に諜者を派遣して許盆を暗殺させています。韋孝寛の行った謀略活動の最大のものは、北斉を軍事面で支えていた斛律光（字は名月）を粛清させたことでした。北斉の君主、高緯は政治を顧みない人物で北斉国内は腐敗していましたが、名将、斛律光の存在が北周による北斉の征服を阻んでいました。戦場で斛律光を倒すことは容易ではないため、北斉の皇室の高氏に斛律光が取って代わるという意味の歌を作って北斉の首都に流させました。斛律光の政敵がこれを聞いて告発したために、無能な君主は疑わずに斛律光を誅殺してしまいました。この後、五七七年北周の武帝は北斉を滅ぼしました。

五 ⚜ 軍事科学の発達

春秋・戦国時代の諸子百家の中に「兵家」というグループがありました。これは戦争の原則を研究した人々を指しています。この中に孫武、呉起、孫臏などの有名人や名も残していない人々がおり、多くの兵法書を残しています。この伝統のもとにさらに多くの兵法書が書かれました。もっともすぐれたものは現代にも通じる点が多い『孫子』で、曹操以下多くの人々が注釈をつけています。このほか、宋代には『孫子』、『呉子』、『六韜』、『三略』、『司馬法』、『尉繚子』、『李衛公問対』の七つの書物を「武経七書」と呼び軍事教育の教科書としていました。

＊一 **公孫瓚（こうそうさん）** 生年不詳～一九九年没。『三国志』の群雄の一人。遼西郡令支（りょうせい、河北省遷安県）の出身。騎兵戦を得意としていました。黄巾（こうきん）の乱（後漢末、宗教団体太平道が起こした反乱）の鎮圧に活躍。幽州（河北省北部）を根拠地とし、冀州（河北省南部および河南省の一部）の領有をめぐって袁紹と戦い、一連の戦闘に敗北し、一九九年三月に居城の易京（えきけい）を袁紹軍に攻略され、自殺しています。

＊二 **麴義（きくぎ）** 生年不詳～一九九年以前没。袁紹配下でもっとも功績が高く、有能であった武将。しかしその功績により驕り、ほしいままにふるまったために袁紹によって殺されています。

＊三 **劉錡（りゅうき）** 一〇九八生～一一六二年没。南宋初期の名将。対金戦争に活躍。順昌の攻防戦では兵力において圧倒的に優勢な金軍を撃破、翌年再び侵攻してきた金の兀朮軍を柘皐（しゃこう）の戦いで撃破しています。

＊四 **兀朮（こつじゅつ）** 生年不詳～一一三六年没。金の開祖完顔阿骨打（わんやんあぐだ）の第四子の完顔宗弼（わんやんそうひつ）のこと。金軍の有名な将軍。富平の会戦の勝者。

＊五 **オイラート（瓦剌）** モンゴル族の一部族。もともとジンギス汗に服属していましたが、安楽王の時にチャガタイ汗国を破って勢力を拡大し、オイラートと並ぶ大部族であるタタール族を攻撃して撃破し、モンゴルの二大部族を統一しました。エセン（也先）の時に勢力は頂点に達し、明と争うまでになりました。

＊六 **于謙（うけん）** 一三九八生～一四六〇年没。于謙は英宗正統帝が土木堡の戦いで捕虜となると、景泰帝（在位一四五〇～一四五七）を即位させて政局を安定させ、南京への遷都論に反対して北京の防

御を固めました。景泰帝のもとで兵部尚書として軍政を統轄し、首都防衛軍を再建してオイラートを北京に迎え撃ったほか、中国南部で発生した鄧茂七（とうもしち）の乱などの反乱の鎮圧に大きな功績がありました。一四五七年にクーデター（奪門の変）によって再び正統帝が皇帝となると、無実の罪を着せられ死刑になっています。しかし、正統帝ですら彼の能力を認めており、後にはクーデターの首謀者達が処刑され、彼の名誉が回復されています。

＊七　鳥銃（ちょうじゅう）　ヨーロッパから伝来した火縄銃。

＊八　戚継光（せきけいこう）　一五二七生～一五八七年没。彼の率いた軍は「戚家軍」と呼ばれ、対倭寇戦に連戦連勝、その後、北方のタタール防衛に当たっています。彼は軍事理論にも通じ、『練兵実紀（れんぺいじっき）』、『紀効新書（きこうしんしょ）』などの兵法書を残しています。

＊九　鴛鴦陣（えんおうじん）　戚継光が考案した鴛鴦陣は、兵士十二名で編制される縦隊で、これを軍隊の編制および戦闘の基礎単位としていました。十二名の内訳は、隊長一名、楯を持った兵士二名、狼筅（ろうせん）を持った兵士二名、長槍を持った兵士二名、短い白兵戦用の武器を持った兵士二名、炊事を担当する兵士（戦闘には参加しない）でした。

中国の交通

一 ⚜ 道路

道路は経済や文化が交流するための動脈です。統一王朝は経済、文化の活性化のため盛んに道路を整備し、公の通信・連絡用に駅伝[*一]の制度を整備しました。分裂の時代には道路の整備は放棄され、整備されるとしたら軍事行動のためでした。ここでは道路の例として秦の馳道（ちどう）と秦嶺の桟道（さんどう）について述べます。

（一）馳道

秦は天下を統一すると文字の書体の統一、度量衡の統一、貨幣制度の統一など統一国家としてさまざまな措置をとりますが、全国的な道路網の建設や整備もそれらと同じように統一国家としての事業の一貫として捉えることができます。秦は始皇帝二十七年（紀元前二二〇）より首都咸陽（陝西、咸陽）を中心として放射状に伸びる、馳道、直道、新道と呼ばれる幹線道路の建設を始めました。これらの道路はかなりの広さを持ち、馳道は道の広さが五十歩（六十九メートル）、直道は考古学の調査により少なくとも二十メートルの幅があったことが確認されています。また交通に影響があるためそれまで不統一であった車輌の幅を道路に合わせて統一するという措置もとっています。こうした道は当時の重要な都市を連絡しており、商業経済や文化の発展に寄与しました。

（二）秦嶺の桟道

秦嶺は今の陝西省の南部にあり、東西に広がる侵蝕高山の山地で、三七六七メートルの最高峰太白山を中心として二千メートルクラスの高山と深い渓谷が連なり、長安を中心とする関中地方より漢中（陝西、漢中市）、蜀（四川省）への交通の障害となっていました。この山地を通過するために桟道とよばれる道路が建設されます。桟道の建設は戦国時代に始まり、前漢の建国までに故道、褒斜道、子午道が存在し、三国時代に駱谷道が開かれこの四つの道路が秦嶺を通過するための通路です。深い渓谷と、高山の中、桟道は橋、岩山を鑿った道、崖に沿って木の柱を打ち込みその上に木で構築した道でもって構成されており、そのため常に保守していなければすぐに使用不可能になる危険性があります。秦嶺には五つの通路があり以下、それらを紹介します。

故道（こどう）

これは長安（陝西、西安市）を出発し西に向かい、雍（唐代以降は鳳翔：陝西、鳳翔）

を経由して西南に進み、陳倉（陝西、宝鶏市）、大散関（陝西、散関）、鳳州（唐代：陝西、鳳県）を経由し、河池（陝西、徽県西）より南に折れ、興州（唐代：陝西、略陽）から東に進み、陽平関を過ぎ、漢中に到る道です。迂回路でしたが、他の路と比べて地形が峻険ではなく、すべての時代に利用可能な重要な通路でした。漢の高祖は韓信の計略を利用してこの路を進み雍王章邯を攻撃しました。魏の曹操はこの道を進み、陽平関を破り漢中の張魯を降しています。魏の将軍、郝昭が蜀の諸葛亮の北進を防いだのは陳倉でした。南宋の呉玠は金軍の南下を防ぐため、散関近郊の和尚原に築城、ここに金の大軍を迎撃し大勝しました。また彼は河池が天水へ向かう道への分岐点で交通の要衝であることに着目し仙人関を築城、金軍の侵攻を撃退しています。

褒斜道（ほうやどう）

この道は、褒水、斜水の二つの川の渓谷を通る道で、漢および三国時代には、斜谷道と呼ばれていました。郿（陝西、郿県東北）を出発、五丈原より南下し斜水の渓谷に従って進み、褒水の渓谷に入り、褒中（陝西、褒城県）を経て漢中に到る道でした。この道にはまた途中、西に向かい陳倉に出る道があり、唐代以降はこれが褒斜道と呼ばれています。長さが故道よりも短いという長所をもっていましたが、秦嶺の最高峰太白山の近くを通り二千～三千メートルの高地を通る峻険な道で、崖に木を打ち込んで構築した桟閣や崖を鑿った道が多く、修理が充分でなければ道が途絶することがよくありました。秦や漢代にこの道はよく修理され、もっとも重要な交通路として利用されています。漢[*二]の高祖は関中への進出の意志がないことを示すためにこの桟道を焼いています。三国時代、この路は魏、蜀との間の抗争の中心となり、蜀の諸葛亮はこの道を修理し、散関より陳倉に出た時や五丈原に進出した時に使用しました。

子午道（しごどう）

この道は長[*三]安を出発し子午谷に入り南に進む道です。褒斜道が通れない時にはこの道が使用されました。しかしこの道は桟道の中ではもっとも長安に近い道でしたが、橋が多く容易に通行不能になる可能性を持っていました。蜀の魏延はこの道を通って長安を奇襲しようと提案していますが、諸葛亮はこの案を子午道が険阻であるという理由で斥けています。

駱谷道（らくこくどう）

この道は駱谷を通り漢中に向かうもので、三国時代に開かれた道です。駱谷道は褒斜道よりも長安に近く、道の長さが短いという長所を持っていますが、秦嶺の最高峰太白山の東側を通っており、桟道の中で最も峻険な道であったため唐末に失われ、唐末の修復の試みも失敗しています。

関山道

天水から漢中へと通じるこの道は故道よりもさらに西側を通っており、関中より漢中、蜀への交通に重要な通路でした。これは天水（陝西、天水）を出発し南に向かい、木門より祁山、建威、成州（唐、宋）を通り、洛谷付近より東に折れ、河池に出る道です。この道は蜀の諸葛亮が関中への進攻の道として使用したもので、第一次、第三次、第四次の時にこの道を通り、祁山付近へ進出しています。木門の南側は高地でしたが平坦な地形で祁山まではこれといった障害物がなく歩兵では騎兵の攻撃を防ぐことができないため、南宋の呉璘は金の騎兵の機動を阻止する塹壕、水壕を縦横に巡らした地網と呼ばれる防御地帯を設けています。

二 ⚜ 運河

中国では河川とそれに接続する運河によって水路網が古い時代より張り巡らされています。水路網を使用する船は重要な交通手段となり、経済活動や軍事に利用されています。運河には水量調節のための水門が設けられ、水位に高低の差がある場合には、水門を開き一時的に増水させ、牛や馬で船を引っ張り通過させます。ただし運河は流れがゆるやかなため土砂が堆積しやすく、常に改修する必要がありました。

（二）運河の例：大運河

大運河は北は北京から南は杭州までを結ぶ長さが二千キロメートル以上の運河で、隋の煬帝の時代に完成しました。人口が集中し、首都防衛軍が駐屯し、中央政府がある首都大興城（唐の長安城）は大量の食糧や物資を必要とする消費地です。南北朝時代に江南の開発が進み、江南は全中国で最も生産力が高く豊かな地方となります。この需要と供給を結びつけるものが、江南の物資を首都へ運送することを主な目的としたこの運河でした。ただしこの運河網は煬帝の時代にすべてが新規に建設されたものでなく、既存の運河や河川に改修工事を加えたものもありました。まず文帝の開皇四年（五八四）に首都への運送のための大興城から潼関に到る広通渠が建設されます。開皇七年（五八七）南朝の陳を攻撃するのに当たって兵糧を輸送するためかつての邗溝を修築しこれを山陽瀆と名付けました。大業元年（六〇五）には洛陽から黄河、汴渠を通り、淮水に至る通済渠を新規に建設します。同じ年には山陽瀆とは別にそれに並行して邗溝を建設します。大業四年（六〇八）には高句麗遠征の兵糧を輸送するために黄河より涿郡（北京市）に達する永済渠が建設されました。大業六年（六一〇）には京口（江蘇、鎮西）より余杭（折江、杭州）に至る江南運河が建設され、大運河は完成しました。この運河は唐代および宋代の経済の大動脈として機能します。元によって中国が統一されると、南方の物資を首都の大都（北京市）へ運送する必要が生じます。物資の輸送は海運と内陸の水運によって行いますが、従来の航路を通る内陸の水運は遠回りで不便であるため、郭守敬[*四]に調査を行わせ、至元十三年（一二七六）、新たな運河の建設に着手することになります。至元二十年（一二八三）にまず済州河が完成。ついで至元二十六年（一二八九）に安山～臨清間を結ぶ会運河、至元三十年（一二九三）に通州～大都間を結ぶ恵通河が完成し、現在の大運河に近い京杭大運河が完成しました。

三 ⚜ 津（しん）と橋

黄河のような大河川を渡るためには、津と呼ばれる渡し場を利用します。津は軍事的な要衝であるため片側か両側に城が築かれることが多かったようです。橋には梁（はしら）橋、拱（アーチ）橋、吊（つり）橋があります。梁橋はもっとも古くから建設された橋で戦国時代以降普及します。例としては福建泉州の洛陽橋（一〇五九年完成、長さ八百三十四メートル、幅七メートル）、福建普江の安平橋（一一五一年完成、長さ二千七百メートル、橋桁三百六十一）があります。拱橋は晋代以降建設され、例としては江蘇蘇州の宝帯橋（八一九年完成、長さ三百十七メートル、アーチ五十三）、盧溝橋[*五]（一一八九年完成、長さ二百六十六・七メートル、幅七・五メートル）があります。吊橋は古くから中国の西南部や西北部の通常の橋が建設できない山岳地帯で藤で鉄の鎖を使用して架けられていました。

中国の戦争の規模・軍隊の規模

軍隊の規模は、戦国時代に飛躍的に増大し、長平の戦い（紀元前二六〇年）では趙軍は兵力四十五万で秦が楚を滅ぼした時には秦の兵力は六十万でした。このように戦国時代以降は十万以上の大軍が動員され、作戦行動を行いました。東晋の太元八年（三八三）、前秦の皇帝、符堅が東晋を征服するために動員した兵力は、歩兵六十万余、騎兵二十七万、羽林郎（このえへい）三万でした。隋の煬帝が大業八年（六一二）に高句麗に遠征した時には左右十二軍、約百十三万を動員しています。この時には総兵力を二百万と号しました。号するというのは、自軍の実際の兵力を隠すためと実際よりも兵力を大きく見せて敵を威嚇するための二つの効果があるため中国では、よく行われました。

＊一　駅伝の制度　一定の間隔（三十里前後）で駅を設置し、駅に宿舎、馬、車を置き、公文書の伝達を行ったり、官吏の旅行に宿舎や交通手段の提供を行いました。

＊二　漢の高祖（こうそ）　紀元前二五六生～紀元前一九五年没。姓名は劉邦（りゅうほう）。

＊三　長安（ちょうあん）　現在の陝西省西安市。古くは西周が首都を置き、関中地方の中心として、時代によって都城の位置は変動がありますが、漢、北周、隋、唐などの王朝の首都となった都市です。

＊四　郭守敬（かくしゅけい）　一二三一生～一三一六年没。金、元の頃に活躍した科学者。天文学、暦法、水利工学、数学に精通していました。特に彼が中心となって作成した「授時暦」は有名で、一年の長さを三六五・二四二五日とし、現在の暦と変わらないほどの精度を持つすぐれた暦です。

＊五　盧溝橋（ろこうきょう）　北京郊外の永定河にかかる橋。美しい石橋ですが、この橋が有名なのは、この橋の付近で中国軍と日本軍が衝突した盧溝橋事件によってです。

第三章

軍制

ギリシア時代の軍事編制

スパルタ軍の編制

古代ギリシアの軍隊の編制で、よく知られているものにスパルタの制度があります。これについて少々詳しく述べましょう。そのほかのポリスについては、スパルタほど詳しくは分かっていませんし、また、スパルタほどきちんとした編制をとっているわけでもありません。

スパルタ軍の最小単位は「エノモティア」です。エノモティアの人数は、時代、地域、軍の状態によってかなり変化していますが、だいたい三十人程度が普通だったようです。現代でいえば小隊に相当するといってよいでしょう。

エノモティアが二から四集まると「ペンテコスティス」になります。このペンテコスティスの上は「ロコス」になりますが、トゥキュディデス[*一]によれば、四ペンテコスティスで一ロコスですが、クセノポン[*二]は二ペンテコスティスで一ロコスとなり、四ロコスで一「モナ」になると述べています。たぶん、トゥキュディデスが述べている時代からクセノポンの時代の間に編制が変化したのでしょう。いずれにせよ、五百〜六百人の部隊（トゥキュディデスのロコス、クセノポンのモナ）が基本的な単位になっているわけです。なお、レウクトラの戦いの後、スパルタ軍は再編制を行いました。この再編制ではモナを廃止し全軍を十二ロコスに分けています。

なお、そのほかのポリスではこれほど精密な軍事組織は存在しません。アテナイの場合でも、最小単位は千名でしたし、プロの傭兵隊でもロコスより下のレベルに恒久的な士官はいませんでした。

スパルタ軍の編制（トゥキュディデスによる）

- ロコス（約五百人）
  - ペンテコスティス（百二十～百三十人）
    - エノモティア（約三十人）
    - エノモティア
    - エノモティア
    - エノモティア
  - ペンテコスティス
  - ペンテコスティス
  - ペンテコスティス

二 ⚜ アレクサンドロス時代のマケドニア軍の編制

アレクサンドロスがペルシア遠征を開始したとき、マケドニア軍は一万二千の歩兵を擁していました。これらは、三千のヒュパスピスタイと九千のペゼタイロイに分かれています。ヒュパスピスタイはさらに千名ずつの「キリアルキアイ」三個に、ペゼタイロイは千五百名ずつの「タクシス」六個に分かれます。

紀元前三三一年まで、タクシスは五百人ずつの「ペンテコシアルキアイ」三個に分かれていましたが、その後ペゼタイロイの兵力が増強され一万四千名となったため、二千名ずつの「タクシス」七個に再編制されました。再編制後のタクシスは千名ずつの「キリアルキアイ」二個から構成され、キリアルキアイはさらに二個ペンテコシアルキアイに分かれます。

部隊の最小単位は「デカス」と呼ばれていました。これは「十」という意味ですが、アレクサンドロスの時代にはすでに十六名になっていたと考えられます。たぶん、アレクサンドロスの父ピリッポスの時代には最小単位が十名だったのでしょう。

マケドニア軍の騎兵隊の中心は「ヘタイロイ」と呼ばれる重装騎兵で、この遠征に参加したのは千八百騎で、これは八個の「イライ」に分かれていました。その後、紀元前三三一年には各イライを二個「ロコイ」に分割しましたが、紀元前三二九年には再編制が行われ、全ヘタイロイを八個「ヒッパルキアイ」に分割しました。一ヒッパルキアイは四百～五百騎の兵力で、一ヒッパルキアイは二イライに分かれていました。

紀元前三三一年までのペゼタイロイの編制

- タクシス（千五百名）
  - ペンテコシアルキアイ（五百名）
    - デカス ×32（十六名）
  - ペンテコシアルキアイ
  - ペンテコシアルキアイ

＊一　トゥキュディデス　アテナイの歴史家。ペロポネソス戦争を扱った『戦史』を書いたことで有名。

＊二　クセノポン　アテナイの歴史家、将軍。『アナバシス』、『ヘレニカ』など著書は多い。

ギリシア時代の交通

ギリシア時代の交通として知られるのはなんといっても船舶によるものがまず第一にあげられます。地中海貿易として知られるこの時代においてポリスやイオニア同盟都市など点在する都市国家を結ぶものは船にたよらなければならなかったのです。多くが櫂船に頼っていたため、航続距離の問題から、地中海沿岸には多くの都市が点在したわけです。

この時代の道がどうであったという点については、ギリシアよりも陸続きの大国ペルシアのほうが重要でした。ペルシアの王子キュロスの反乱に参加し、ギリシア人傭兵とともにその地より、故郷ギリシアを目指す物語として知られるクセノポンの『アナバシス』は当時の道路事情がいかようなものであったかを物語っています。実はこの『アナバシス』は東方遠征に向かったアレクサンドロス大王によって、ペルシア遠征のガイドブックの役割を果たしました。なぜなら、この書にはサルディスをスタート地にしてメソポタミア平原にまで及ぶ町と町の間が何日程度で走破できるかが手に取るように分かるからです。

ローマ時代の軍制と編制

一 ⚜ 王政時代

王政時代の王の仕事とは、最高軍司令官、祭司、裁判官の三役で、諮問機関として元老院と呼ばれる氏族の年長者の集まり、そして、同様の機関として神官団がありました。王の権利にはインペリウム（imperium）として知られる軍の最高命令権があり、これが最高軍司令官たる所以です。

ローマの市民はその氏族ごとにクリア（curia）と呼ばれる集合体を持っていて、この時代には三十のクリアがあります。そして、この三十のクリアを三つに分け、それをトリブス（tribus）と呼びます。このトリブスは徴兵する場合の単位と考えられ、各トリブスは戦時において歩兵千名からなる千人隊と騎兵百名を提供することを義務づけられていたのです。

王政末期になると拡大していく領土を考慮したセルウィウス王によって軍制改革が行われました。これは、それまでの氏族家族制による徴兵制度を改め、国家領域を地理的行政区画に分割し、その区画ごとに徴兵の義務を与えたものです。この改革によって、ローマ国家は四つの都市トリブスと十七の農園トリブスに分けられました。そして、すべてのトリブスから徴収される戦力は百九十三のケントゥリア（centuria）となります。このケントゥリアとはつまり百人隊と呼ばれるもので、その名の通り百名からなる兵士達からなり、これを総称してケントゥリア会と呼びます。

さて、この改革後はローマの総戦力は一万九三〇〇名となったわけですが、ここで誤解がないように述べておくと、この総勢力のうち約半分はローマ市防衛の任を請け負っていたということです。ですから実際の対外戦力は一万足らずだったのです。でも、この当時のイタリア半島の戦力を考えればこれは充分大規模な軍隊です。ちなみに対外戦争を受け持っていたのは十七歳から四十六歳までのユニオレス（juniores）、つまり年少隊で、市防衛は四十六歳から六十歳までがあたり、彼らはセニオレス（seniores）、年長隊と呼ばれます。百九十三のケントゥリアは五つの身分階級に分かれています。それは、この時代の兵士達が自前で装備を整えていたからで、当然、騎兵隊の数は多いものではありません。その内分けは十八の騎兵[*1]（エクエス）、八十の重装歩兵、九十の軽装歩兵（装備によってさらに細分化され、三つのクラスに分かれ、その割合は二十、二十、三十ごとです）と、二つの工兵、二つの軍楽兵、そして無産市民兵からなります。無産市民兵の数はまばらで、何も持たずに戦争に参加し、戦場で死んだもの達の持っていた武器を拾い集めて、初めて戦列に加わることができる、軽装歩兵の補充兵でした。

二 ⚜ 共和政初期から中期にかけて

共和政ローマの軍制はそれまでの王政のものを受け継いでいました。しかし、当然のことながら王は廃絶されましたので、その権限は政務官達が握ることになりました。インペリウムはプラエトル・マクシムス（praetor maximus）、つまり最高政務官に与えられたのです。このプラエトル・マクシムスは後にコンスル（consul）と呼ばれるようになります。コンスルは国家存亡の危機となればディクタトル（dictator）を選出し、この政務官にいっさいの戦争遂行をまかせました。ディクタトルは独裁官として知られその名の通り、軍事作戦においてなんら制約を受けることなく命令を与えることができました。また、自分の補佐官として騎兵隊長官を任命しました。しかし、彼らの任期はどんなに長くても六カ月でした。

ローマ軍においてもっとも厳しかったものは規律で、階級による命令系統が明確なものでした。これは指揮官に対する服従は絶対的なものであったためで、軍規違反者は死罪におよぶ刑罰が与えられたからです。ですから、一部の部隊の独走や将官たちの戦術に対する口論で頭をかかえる心配はありませんでした。たとえば明らかな作戦ミスであったとしても、規則にのっとった行動であればそれを良しとしたのです。こうした考え方は時[*二]には壊滅的な損害を受ける結果ともなりましたが、彼らはそうした一時的な結果よりも軍隊の規則正しい行動を優先させたのです。

三 ⚜ 共和政末期から帝政期までの軍制と編制

ローマの兵隊は自前によって装備を整えてきましたが、領土の拡大によって兵隊の不足を生じ始めました。そこで、これまでの自前で装備を揃えて軍に参加する方式は改善しなければならなくなってきました。また、この頃の戦争は長期化し始めたため、土地を持った市民は戦争にでることに不平を持ち始めるようになってきたのです。そして、相次ぐガリア人の襲来、敗北が重なって、ついに軍制度をそれまでの徴兵制から志願制へと変更せざるをえなくなったのです。これが、あの有名なマリウスの軍制改革と呼ばれるものです。この改革は、土地を持たない無産市民に十六年間の兵役に服務すれば土地を与え、生活の保障をするというものでした。当然のことながら装備は国家が与えることにもなります。

改革は確かに成功し、ローマは新たな軍隊の補充を行えましたが、その結果それまでになかった職業軍人、常備軍といった考え方が生まれ、新たな問題を生みます。その後ローマはカエサル、ポンペウス、クラッススによる三頭政治[*三]の時代、そして内乱時代を迎えます。最終的には、カエサルの養子であったオクタウィアヌスがそれをおさめ、元老院からアウグストゥスの称号を与えられました。その結果ローマは元首政となり、帝政ローマの

マニプルス戦術編制

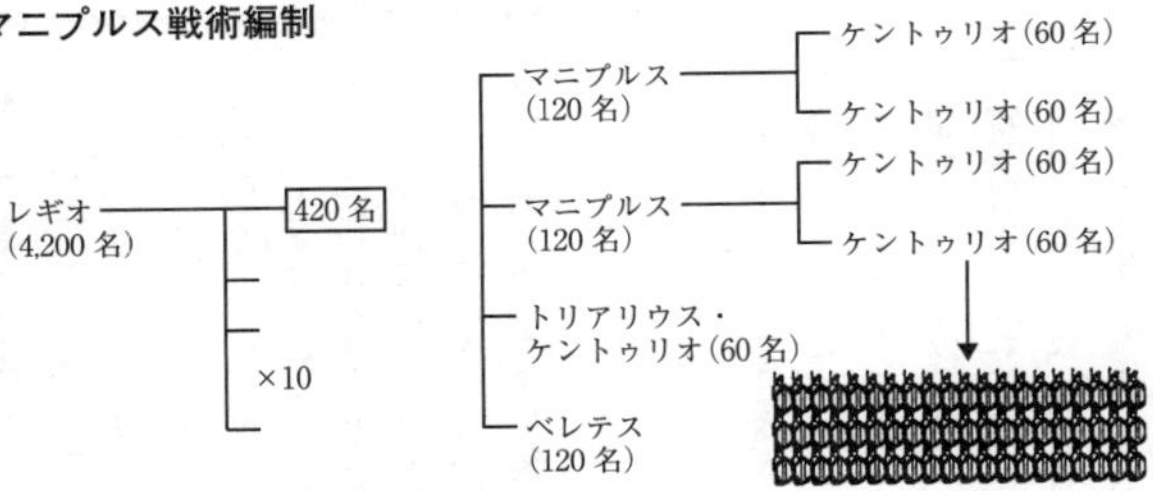

コホルト戦術編制

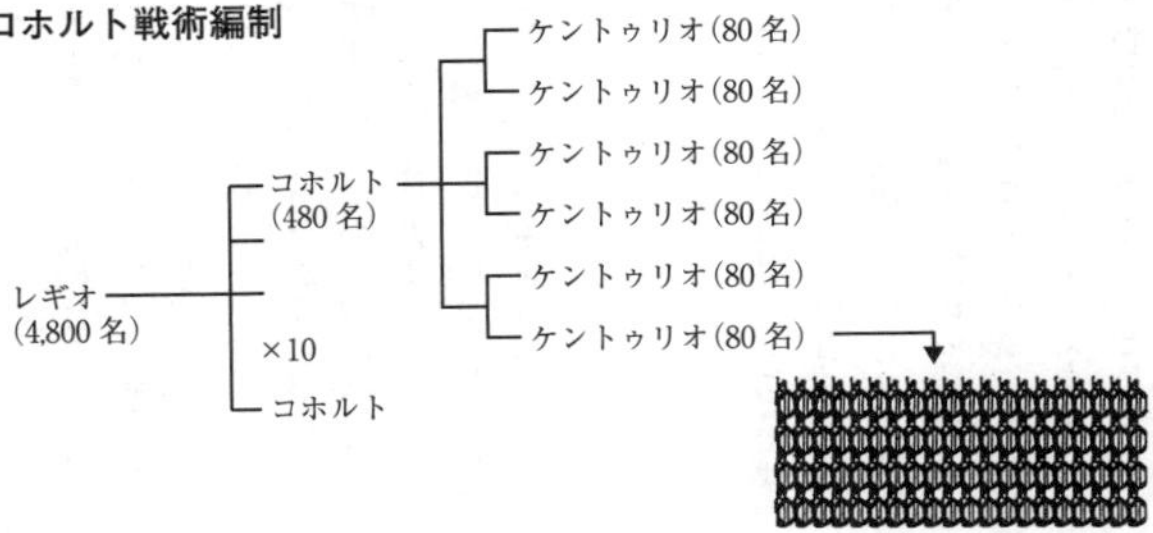

時代が始まります。

帝政時代にはそれまでの軍団は国境警備のために、常備軍として生まれ変わります。そして、膨大に広がった属州を管理する兵員の不足を補うために、ローマ市民権を持たない属州市民からなるアウクウィリウム（Auxilium：補助軍）を編制し、その問題を解決しました。また、皇帝警護の部隊、[*四]プラエトリウス（Praetorius）の編制も行われました。こうした追加形式を主体としたものが多く、ガリエヌスの軍制改革による予備騎兵軍団の設置などがそれです。

ローマ戦士と給料

給料という考え方はローマの兵士達の間にはありません。それは彼らが国家のために戦うという目的意識のために戦争に参加していたからです。この考え方はローマの軍隊独得の物で、その士気に大きく影響し、それがローマの強さにもなりました。しかし、敵から奪った戦利品については戦闘に参加した者達の間で公平に分配することは許されています。そして、共和政期において初めて兵士達には給料が支払われるようになります。ただ、これは戦争に参加する間の食費にあたるもので、騎兵部隊には馬に与える飼料代も含まれたのです。ローマの軍制において、給料がその役割によって格差がつくようになるのは中期にいたるまで待つことになります。

マリウスの時代には明確な報酬つまり給料が与えられ、戦士達はローマ国家のためでなく、報酬を与えてくれる者のために働くという考えが生まれます。実はこれが、後の内乱時代の要因となってしまうのです。

＊一　**エクエス (eques)**　エクエスとは騎士身分のことです。この時代において馬を飼うことは大変お金のかかることだったために、そうした身分の者はほとんどが貴族階級の持ち主です。後には馬に乗ることができなくてもそう呼ばれる人達もいました。ローマでは広場で演説する際に、「元老院の議員諸公、騎士身分の諸兄、そして、ローマ国民の諸君・・・」と始まるのが普通です。

＊二　**軍規優先**　これは第二次ポエニ戦争でその序盤にカンナエにおいて全体の四分の一にも及ぶ兵力を失ったあとに、彼らがとった方策からもうかがえます。ローマの上層部はカンナエの戦いにおいて生き残った者達を戦場において戦友を見捨てた者として、その戦いの間中たとえ深刻な兵力不足に陥って

も前線に出すことはありませんでした。

＊三　紀元前九一年に始まった同盟市戦争の結果、イタリア半島のほとんどがローマ市民権を獲得することになりました。しかも、プブリウス・コルネリウス・スラは私兵を使ってローマを軍事的に占拠し、軍事力による内政干渉を行いました。

＊四　プラエトリウス　もともとは皇帝の身辺警護の部隊でしたが、後にローマを駐屯地とした一つの部隊となりました。

ダークエイジの軍制

一 ⚜ フランクの軍制

メロヴィング朝フランクの開祖でもあるクロヴィス（四八二～五一一年）がその拠点を北ガリアに置いて征服戦争を始めた時、ローマの正規軍はすでにガリアの地にはなく、代わりにローマ化されたガリア人が城塞都市を築き、土地を所有する貴族達が擁する武装従士団がそこに住んでいました。クロヴィスがそうした都市に攻め入った時、武装従士団は少しの間抵抗はしたものの、結局、彼の家臣となって仕えました。こうして、ローマ化した軍隊を主体としたフランク軍が生まれたのです。

歩兵を主体としたフランク軍は旧ローマの正規軍兵を従士団として加えたり、ブルグンド王国の併合（五三二～五三四年）によって傭兵部隊の編入も行われました。この時代のフランク軍は三つの部隊編制からなりたっていました。まず、王の直属部隊である精鋭部隊として知られるプエリ（Pueri）。そして、初期の時代に彼らの家臣となった武装従士団、それから、もともとはローマの国境守備兵達です。

メロヴィング朝下のフランクにおいては土地所有貴族による国家権力の推移が行われ、

それを伯と呼び、伯管轄区制をしきました。これは、ローマ特有の土地保有制と、彼らの従士制が結合したものでした。王は軍を召集するときは伯に命令を下し、彼らを伴って戦争に向かったのです。このことは、王一人では統率できない当時の軍隊規律の悪さを反映した処置でした。しかし、そうした結果、各土地所有貴族の権力は強まり、ダゴベルト一世の死（六三九年）を引金に王国は内乱の後、分裂しメロヴィング朝は滅びてしまいました。

こうして時代はカロリング朝の時代に移ります。カロリング朝では有名な国王が存在し、カール・マルテルや、カール大帝など、優れた王族の時代がおとずれます。カール・マルテルはそれまでフランクの主力であった歩兵部隊を切り代え、騎兵の導入を始め、騎兵制の確立を行いました。また、そうした騎兵には鎧を着せ、重装騎兵化が行われたのです。

カール大帝の時代（七四二～八一四年：在位七六八～八一四年）になるとその軍隊は確個たる王国軍となっています。装甲騎兵大隊、召集歩兵大隊などが創設されているのです。また、当然のことながら、遠征時の補給物資を運ぶ荷馬車部隊なども創設されるようになりました。これ以外にも私兵的な役割を果たす部隊もあったのです。

二 ⚜ ビザンティンの軍制

帝政末期におけるローマの軍隊は、辺境駐留軍（リミタネイ：Limitanei）、野戦機動軍

（コミタテネシス：Comitatenses）、帝都防衛隊（パラティニィ：Palatini）、補助軍（アウクウィリウム：Auxilium）からなりました。ビザンティン軍制は八世紀頃には変革され、貴族による封建社会を根底にしいた軍管区制が発足しました。十一世紀になるとプロノイア制と呼ばれる、土地制度によって軍隊の強化がはかられます。このプロノイア制とは、土地を所有する貴族達に、その管理すべてを任せるもので、当然、貴族達は自分の土地を守らなくてはなりません。その結果、彼ら独得の騎兵戦力の増加と、市民軍の減少によって、その多くの兵力は傭兵に依存するようになります。このプロノイア制は傭兵制への変化をもたらすことになります。

短剣（Dagger）

もっとも古くから人類が使用してきた武器である短剣（ダガー）は古代ラテン語のダグア（Dagua）を英語つづりにしたもので、中世イギリスにおいて使用された刃を持ち、握りのついた短い剣の総称です。よく、ナイフと混同されますが、ダガーはあくまでも武器として作られたもので、ナイフは工具と武器の両方の特長を持っています。

ダガーはその使用方法・種類から時代が下るにつれて、当初の定義とは異なってしまい、ダガーが持つ領域は広がる一方です。そのためその定義は大きく打ち出せませんがナイフには明確な定義がありま す。ここでダガーと区別するためにナイフの定義を述べておきましょう。

「ナイフとは、工具もしくは武器として使えるもので、本来の工具としての役割を果たすために片刃でなければならない」というものです。ダガーは大きさで区別されがちですが、たとえ大きくなくても両刃であればナイフの部類には入らないと考えた方が良いでしょう。

すなわち、ダガーとはナイフの定義に入らない短剣といってよいでしょう。

十字軍時代の軍制

一 ⚜ 十字軍の軍制

十字軍において軍の制度を述べるなら、それは中世封建社会の制度について述べることになります。彼らの社会制度は明確な身分階層のもとに成り立っていました。たとえば聖職者のことはライクス、貴族はオプティマテス、平民はプレブスと呼んでいます。また、そうした平民も裕福であるかそうでないかによっても異なりました。土地を所有していればロクプレテス、貧困者はパウペレスなどです。これは兵士達も同様で騎乗していればミレス、徒下歩兵であればペディテスといわれました。十字軍においては各国、各軍の代表者（貴族と国王達）の仲介役（当初は総司令官）としてローマ教皇の代理人、随行特使を立てましたが、彼らが実際に権限を持ち命令を下せたのは第一回十字軍の時ぐらいでした。

十字軍の軍隊の主力はなんといっても重装騎兵と騎士達でしたが、その戦力は全体の一割を占める程度です。当時の史家の伝える資料にもとづけば、部隊の総数は何万、何十万の軍勢になってしまいますから何千、何万の数になりかねません。しかし、実際はもっと少ない兵力しかありませんでした。その実数を割り出すのは、基本とする史家の資料があまり参考にならないのでむずかしいのですが、彼らを運んだ船乗り達の記録にもとづけば、第三回十字軍のイギリス軍の兵力は騎士八百名、従士が千五百名程度でした。

この当時の軍隊は、軍旗のもとに戦い、それと共に行動しました。ですから将軍達は軍の方針を旗のもとに決め、伝令達はそれを目印に集まり各指揮官や部隊の間を行き来したのです。そのため、敵に旗を奪われないよう何人かの優秀な兵士に守らせました。そのため、戦陣を組んだ場合も必ず中央に、精鋭である騎兵部隊が存在しました。当時の騎兵隊の数の少なさを考えるとそれがいかに重要であったかを物語っています。

イェルサレム王国が建国されると、各都市には防衛のために騎士達を配備していました。しかし、その単位は多くて百名程度でした。各都市に分散配置される騎士は一名から主要都市であっても六十名だったのです。当然、守備隊はそれだけではなく、騎士に仕える従士が当然随伴しています。その数は大体五十〜五百名でした。

二 ⚜ イスラムの軍制

一般的にアラブ帝国とは正統カリフからウマイヤ朝の時代の国家のことで、イスラム帝国とはそれ以降のことをさします。その違いは征服地に対する考え方によって種別します。アラブ帝国は、アラブ人以外、もしくは自分の部族以外は下級の者として扱っています。これはたとえ同じイスラム教徒であったとしても同様です。しかし、ウマイヤ朝以降のアラブ世界は、同じイスラム教徒であれば平等であると考えるようになりました。こうした宗教的な統一性は外敵に対してジハード（聖戦）という言葉のもとに強く結束することができました。

軍の拡張が始まると、当然のことながらその組織化がなされ、官庁（アル・ディーワーン）、陸軍省（ディワーン・アル・ジュンド）などが発足します。ウマイヤ朝の時代にはビザンティンにならった兵制がとられ、攻城兵器の発展もこの時起こっています。この時代はイスラム軍における戦力、権威のピーク点で、これ以降そのすべてが減少していきます。アッバース朝の時代にはそれまで軍隊の主力であったアラブ系兵士からイラン系兵士への移行が見られるようになります。親衛軍は歩兵、騎兵、弓兵に分かれていました。石油を使った武器が広まったのもこの頃で、有名なビザンティンの「ギリシアの火」とまではいかないまでも、弓兵隊の中には火炎瓶部隊が存在しています。

十字軍の主力が騎士であったとしたら、イスラムの主力はやはり弓兵です。彼らの戦術、戦法は弓兵あってのものであったことは戦術の項で述べたわけですが、そうしたこと以外に十字軍に勝る兵器は弓でもあったからです。

サラディンの時代において、その精鋭部隊として知られたマムルークがあります。これは八世紀初めに東方に進出した結果生まれた戦争捕虜や購入奴隷が大量にアラブ世界に流入し、これを親衛隊としたのがアッバース朝の時代でした。彼らの中にはその軍事的才能から、軍司令官などに抜擢されるものも現れます。しかし、それが後に命取りになってしまいます。ちなみに白人奴隷兵がマムルークであるなら、黒人奴隷兵はアブドと呼ばれました。

中世ヨーロッパの軍隊の編制

一 ⚜ ランス

中世の軍隊における基本単位は一人の器を中心としたランス (lance) です。ちなみに、騎兵の持つ長槍のこともランスといいますので、混同しないようにしてください。このランスをバナレット騎士 (kight banneret) の指揮下に集めたものをバナー (banner) と呼び、バナーが集まって一番大きな単位であるバトル (battle) となります。

十四世紀のランスの典型的な編制は次のようになります。

(一) 騎士

ランスのリーダーは騎士です。騎士の装備はこの時代の典型的なもので、チェイン・メイルとプレート・アーマーを組み合わせたものです。ただし行軍時には、騎士自身が盾やランスを持つことはしませんし、戦闘用の重いヘルメットもかぶりません。これらは、騎士の従者が運びます。また、騎士の乗る馬には、戦闘時に乗る軍馬と行軍時に乗る乗馬用の二種類があります。

（二）従者（squire）

騎士や貴族の子供は、十四歳頃になるとほかの騎士の従者となって騎士の見習い訓練を始めます。武器や鎧については、従者も騎士と同じ様な装備をしています。

（三）カストレル（custrel）

これも従者の一種で、行軍時には馬に乗っていますが、戦闘時には下馬して重装歩兵として戦います。彼は身代金を払うことを拒否した捕虜の首をはねるための剣（coustille）を持っています。この武器の大きさは、短剣と普通の剣の中間です。

（四）弓兵

射撃戦の要員として、複数名の弓兵がランスに含まれています。彼らもカストレルと同様に、行軍時には馬に乗っていますが、戦闘時には下馬して戦います。鎧などは、同時代の普通の弓兵に似た装備で、チェイン・メイルを主体としたものです。

（五）歩兵

これは行軍時にも馬に乗らない歩兵です。ランスには必ず何名かの歩兵を含みますが、その数は騎士の財力などによって千差万別です。装備は、概して貧弱で、チェイン・メイルくらいしかつけていない場合が多いようです。

（六）そのほかの要員

非戦闘員として、騎士の身の回りの世話をする従者（valet）、食料や荷物を運ぶための馬とその御者などがランスには含まれます。彼らは非戦闘員なのでこの時代の普通の服を着ています。

先に示したランスは、十世紀から使われ続けてきましたが、その人数はランスを率いる騎士の身分、財力によって千差万別でした。しかし、十五世紀の中頃になると、ランスの構成を標準化する努力がなされるようになります。これは、王権を確立しようという動きと関連していて、後世でいう常備軍の先駆ともいえます。

十五世紀の軍事改革の中でもっとも有名なものは、フランスのシャルル七世が一四四五年に行ったものです。この改革で一ランスは六名と定められました。

十五世紀のランス

（一）重装騎兵

ランスのリーダーです。装備は十五世紀の重装騎兵の一般的な装備で、騎士の方はプレート・アーマーを主体とした鎧をつけ、馬鎧もプレートを主体とした重装のものになっています。

(二) 重装騎兵の騎士見習い（page）

役目は主人である重装騎兵のランスを持つことと、主人の身の回りの世話をすることです。直接戦闘には参加しないので、鎧はつけていません。

(三) カストレル

この時代のカストレルの主要な武器は短めのランスですが、これはクースティラー・ウエアポン（coustille weapon）と呼ばれます。その理由は、刃の形が十四世紀のカストレルが持っていた首切り用の武器に似ているからです。このため、この時代のカストレルはクースティラー（coustiller）とも呼ばれます。鎧はプレートを主体としたものですが、リーダーの重装騎兵のものよりは軽装になっています。

(四) 騎兵の弓兵

シャルル七世の改革では一ランスに騎馬弓兵が二名いることになっています。鎧や武器は歩兵の弓兵と同様で、馬にはまったく鎧をつけません。

(五) 従者 (valet)

騎士の世話をする従者です。

このような六名から構成されるランスが百個集まって一中隊となります。

二 ⚜ ペノンとバナー

中世の軍隊ではリーダーである騎士の地位を示すために旗が用いられました。ここでは特に重要な二種類の旗、ペノンとバナーについて説明します。

(一) ペノン

身分の低い騎士の持つランスの先端についている三角形の旗をペノンといいます。このペノンをつけることのできる権利をペノネージといい、またペノンをつけた騎士に指揮される小部隊のことをペノンともいいます。

騎士の身分を表すだけでなく、ペノンには実用的な意味もありました。騎士がランスを構えて突撃すると、当然ペノンは風に翻るわけですが、その空力的な作用によってランスの重さを軽くするのです。

(二) バナー

バナレット騎士が持つ旗をバナーといいます。バナレット騎士になると、その騎士のペノンの先を切って台形にします。これをバナーというわけですが、これを行うときには盛大な儀式が催されます。ちなみにバナレット騎士になると、自分自身で鬨の声（war cry）を選ぶことができるようになり、金、リスの毛皮、テンの毛皮、ベルベットを身につけることができるようになります。

中国の軍事制度

中国の軍事制度について、漢民族の国家の例として宋の制度について述べ、遊牧民族の国家の例として宋のライバルであった遼の制度について述べます。

一 ⚜ 宋の軍事制度

唐や五代の混乱期を教訓として、宋はかつての藩鎮のような地方の軍事勢力が持っていた権力を中央に吸収し、中央で軍事を統制することを方針としています。また文官を優先し武官をその下に置き武官の力を抑制する政策です。

(一) 北宋の統帥機構

宋の軍事を扱う最高の機関に枢密院と三衙（さんが）があり、この二つが軍隊の出動と軍隊の掌握という権限を分け合って国家に対する反逆の危険を分散していました。

枢密院は軍隊の出動を命令する権限を持ち、国防計画、軍事機密など軍政や軍令を取り扱う機関で、行政を管轄する中書省と並び称されるほどの重要な機関です。枢密院の長官を枢密使、枢密副使といい、宋では宰相に次ぐ要職で文官を原則として任命します。ただし軍隊の出動を命令する権限を持っていますが、その配下に一人の兵も持ってはいません。

三衙は実際に軍隊を指揮する機関で、殿前都指揮司、侍衛親軍馬軍都指揮司、侍衛親軍歩軍都指揮司の総称です。三衙の長官には、それぞれに都指揮司、副都指揮司、都虞侯が置かれました。ただしこれら全軍の最高の指揮権は皇帝にあり、皇帝はしばしば中央にとどまったまま指揮をとります。こうした体制は確かに皇帝に対する反逆を阻止するのには役に立ちますが、結果として皇帝からの事前の指示にこだわるあまり、臨機応変の対処ができないという弊害が生じます。

(二) 北宋の軍隊の種類

宋の軍隊には禁兵、廂兵、郷兵、蕃兵、土兵、弓手があります。

禁兵は宋では皇帝の近衛兵を意味するだけではなく正規軍であり、首都および地方の防衛、遠征を担当します。建国当初の禁兵は高い基準により選抜された精鋭部隊で高い戦闘力を持っていました。しかし兵力を増強するため選抜が甘くなり、飢饉や災害の対策として罹災者を無制限に禁兵としたこと、不充分な訓練などによって時がたつにつれて戦闘力が低下していきます。その証拠に西夏軍は敵に禁兵が多いと喜び、郷兵が多いと厳戒態勢をとりました。

廂兵には禁兵の選抜に合格しなかった者や禁兵として役にたたなかった者を当てます。また犯罪者も廂兵となり牢城で服役しました。廂兵は食糧の輸送、築城、武器の製造、軍艦の建造、橋や道路の修理などの労役にあたることを任務としています。太祖の開宝年間（九六八～九七六）には十八万五千で次第に増加を続け、英宗の治平年間（一〇六四～一〇六七）には四十九万九千となっています。

郷兵は国境地帯の農民を募集または徴兵したもので、若く体力にすぐれた者を選抜した精鋭兵であり、郷兵一名の能力は禁兵三名に相当するとまでいわれています。

蕃兵は対西夏戦争のために、河東、陝西に一〇四二年以降配置された兵種で、募集に応じた羌族を部族のまま兵としたものです。

土兵、弓手は治安維持のための兵種で、犯罪の取り締まりを任務とし、事実上の警察でした。州や県の地方行政区画でこれらを指揮したのは、土兵では巡察、弓手は県尉（けんい）です。

(三) 北宋の禁兵の編制、兵力

禁兵のもっとも基本的な編制および戦術単位を「指揮」といい、戦時、平時を問わず固定の編制単位で、禁兵の兵力を計算するときの単位です。指揮の規定の兵力は五百人で、指揮官は指揮使です。このほか「指揮」の下に兵力百人の「都」（指揮官は都統）を置き、上位の組織として五指揮をもって軍（指揮官は軍指揮使）を編制、十軍をもって厢（指揮官は厢指揮官）を編制していましたがこれらは必ず設置されてはいませんでした。

太祖時代には殿前都指揮司の馬軍（騎兵）二個軍、歩軍（歩兵）六個軍、侍衛親軍馬軍都指揮司に十六個軍、侍衛親軍歩軍都指揮司十七個軍があり総兵力三十七万八千のうち十九万三千が禁兵でした。これ以降兵の増減を次に示します。

時期	総兵力	禁兵
太宗の至道年間（九九五～九九七）	六六六、〇〇〇	三五八、〇〇〇
真宗の天禧年間（一〇一七～一〇二一）	九一二、〇〇〇	四三二、〇〇〇
仁宗の慶歴年間（一〇四一～一〇四八）	一、二五九、〇〇〇	八二六、〇〇〇
英宗の治平年間（一〇六四）	一、一八二、〇〇〇	六九三、〇〇〇

（四）南宋の軍事制度

靖康元年（一一二六）十一月、北方に興った女真族の金は宋の首都開封を攻略しました。開封城は堅固なうえに八万の大兵力を駐屯させていながら簡単に落城。金軍は徽宗および欽宗の二皇帝を捕らえ、一時的に宋は滅亡しました。翌年、欽宗の弟康王は南京（河南省商丘）で即位し、建炎と改元しました。ここに南宋が始まります。すでにかつての禁兵はほとんど崩壊し、首都が攻略されたため枢密院、三衙の軍事統制機構も消滅し、新たな軍隊が編制されます。それが最終的に「駐屯大兵」と総称される軍隊で、禁兵に代わって正規軍となります。駐屯大兵は国防の要地に軍隊を駐屯させたことからこの名があります。

建国当初の建炎年間（一一二七～一一三〇）の軍隊は御営軍、東京留守司軍、陝西の諸軍の三つに分けることができます。

御営軍は御営司という指揮機構を設け、長官は御営使といい宰相が兼任し、その下に都統制を置き軍隊を指揮させました。しかし韓世忠、張俊、劉光世の有力な三大将の軍隊の勢力が強すぎて統制できなかったために御営司の指揮下からはずれたことによって御営司は形骸化してしまいます。東京留守司軍は天下兵馬副元帥（国軍副司令官）の宗沢[*一]が設けた軍隊で御営司の指揮下にはなく、東京（開封）を拠点とし、敗北した諸軍の兵士や武装して金軍に抵抗を始めた八字軍[*二]などの民衆を集めて再編制したもので、対金戦争の最前線にあって善戦していました。しかし宗沢が死ぬと、後任の杜充は無能で軍からの脱走が相継ぎ、開封を放棄し、後に杜充はこの主力を率いて金に降伏しています。岳飛の軍はこの系統の軍隊でした。陝西地方は対西夏戦争の前線であり、かなりの無傷の宋軍が配置されていました。この諸軍は富平の会戦（一一三〇）では総兵力が歩軍十二万、馬軍六万を動員可能でしたが、この主力決戦に宋軍は大敗し兵力の大半を喪失してしまいました。宋軍は呉玠を中心として敗兵を収容し、秦嶺の通路に沿って要塞を構築し、和尚原、仙人関の戦いで勝利を収めて金軍の南下を阻止し、軍事力の回復を図っています。

紹興元年（一一三一）以降、南宋は長江の南に政権を確立しました。紹興の初期には、韓世忠、張俊、劉光世、呉玠、岳飛の率いる五個の駐屯大軍が国境に沿って配置されるという体制ができあがり、これらの諸軍の総兵力は紹興二年（一一三二）の時点で約三十万に達しました。紹興五年（一一三五）、五個の駐屯大軍の戦闘序列を改め、従来の軍号であった神武軍を行営護軍としました。この時に韓世忠軍を前護軍、張俊軍を中護軍、劉光世軍を左護軍、呉玠軍を右護軍、岳飛軍を後護軍としました。紹興十年（一一四〇）、金軍が侵攻した際にはこれらの諸軍は各地で金軍を撃破し、岳飛軍は開封の近郊にまで進出しました。しかしこれらの軍隊は強大であったため中央政府は伝統的政策によりこれらの大将の権限の消滅（韓世忠、張俊、岳飛を枢密使、枢密副使とし軍隊を奪いました）、兵力の縮小と組織の解体を行い、最大で三十五万を数えたこれらの諸軍は紹興十二年（一一四二）には二十一万に兵力が減少しています。しかし、これは国防力の低下につながり、紹興三十年（一一六〇）の金の侵攻に際しては駐屯大軍はしばしば敗れ、国防の中心は水軍に置かれるようになりました。

二 ⚜ 遼の軍事制度

遼は契丹が建国した国で、東北の三省、モンゴル、幽州（北京）を中心とする河北省の北部、雲州（山西、大同）を中心とする山西省を領土とし上京臨潢府（内蒙古、通遼）に首都を置き、ほかに四つの副都を置いていました。遼の支配下の人民には、契丹族を中心とする騎馬民族と農耕定住民である漢族がいました。これら異なる種類の人民を統治するため前者を統治する北面官と後者を統治する南面官を置きました。北面官は従来からの契丹制度により、南面官は唐の制度によりました。

(一) 遼の統帥機構

北面官は契丹人で構成され、軍政の権力をすべて掌握していました。北面官の北、南枢密院は国家の最高行政機関で、南枢密院は民政を担当し、北枢密院が軍政を担当し、軍事行動では戦略目標の決定、作戦計画、軍隊の部署および任務の決定などを行いました。皇帝は最高の統帥権を掌握していましたが、そのほかに軍隊の指揮統帥の最高機関として天下兵馬元帥府が置かれ皇位継承者が天下兵馬元帥に任命されました。また一方面の軍を指揮するために元帥府が置かれました。北、南大王院は軍民の管理機関で、兵役、軍馬、軍民を掌握していました。御帳官は皇帝の身辺警護を担当していました。

（二）遼の軍隊

遼の軍隊には御帳親軍、宮衛騎軍、大首領部族軍、衆部族軍、五京郷丁、属国兵があり、これらはほとんどが騎兵でした。

御帳親軍（ぎょちょうしんぐん）

これは皇帝直属の近衛兵で、全国の部族軍より選抜した精鋭部隊です。御帳親軍は総兵力が騎兵五万で、皇帝指揮下の皮室軍三万騎と皇后指揮下の属珊軍二万騎がありました。

宮衛騎軍（きゅうえいきぐん）

宮衛騎軍は皇帝、皇后の近衛兵で、歴代の皇帝、皇后が部族民や漢人から精鋭を選抜した軍隊でした。皇帝、皇后が生きている間は身辺警護を担当し、出征時には親軍を構成しました。皇帝、皇后が死亡すると陵墓を守備し、中央軍の常備軍の一部となりました。この軍隊は次第に拡張され、遼の終わりには、総兵力は騎兵十万一千、弘義（六千）、長寧（五千）、永興（五千）、積慶（八千）、延昌（二千）、彰愍（一万）、崇徳（一万）、興聖（五千）、延慶（一万）、太和（一万五千）、永昌（一万）、敦睦（五千）の十二宮と文忠王府（一万）が設置されていました。

大首領部族軍

これは皇族や大臣の私兵で彼らが出征の場合これを率いて参加しました。これは大は千余騎から、小は百余騎まで幅がありました。

衆部族軍

これは契丹や奚、室韋、渤海などの部族で編制され、部落を単位としていました。有事には出征し、平時には狩猟、耕作を行っていました。部族は先に述べたように北南大王府に属し、国境防衛を主な任務としていました。部族は四十七部あり、北大王府に三十二部、南大王府に十五部が属していました。

五京郷丁（ごけいきょうてい）

遼は上京臨潢府（内蒙古、通遼）、東京遼陽府（遼寧、遼陽市）、中京大定府（河北、平泉）、南京析津府（北京市）、西京大同府（山西、大同市）の五京（五ヶ所の首都）を置き、管轄する土地の人民で前記の軍隊に属していないものをこれに配属しました。有事に動員し、武器や装備は自己負担でした。しかしこれは軍隊の主力ではなく、敵地の園林の伐採や道路の修理など後方任務を担当しました。属国兵総兵力は一、一〇七、三〇〇人でした。

属国兵は遼の属国五十九国から必要に応じて援軍を出させたもので、これに従わない場

行営護軍の戦闘序列

軍	指揮官	根拠地	編制（軍団名）	兵力
前護軍	韓世忠	楚州 江蘇、淮安	背嵬軍（最精鋭軍）、前、右、中、左、後、選鋒、游奕、水。 指揮官：統制11名、統領13	80,000 一説には 30,000
左護軍	劉光世	池州 安徽、貴池 廬州 安徽、合肥	前、中、選鋒、摧鋒、翼武、親兵、左、右、後、水軍。 指揮官：統制10名	52,312
中護軍	張俊	建康 南京市	前、右、中、左、後、游奕、踏白、銀槍、鋭勝、忠勇、選鋒。 指揮官：統制11名、統領13	80,000
後衛軍	岳飛	鄂州 湖北、武昌	背嵬、前、右、中、左、後、游奕、踏白、選鋒、勝捷、破敵、水軍。 背嵬軍は騎兵8,000を保有していた。 指揮官：統制22名、統領5	100,000
右護軍	呉玠	興州仙人関 陝西、略陽	左、右、後など。	68,449

合には、これを討伐しました。

このほか、楊沂中の殿前司軍三万、劉錡の侍衛馬軍司軍二万（七個軍。前、右、中、左、後、游奕、選鋒軍）がありました。

三 ⚜ 中国の軍隊の補給

補給をどうするかは中国の軍隊においても重要な問題でした。食事の有無は軍隊の士気にも大きく影響するために、軍隊の指揮官達は食料の調達に気をつけていました。また補給線の切断は戦局全体を左右し、重要な戦術の一つでした。後漢末、官渡の戦い（二〇〇）では、曹操軍は兵力に優る袁紹軍の糧秣集積基地である烏巣を奇襲、糧秣を焼き捨てることに成功し、最終的に袁紹軍に勝利を収めています。しかし遊牧民族の軍隊のように自給自足や現地調達ですべてを賄う方針の軍隊もありました。

(一) 屯田と灌漑

規模の大きな軍隊を駐屯させておくのは、食糧を輸送してやらねばならず、補給の面で大きな問題でした。これを解決する手段の一つが自給自足の屯田でした。兵士は有事には武器を取り、平時には耕作し食糧を生産しました。こうした屯田に欠かせないものが灌漑施設であり、もっとも成功したものの中に、魏の鄧艾による芍陂[*三]を使用した屯田があります。この駐屯軍は五万人を数え、屯田は駐屯軍のすべてを賄うことが可能でした。

(二) 諸葛亮による北征

蜀の丞相（宰相）諸葛亮の北征では補給がもっとも問題でした。戦力の面から見れば、諸葛亮の養成した蜀軍は、装備の強化によって非常に高い戦闘力を備えており、兵力の差（コラムを参照）を補っていました。しかし秦嶺の峻険な道を越えて遠征するため食糧の輸送が非常に困難でした。魏はこの弱点をつき、強力な蜀軍とは戦闘をできるだけ交えないようにし、優勢な兵力を集中し壁を高くして戦わず、蜀軍の食糧が尽きて退却するのを待つのを基本的な戦術としていました。第二次（陳倉攻防戦）と第四次（祁山進出）は食糧が尽きたために退却しています。これを克服するために第四次には木牛という輸送軍を使用して運送を行っていますが成功していません。第五次には、根拠地の漢中からの行程が短い斜谷道を通り、流馬という輸送車を使用して運送を行い、さらに五丈原に屯田し永久的な基地を設けようとしました。しかしこれは彼の死によって成功しませんでした。木牛、流馬は険しく道幅の狭い桟道を通るのに便利な一輪車であると考えられています。

＊一　**宗沢（そうたく）**　一〇六〇生～一一二八年没。北宋末期、南宋初期の名将。金との和平派に対して強硬に抗戦を主張、首都の東京開封府を奪回して防御を固め、侵攻する金軍をしばしば撃破しています。常に黄河の北の失われた領土の回復を目指していましたが、彼の意見は皇帝側近の和平派によってにぎりつぶされてしまい、実行に移すことができませんでした。彼の最後の言葉は「河を渡れ！」でした。

＊二　**八字軍（はちじぐん）**　八字軍は王彦（おうげん）が敗残兵を集めて編制したもので、太行山（たいこうざん、河北省と山西省の境界にある山脈）を根拠地として、金への抵抗を続けました。八字軍の名の由来は、兵士達が自分の決心を示すため、まぶたの上に「赤心救国、誓殺金賊（まごころをもって国を救い、金のやつらを殺すことを誓う）」などという八文字の言葉を刺青していたためです。

＊三　**芍陂（しゃくは）**　長江と淮水の間にある櫓水の水を使用する人造の貯水池。後漢の時に建設され、以後歴代の王朝によって改修されて使用されています。北魏の時には周囲百二十里以上（五十二キロメートル以上）、五ケ所の水門を持っていました。宋代には周囲三百二十四里（約百七十九キロメー

トル）の規模がありました。この芍陂以外にも長江と淮水の間にも、茹陂（じょは）や呉塘（ごとう）、揚州五塘（ようしゅうごとう）などの多くの人造池が建設され、灌漑にも利用されています。

三国の軍事力

呉、蜀の兵力は史料に記載があり、人口と兵力の比率はおよそ十対一でした。これから史料に明記がない魏の兵力を推測することができます。これを次に示します。

	時期	戸数	人口	兵力
魏	二六三年	六六三、四二三	四、四三二、八八一	四四〇、〇〇〇
呉	二八〇年	五二三、〇〇〇	二、三〇〇、〇〇〇	二三〇、〇〇〇
蜀	二六三年	二八〇、〇〇〇	九四〇、〇〇〇	一〇二、〇〇〇（一二〇、〇〇〇プラス）

ただし諸葛亮が丞相の時期の蜀の兵力は、漢中の駐屯軍約十万、このほかに国内の守備隊があり、諸葛亮が江州の都督であった李厳に兵二万を率いて漢中に向かえと命じたという記事があるので一万四千～五万前後はあったと考えられます。諸葛亮の没後、軍戸で逃亡するものが多く兵力が大幅に減少し、前記の兵力となったと推測されます。

第四章　海軍

西洋の海軍

一 ギリシアの軍船

（一）五十櫂船（ペンテコストレス）

紀元前七世紀頃のギリシア人やフェニキア人が使っていたのが、このタイプの船です。名前の由来は、片側に二十五人ずつ、合わせて五十名の漕ぎ手が乗り組んでいることからきています。五十櫂船は幅に比べて前後の長さが長く、しかも船体が低くできていて水面から上に出ている部分が少ないので、海が荒れると非常に危険でした。したがって、この時代の軍船は主に沿岸航海を行っていました。ちなみに、商船の中にはもっと船体が丸くできていて、沖合航行が可能な船が存在しました。

（二）三段櫂船

このような欠点を改善するために考え出されたのが、漕ぎ手を複数の層にして積み重ねることでした。最初に行われたのが二段櫂船ですが、七世紀の終わりになると三段櫂船が出現します。ただし、最初に三段櫂船が作られたのがどこであるかは、まだ分かっていま

図1　ギリシアの軍船

せん。

典型的な三段櫂船は、長さが約三十五メートル、幅五・五メートルで、船首には衝角[*一]を装備しています。また帆を張るためのマストも持っていますが、戦闘時には帆をたたんでオールでのみ移動します。そして、可能ならば帆に関する設備（マスト、帆、帆桁、操帆装置など）は陸にあげておきます。

このような三段櫂船の乗員は約二百名。そのうち漕ぎ手は約百七十名です。ギリシアやローマの軍船というと、奴隷が漕ぐものだ、という印象がありますが、これは誤りです。古代地中海世界では漕ぎ手はすべて自由人で、きちんと給料をもらっていました。ちなみに、スパルタがペロポネソス戦争に勝った原因の一要因として、ペルシアからの資金援助によって優秀な漕ぎ手を雇うことができたことがあります。

この時代の海軍戦術の基本は、衝角で敵の船の船体に穴を開けることでした。中でも有名な戦術として、ディエクプロウスと呼ばれる戦術があります。これは、横に並んでいる敵船の間を通り抜け、敵がそれに対応する前に敵船の船尾に対して衝角をぶつける戦術です。さらに、敵船の間を通り抜ける時にエポディクスと呼ばれる棒を突き出し、敵船のオールを折ることも行います。これに対抗する戦術としては、船首を外側にして船を円形に並べる方法があります。こうすると敵は間をすり抜けることができなくなるわけです。

(三) ヘレニズム時代の軍船

アレクサンドロス大王の死後、彼の将軍達の間で行われた戦争を「後継者戦争」といいますが、この時代(紀元前三二二～紀元前二八一年)に軍船が急激な発達をとげました。最初に現れるのがテトレレス(四段櫂の船)、ペンテレス(五段櫂の船)で、その後すぐにヘクセレス(六段櫂の船)、ヘプテレス(七段櫂の船)が出現します。ヘレニズム時代に作られた最大の軍船は、エジプトのプトレマイオス四世が作ったテクサロコンテロス(四十段櫂の船)で、この船は長さが百二十メートル、幅が十五メートルで四千名の乗員を乗せていたといいます。このように、この時代の軍船の大きさは数字で表されており、この数字は三段櫂船の場合と同様、漕ぎ手の数であろうというのもほぼ間違いないところです。しかし、漕ぎ手をどのように配置したかというと、ほとんど推測の域を出ません。

三段櫂船と同様に段を積み上げていったのでは、安定性が悪くなるのは目に見えていますから、一本のオールに複数の漕ぎ手を配置したと考えるのがもっとも合理的ですが、それを積極的に支持するような証拠が発見されていないのです。

このように軍船が大型化すると共に、戦術にも変化が現れました。すなわち、船に投石器などの飛び道具を載せることができるようになったのです。それに対抗して、船の方も装甲船と呼ばれるものが出現しました。これは、乗組員を保護するために、船縁の上に頑丈な板縁を設けたものです。

二 ⚜ ギリシア世界の海戦

(一) サラミスの海戦（紀元前四八〇年）

アルテミシオンの海戦およびテルモピュライの戦いに勝ったペルシア王クセルクセスは、アテナイを占領し破壊しました。ギリシアの艦隊はアテナイ市民を避難させた後、アッティカ地方の沖にあるサラミス島に集結していましたが、ここで、海軍司令官であるスパルタのエウリュビアデスと、アテナイのテミストクレスの間で作戦についての激しい議論が行われます。エウリュビアデスは陸軍が守るのに容易なコリントス地峡に撤退しようと主張したのですが、テミストクレスは、海峡になっていて大艦隊を展開しにくいサラミ

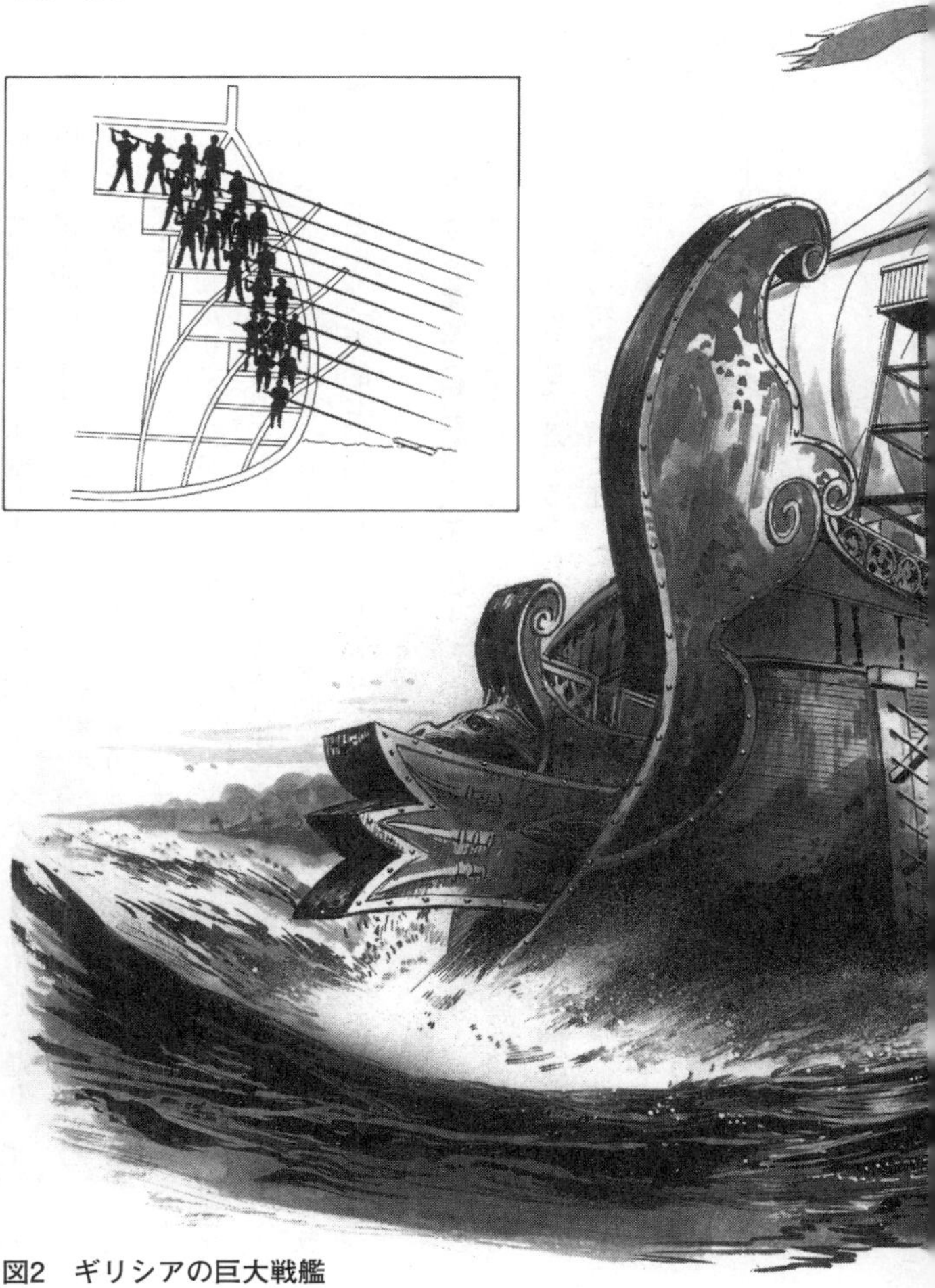

図2　ギリシアの巨大戦艦

ス島の付近で戦うべきだと主張しました。結局、テミストクレスの主張が通り、ギリシア軍は戦争準備を開始します。

戦闘の経過はテミストクレスが予言した通りになりました。ペルシア軍の大艦隊は、海域が狭いために思うような行動がとれず、味方の船と接触して動きが取れなくなったり、後方に取り残されたりする船が続出しました。それと反対に、ギリシア軍は陣形を崩さなかったので、数の上で優勢な敵に対して、多大な損害を与えることができたのです。

結局、ギリシア側の損害は五十隻、ペルシア側は沈没が二百隻で、そのほかに拿捕された船が多数という一方的な結果になりました。

（二）サラミスの海戦（紀元前三〇六年）

これは、同じサラミスでもキュプロス島のサラミス市沖で起こった海戦です。これは、アレクサンドロスの後継者達のうち、デメトリオスとプトレマイオスの間で行われた戦いです。この海戦の特徴は、前に述べた大型軍船が活躍した点で、プトレマイオス艦隊はペンテレスまでしかありませんでしたが、デメトリオスの艦隊にはヘクセレスやヘプテレスが存在しました。

デメトリオスは、このヘプテレスや、ヘクセレスを自軍の左翼に集中して用いましたが、これが勝負を決定しました。プトレマイオスは自軍左翼では勝てたものの、右翼はデメトリオスの巨艦の攻撃を受けて壊滅し、それを見た中央部の艦隊も敗走してしまったのです。プトレマイオス艦隊のうち、捕捉されずに逃げきれたのは二十隻にすぎないといわれています。

三 ⚜ ローマ時代

　ローマが海軍を持ったのは紀元前四〇〇年頃のことです。彼らは大体二十隻からなる艦隊を発足させました。当時、地中海で見ることができた軍船は櫂船と呼ばれるオールで漕ぐもので、フェニキアのバイレム[*二]（Biremes：二段櫂船）、ギリシアのトライレム（Triremes：三段櫂船）などが有名です。作られた二十隻はバイレムであったようです。バイレムとは二段櫂船のことで、紀元前七～紀元前六世紀にフェニキア人によって初めて作られたものです。そのため、この当時には、もうずいぶん旧式の船となっていました。ローマは、この頃イタリア半島統一にその勢力を注いでいましたから当然海外派遣など考えられず、この程度の軍船で充分だったのです。

　ローマはこの後カルタゴとの戦争の時代を迎えることになるわけですが、彼らとしては、当然このような旧式船でカルタゴとの海戦が行えるとは思ってもいませんでした。そこで、エトルスキ人のノーハウを得ることになります。エトルスキは、その全盛期にカルタゴと共に西地中海を支配していたので、ローマ人は彼らに学ぶことが多かったのです。

こうして、本格的な海軍の創設が始まり、その軍船もギリシアやカルタゴで主流になっているクィンクェレム[*三]（Quinquereme：五段櫂船）にならって作られました。ローマはポエニ戦争が始まってわずか六十日で百隻のクィンクェレムと二十隻のトライレムからなる百二十隻の軍船を完成させたのです。クィンクェレムの特長はトライレムに比べると船速が遅いのですが、頑丈さにおいては随一のものでした。しかも、[*四]ローマのクィンクェレムは幅を増して作られたので、さらに鈍重で頑丈な船となったのです。

彼らはさらに、海戦を有利に展開するために陸上戦の原理を海戦に持ち込みました。それは軍船の艦首に取りつけられたコルヴィス[*五]（Corvus）という回転式で、先端に鈎爪のついた道板です。これはボーディング（接舷切込み戦）を行うための物で、ここに本格的なボーディング戦法が始まったのです。ローマは敵船に近づくとすぐさまこのコルヴィスを打ち込んで八十〜百二十名の兵士達が切り込みます。当時の軍船はせいぜい十〜三十名程度の白兵要員しか船に乗せていなかったので

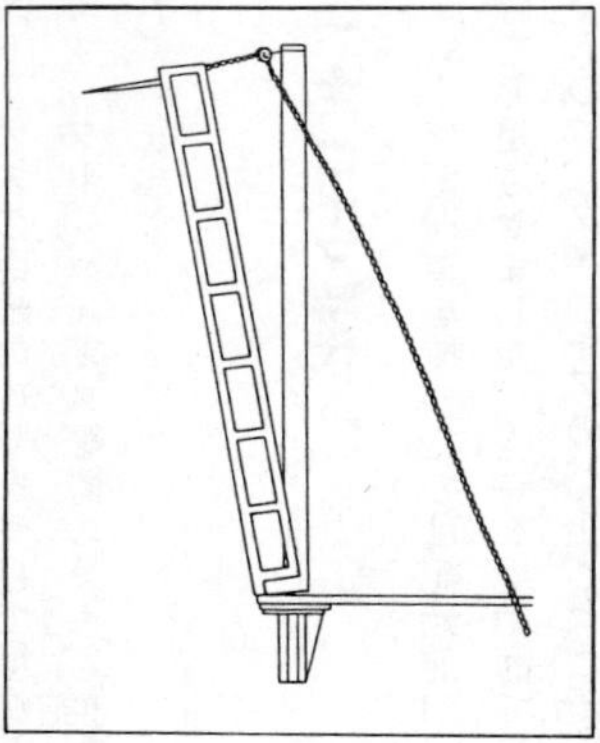

図3　コルヴィス

この攻撃にはひとたまりもありません。ローマはこのような戦法をとるために船の幅を他国よりも広げたのです。そして、ポエニ戦争における海上戦の勝利はこの戦法によるものでした。

コルヴィスをつけたローマの軍船が勝利した海戦として有名なものに、紀元前二六〇年のミエラ（またはミラッツオ）の海戦があります。この海戦の結果、カルタゴは地中海における海上支配権に終焉を告げることになります。彼らはこの不格好な船と風変わりな装置（つまり、コルヴィス）をつけた軍船を見て何ともおもわず、さらに経験で勝る自軍は有利であると確信しコルヴィスなど完全に無視していたのです。海戦の結果はあっけないものでした。カルタゴの軍船はことごとくコルヴィスの餌食となったのです。カルタゴ軍百二十五隻、ローマ軍百二十隻の戦いで歴史では、コルヴィスによる勝利であったとするこの戦いは、実の所は二十隻のトライレムがあったからのことで、この快速船がカルタゴのクィンクエレムを早期に捕まえて、ボーディングに持ち込んだおかげだったのです。

この後、ローマ人はギリシア進出のために、速力の高いイリュリア地方のリブルネー船に切り代えました。このリブルネー船はバイレムの一タイプとして改造され、紀元前二世紀頃の主力船となります。そして、あの有名なオクタヴィアヌスとアントニウス、クレオパトラ連合が戦った、アクチュウムの海戦で使われたのです。この海戦は名前こそ有名ですが緒戦で十四~十五隻を失っただけで総崩れとなった五百隻以上ものエジプト艦隊の動向ですべてが決まったのです。ローマはこうして帝政時代を迎え、地中海はもとより、ドナウ河、ライン河沿岸、紅海、ドーヴァー海峡などに海軍基地をもうけて海上の支配を行いました。この頃の主力はトライレムとなっています。

ローマの海兵隊

ローマ軍には海戦専用の部隊があります。それは彼らの独特な海戦術に由来するもので、アウグストゥス（紀元前六三～西暦一四年）の時代において、海上戦闘専用部隊が創設されています。彼らの装備は皮製の胸甲（ロリカ）で簡易化されたヘルメットと短槍を装備し盾の形状は同様ですが、それに描かれた紋様は独特のもので、「トライデント（三又の槍）に巻きついた蛇を握る手」として知られていました。

四 ダークエイジ

(一) ヴァイキング、ロング・シップの活躍

ダークエイジにおいてもっとも有名なヴァイキングのロング・シップは彼らが死者を送り出す習慣のおかげで完全に近い形のものが残されているためにどのような物であったか判明しています。全長二十五メートル、幅三～五メートルでマストは十二メートルありました。このロング・シップに乗ってヴァイキング達は至るところに進出しました。この船がどのくらいの速力を持っていたかということについては一八九三年の興味深い実験で推測する

図4　ヴァイキングのロング・シップ

ことができます。これは忠実に再現されたヴァイキング船によって大西洋を横断する試みで、二十八日間の航海で北アメリカに到着しています。この実験でロング・シップは一日百八十五キロメートルも漕ぎ進んでいます。

ヴァイキングを始めとする北欧の民は海洋に進出するに伴って、より大きな船を作る必要を感じ七十六メートルもの巨大な船「グレート・ドラゴン」を生んでいます。しかし、ヴァイキングの特長でもあるロング・シップにはその手軽な大きさゆえに陸上でも移動させることができ、前代未聞の船を車に乗せて運んでフランス奥地やさまざまな内陸都市に侵入しました。

(二) ビザンティン、燃え盛るギリシアの火

ビザンティンはローマの海軍を受け継ぎ、トライレムを中心とした海軍をもって始まりましたが、五世紀にカルタゴに進出したヴァンダル[*六]の艦隊にあっけなく敗れ去りました。ここで新たな艦隊が急ぎ建造されます。この当時、彼らの主力をなしたのはドロモン船[*七](Dromon)と呼ばれる快速船で、構造的にはバイレムの発展型だといわれています。このドロモン船については殆ど資料が残されていないため、どのようなものであったかは分かりません。ただ、ビザンティンはこの船を九十二隻持っていて、そのほかに五百隻ほどの商船を持って、ヴァンダルを攻めたことから、この船は百～二百人が乗れるもので、全長五十～八十メートルぐらいのものと推測されています。

　このドロモン船の出現によってビザンティン海軍は五三三年に百二十隻からなるヴァンダル海軍を破り、さらに五五一年には四十七隻からなる東ゴートの海軍を破りました。こうして、地中海における制海権をとりもどしたのです。

　七世紀にアラブ人の侵略が始まると、アレキサンドリアが陥落し、窮地に立たされますが海軍の迅速な行動によってこれを奪還することに成功しました。ところが、アラブ軍はこれに多くのことを学ぶことになります。それは、彼らがそれまで海軍を持っていなかったためでした。そして、二百隻からなる艦隊を創設し、六五五年に千隻のビザンティンを打ち負かしたのです。

この結果再び制海権を失ったビザンティンはこれ以降それを奪還することはできませんでした。しかし、コンスタンティノープルに攻め上ったアラブ軍を苦しめる兵器の開発により、何とかここでは持ちこたえることができました。その新兵器とはあの有名な「ギリシアの火（Greek Fire)」です。

この兵器はギリシア人の建築家カリニコスによって作り出されたもので、「水面で燃え、砂でなければ消すことができなかった」と伝えられていることから石油を使った兵器というのが定説です。発射装置は皮製のものに青銅の板を張りつけたもので、船にも取りつけることができました。ただ、あまり資料が残されていないため、発火方法などについては分かっていません。[*八]ビザンティンはこの兵器によって、アラブ海軍を焼き払い、彼らを追い払ったのです。

（三）三角帆の艇生

中世における海軍はもとより船の画期的革新は、三角帆の誕生です。これによって帆船達はより容易な操作を行うことができるようになりました。それまでの四角帆は後ろから風を受ける状態でなければ前進することができなかったため、丁度いい風向きでない場合は帆をたたみ、オールを漕ぎました。ところが、三角帆の出現によって初めて斜めからふく風によっても航海を行えるようになります。この帆は東方で生まれ、ビザンティンによ

図5　ラティーン・セイルの船

って西方に広められたことからラティーン・セイル（Lateen sail）と呼ばれました。これはラテン語の三角という意味を持つ言葉「Alla Trina」がなまってこう呼ばれるようになったという説があり、最近の説ではこの帆を発明したのはアラブ人というのが有力です。

五 ⚜ 中世

(一) 十字軍と海運都市

十字軍が地中海の東西貿易に非常に貢献したことは、今日でも多くの文献で述べられています。彼らは東方に赴くにあたってイタリア半島に点在するジェノヴァ、ピサ、ヴェネツィア、アルマフィに海上輸送の任を請け負わせていたので

図6　三角帆と四角帆を組み合わせた船

す。十一〜十三世紀の間、東西への船出はこうした都市国家の繁栄をもたらしました。

十二世紀においてまだ大きな帆船は四角帆を備えていました。ですから風によってはとんでもないことになりました。そこで、こうした船はオールも併用して漕いだわけです。しかし軍艦には十二世紀末期にビザンティンのダエモンのようなラティーン・セイルを持った櫂船があり、これはサラディンが自軍の主力として用いました。十三世紀になって、帆船の帆は商船も含めてラティーン・セイルとなり、これを二本持った船や四角帆と組み合わせた船が主流となっていきます。

一方、北欧ではハンザ同盟の設立によって多くの帆船が登場します。中でも有名なのがコッグ船（Cog）で、十三～十四世紀に全盛したこの船は全長三十メートル、幅七メートルほどの商用船です。この船は喫水[*九]が深く、速力が高いために商用としてもってこいのもので、この頃より船には船尾中心に舵が取りつけられるようになりました。

六 ⚜ レパントの栄光

(一) ガレイ船の登場

櫂船をガレイ船（Galley）と呼んだのはビザンティンで、それは九世紀のことです。それは当時、偵察船として使われていた二十オールの櫂船をそう呼んだことから由来します。このガレイ船は、一般的には先であげてきたトライレムやドロモン船などの櫂船の総称として知られていますが、ガレイ船と呼ぶ大きな船が登場するのは十三世紀以降のことです。十四世紀にはラティーン・セイルをつけたガレイ船がさまざまな国で使われるようになります。ただ、この頃はまだマストは一本で、ドロモン船よりは小さな船でした。

十五世紀になると、ガレイ船は二本マストの大きな船体を持つようになり、コッグ船のように船尾中心に舵が取りつけられるようになります。ただ、速力を高めるために、側舷が低く、外洋に乗り出すことはできませんでした。

図7　トルコのガレイ船

（二） 外洋船と大砲の登場

ガレイ船が外洋航海に適していなかったため、もっぱら帆船の役目は商用を目的とした外洋船でした。当時の海軍はまだガレイ船を主体としたものでしたが、世にいう大航海時代たけなわの十五～十六世紀にはヴァスコ・ダ・ガマやマジェランやコロンブスが大型船で航海に乗り出します。こうした帆船はカラック船（Carrack）と呼ばれ、帆の数も複数つけられるようになります。

十六世紀の火器の発達は海軍の船のありかたに大きく影響を及ぼしました。つまり、軍船に大砲を備えつけたものが出現したのです。それまで、突撃して切り込み白兵戦を行ったガレイ船の戦いは火器を取りつけることによって一変することになります。初期においては門数が少なかったため、ガレイ船も大砲を積んで対抗できましたが、砲戦が主要をなしてきたことにより、側舷が低く、喫水の浅い船は限界点に達してしまいます。しかし、十六世紀にはまだなんとか対等に張り合え、それどころか速力の高いガレイ船の方が充分有利でしたが、レパントの海戦以降、多くの大砲を備えた巨大帆船の時代が訪れるとその主役の席を譲ることになるわけです。

(三) レパントの海戦

一五三三年のフランスとトルコの不信同盟は一五七一年にローマ法王のキリスト教同盟を発足させ、スペイン、ヴェネツィア、サヴォイア、トスカーナ、ジェノヴァ、パルマ、ウルビーノ、そしてマルタ騎士団が一致団結して艦隊を作りあげました。世に知られるレパントの海戦の準備はここに整ったわけです。

このレパントの海戦はガレイ船による最大最後の大海戦となるわけです。その戦力は同盟側がガレイ船二百八隻と六隻のガレアス船*+、そして、そのほか二十四隻の船舶からなり、水夫、漕ぎ手と戦闘員を合わせた数が約八万四千人、さらに各船に装備された大砲を合わせると千八百門を超えるもので、総司令官ドン・ファン・デ・アウストリアは時のドイツ皇帝フィリッペ二世の義弟でした。これに対しトルコ側は、アリ・パシャを総司令官とした大型ガレイ船二百十隻と小型ガレイ船六十三隻からなり、兵員は八万八千人、大砲の総数は七百五十門でした。

一五七一年十月七日、パトラス湾口のエチネード島付近に集結した両艦隊は早朝よりにらみ合いを始め、真昼になって吹き出した西よりの風にのって、キリスト教艦隊の有利のうちにその火ぶたがきって落とされました。キリスト教艦隊の前面にはガレアス船が配置され、敵にまずその砲弾を浴びせました。

中央には六十一隻のガレイ船を従えたドン・ファンが、左翼はヴェネツィアの総監アゴスチノ・バルゴリ、そして右翼はジェノヴァのアンドレア・ドーリアが指揮し、後衛に精鋭部隊としてサンタ・クルズ侯爵率いるスペイン艦隊三十隻が控えていました。トルコ側は中央をアリ・パシャ、右翼のジェノヴァ艦隊にはアルジェの太守ウルグ・アリ、もう一方はアレキサンドリアの太守メーメット・コラックが控えました。コラックはその武勇からシロッコ（南東熱風）と呼ばれた猛者でした。そして、後衛は海賊あがりのアムラート・ドラグートが指揮していました。

戦いは終始、キリスト教海軍の圧倒的な大砲がものをいい、中央の激戦と左翼の崩壊によって三時間を超える戦いの幕を下ろしました。この海戦の結果、キリスト教艦隊は十五隻のガレイ船と七千六百名を超える戦死者、八千名近い負傷者をだしました。しかし、一方のトルコ艦隊は大型艦八十五隻、小型艦二十七隻を失い四万人にのぼる死傷者をだしました。

＊一　衝角　敵の船に体当たりして穴を開けるための突出部。水面下にある。

＊二　バイレム　作りがしっかりしてとても速い船だったといわれていますが、側舷が低かったために、大海に乗り出すことはできず、荒波にはひとたまりもなかったと伝えられています。また、こうした船は大量の食料や水が積めなかったので、長い航海には陸上隊が同伴し、共に移動しました。サラミスを始めとした櫂船の海戦が陸地近くで行われたのもそうした理由があったからなのです。

＊三　クィンクエレム　ここで、誤解のないように述べますが、五段櫂船は「クィンクェ」つまり、「五重の」という意味を単純に訳したもので、トライレムのように「櫂」が三段に並んでいたからといって、クィンクェレムが五段であったかというと、そうではなく一本のオールを五人で漕ぐので、このような名前がついていたのです。

＊四　ギリシア、ローマ時代における船の構造ははっきり述べれば資料に恵まれていないというのが現状ですから、すべては学者達の推測に頼らなければならないため具体的な数値を述べることができません。

＊五　コルヴィス　これは渡り桟橋という意味の言葉でしたが、鉤爪がカラスのくちばしに似ていたので一般的には「カラス」と呼ばれました。この桟橋は幅一・二メートル、長さは四～八メートルの二つのタイプがありました。回転式で、航海中は正面を向いていますが、左右どちらにでも向けて振り下ろすことができます。

＊六　ヴァンダル　ゴート族がアフリカに渡って築いた国家。

＊七　ドロモン船　「走者」という意味をもっているところから、速力の高い船であったことがうかがえます。

＊八　というのが当時の史家達の御意見ですが、現実的には各方面に伸びきったアラブ軍はその軍の維持に問題をきたし、さらに敵前線に大量に送り込んだこの包囲軍の補給を保つことがかなり厳しくなったために撤退したというのが現実のようです。

＊九　**喫水**　船体の水につかっている部分で、これが深ければ船に多くのスペースができますから荷物が多く積めますが、その反面、座礁しやすくなるわけです。ちなみにコッグ船の喫水は三〜四メートル近くありました。

＊十　**ガレアス船**　大型のガレイ船で、三十六門のカノン砲と、六十四門の石弾臼砲を装備し、千二百名の乗組員を有した船です。

中国の海軍

一 ⚜ 海軍と水軍

中国の水上の軍隊は海軍というよりもむしろ水軍というべきもので、河川上で戦うことを主な目的としています。ただし優秀な船舶を建造する技術と航海術を持っていたため外洋を渡って侵攻する能力も持っています。中国の南方においては南船北馬といわれるように水運が盛んで、特に長江の南に首都を置いた国は国防の要として必ずといってよいほど有力な水軍を編制しており、北方の国が中国を統一するためにはより強力な水軍を編制できるかどうかにかかっていました。

二 ⚜ 水軍の発達

水軍が登場したのは春秋・戦国時代で、南方の呉や越は水軍を編制しています。この水軍は船舶を使用して機動する歩兵でしたが、水上で戦うこともあります。秦・漢の時代には専門の水軍が編制され、主として長江より南の征服に使用されました。このため運河が開かれ、水軍の軍艦は長江から今の広州湾に水路を利用して達することができました。三国時代、呉の水軍は三国最強で、外洋を渡る能力も持っていました。赤壁の戦いでは魏の曹操が率いる大軍を呉の周瑜が率いる水軍が撃破しています。晋は益州（四川省）で艦隊を建造し、この水軍によって長江を制圧し呉を滅ぼすことに成功しました。南北朝時代、南朝の諸国は水軍を強化し、打撃兵器の拍竿が軍艦の主要な装備となっています。南宋は国防の中心を水軍に求めました。金の海陵王[*1]（完顔亮）が宋を滅ぼそうと南に進撃を開始した時、彼の野望を砕いたのは南宋の水軍です。この時南宋の陸軍は各地で撃破されましたが、李宝が率いた水軍は海岸に沿って南下する金の水軍を殲滅し、海陵王の主力は長江渡河中を水軍に襲われ撃退されています。また無敵を誇った元の騎兵も大河川の多い南部中国では能力を発揮することができず、元による南宋の征服は、元の将軍、劉整が強力な水軍を編制して初めて、南宋水軍を撃破することに成功します。宋以降は軍艦に火器が装備されるようになります。元は艦隊を日本征服のために、二度にわたって派遣しています。唐、宋代には海上交通が発達し、渡洋能力を持つ大型船が建造されました。船は大型化し、構造についても大きく進歩し、水密区画を設けて沈没しにくくした船もありました。また中国人は宋代に発明された羅針盤を使用し、星の位置より緯度を測定する進歩した航海術を持っていました。こうした技術のもとに、明の鄭和は一四〇五～一四三一年の間に二万以上の兵員や随行者が乗り込んだ百～二百隻以上の大艦隊を率いてインド、アラビア半島にまで至る七回の海外遠征を行い、中国の水軍はその頂点に達しました。

三 ⚜ 軍艦と兵装

水軍の兵士の兵装は当時の標準的な歩兵の装備と基本的に同じです。火器が発明されるまでは長射程兵器として弩や弓を使用し、接近すれば敵の船に乗り移り白兵戦を行います。中国の水軍の軍艦や特殊な装備には次のようなものがあります。

(一) 蒙衝(もうしょう)と闘艦

これらは堅固な造りの船で、皮を張って装甲を施し、船内の戦士を保護しています。

(二) 楼船(ろうせん)

高楼を設けた戦艦。晋の王濬の楼船は巨大で、兵二千を収容し、馬に乗ったまま往来が可能で、城のような船でした(図1)。

(三) 拍竿(はくかん)

拍竿は南北朝の時代より使用された兵器で、てこの原理を使用し、竿状の棒で敵の軍艦

図1　楼船

図2　輪船

を打撃し、破壊するという兵器です。

（四）五牙（ごが）

隋が南朝の陳を滅ぼす時に使用した大型の楼船です。甲板上に五層の高楼を構築し、収容する戦士は七百～八百名、十五メートルの長さを持つ拍竿を六基装備しています。

（五）輪船（車船）

これは水輪を使用して走行する高速船です（図2）。北宋の終わり頃、洞庭湖を根拠地とした反乱軍はこの高速船と拍竿を組み合わせて使用し大きな勢力を持っていました。南宋の水軍のうち河川や湖に配置された部隊は多く輪船（車船）を装備しています。しかしこの時代の輪船は外洋を航海する能力はありません。

(六) 宝船（ほうせん）

鄭和が率いた艦隊の中心となっていたのは宝船といわれる大型船で、艦隊中四十隻から六十隻は含まれています。排水量約八千トン、船長四十四丈（百五十メートル）、船幅十八丈（六十二メートル）、九本のマスト、十二枚の帆を持ち当時としては最大級の大型船です。これは平底の沙船と呼ばれる船の系統をひいており、高い航洋性を持ち、逆風でも航海することができます（図3）。

図3　宝船

(七) 火器

火器は水上戦闘でもよく使用されます。船が木造であ

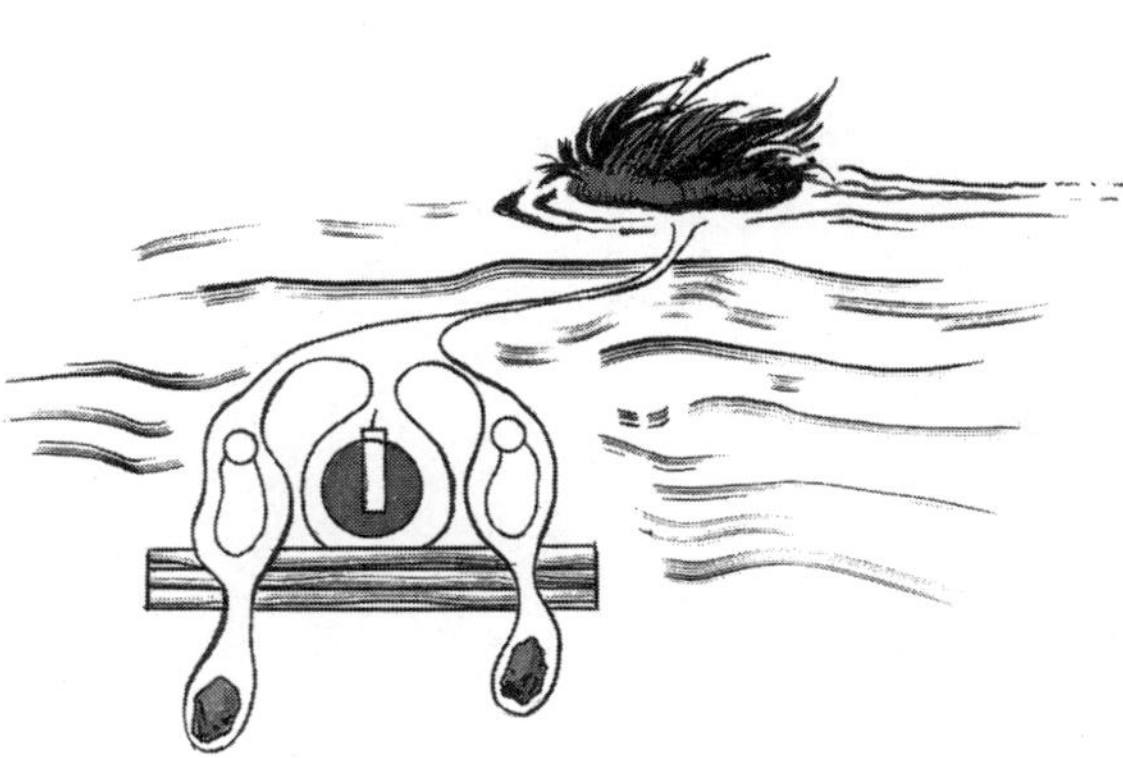

図4　水底竜王炮

ったため燃焼性の火器はもっとも大きな脅威です。火槍などの火炎放射器や火箭のようなロケット弾がよく使用されています。また水雷が明代から使用され、水底竜王炮、混江竜、水底雷、既済雷があります。水底竜王炮は時限装置を持った定時に爆発する機雷で、混江竜は中に点火装置を持ち敵がくればそれを縄を引っ張ることで作動させる機雷です。

＊一　**金の海陵王（かいりょうおう）**　一一四九即位～一一六一年没。金の皇帝。姓名は完顔亮（わんやんりょう）。南宋遠征に失敗し、配下に殺されています。

第五章

攻城戦

ギリシア時代の攻城戦

一 ⚜ペロポネソス戦争時代の攻城戦

ペロポネソス戦争（紀元前四三一～紀元前四〇四年）以前、ギリシア人の攻城戦技術には見るべきものがあまりありませんでした。基本的には、敵のポリスを包囲し、兵糧攻めを行うしか方法がなかったのです。したがって、小規模なポリスを陥落させるのにも年単位の時間がかかることが多く、ましてや、海に面した港を持つポリスの場合、港を海軍で封鎖しない限り、攻城戦を成功させるのは不可能であったといってもよいでしょう。その典型的な例は、ペロポネソス戦争におけるアテナイです。スパルタはペロポネソス戦争の初めからアテナイのあるアッティカ地方に対する侵攻を繰り返しました。これに対し、アテナイはペリクレスの戦略に従って、アテナイ市に籠城することで対抗したのです。ペロポネソス戦争開戦当時、海軍力はアテナイの方が有利でしたから、黒海沿岸の植民市から船で送られてくる穀物は、安全に輸送することができたのです。したがって、いくらスパルタ陸軍がアッティカに侵入してもアテナイは陥落しません。結局、スパルタの名将リュサンドロス[*一]らの活躍（とペルシア帝国の資金援助）によって、スパルタ海軍がヘレスポントス海峡、ボ

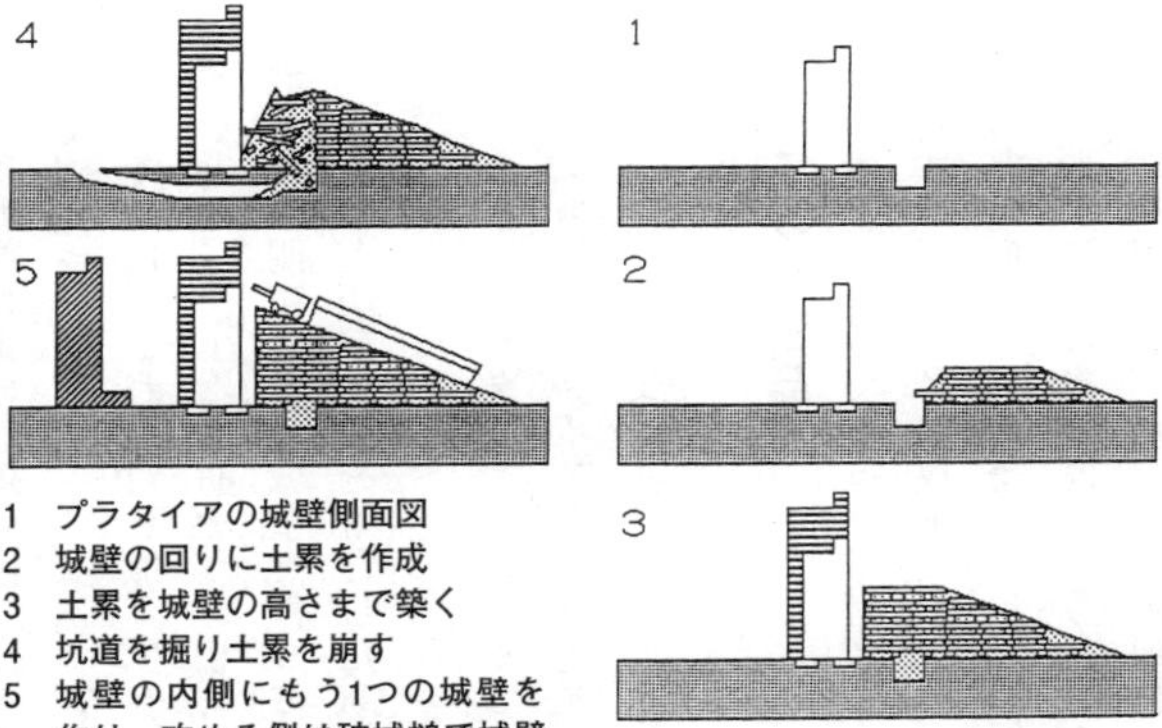

1　プラタイアの城壁側面図
2　城壁の回りに土累を作成
3　土累を城壁の高さまで築く
4　坑道を掘り土累を崩す
5　城壁の内側にもう1つの城壁を作り、攻める側は破城槌で城壁の上部を攻撃

図1　プラタイアの戦い

スポラス海峡付近の制海権を握り、アテナイ向けの食料の補給線が脅かされるようになって、初めてアテナイは降伏したのです。

もっとも、これはスパルタ軍が攻城戦技術の改良についてあまり熱心でなかったこともあるでしょう。ペロポネソス戦争のように長期にわたる戦争で、攻城戦の技術が発達しないわけはありません。

(一) プラタイアの戦い

たとえば、ペロポネソス戦争の初期に行われたプラタイアの戦いでは、かなり高度な攻城戦が行われました。プラタイアはボイオティア地方にある小さなポリスですが、古くからアテナイの影響下にありました。このポリスに対し、スパルタとボイオティアのほかのポリスとの連合軍が攻撃をしかけたのです。

まず、攻城側は市の城壁の回りに、木材で補強した土塁を築きました。[*二] これは、城壁に向かって斜面をなしていて、その上に破城槌を載せ、城壁の上部を破壊しようというのが、目的でした。これに対して、プラタイア側は城壁を高くするとともに、城壁の下にトンネルを掘って、土塁を崩そうとしました。さらに、危険が迫った部分では、もとからあった城壁の内側に新しい城壁を作って、防御力を強化したのです。そして、破城槌に対しては、城壁の上から材木を落としたり、鎖でもって槌を引っかけるなどの妨害工作を行いました。

以上のようにプラタイアの戦いでは、防御側がかなりがんばったのですが、なにしろ多勢に無勢（当時プラタイア市民は避難していて、市内にいたのは少数の守備隊だけだったのです）。結局、半数の二百名は市を脱出し、残りの二百名は降伏しました。

(二) シュラクサの包囲

ペロポネソス戦争でもっとも有名な攻城戦はシケリア島（今のシシリー島）のシュラクサ市に対するアテナイの攻撃でしょう。最初に、アテナイ軍はシュラクサに北方から接近し、市の北にあるエピポラエの丘を占領し、その丘の上（ラブダルム砦）とシュラクサ市の西（円形砦）に、市を囲むように砦を建設しました。そしてさらに、円形砦から南に向かって城壁を建設し、市と陸上の連絡を断とうとします。同時にアテナイ海軍は港を封鎖

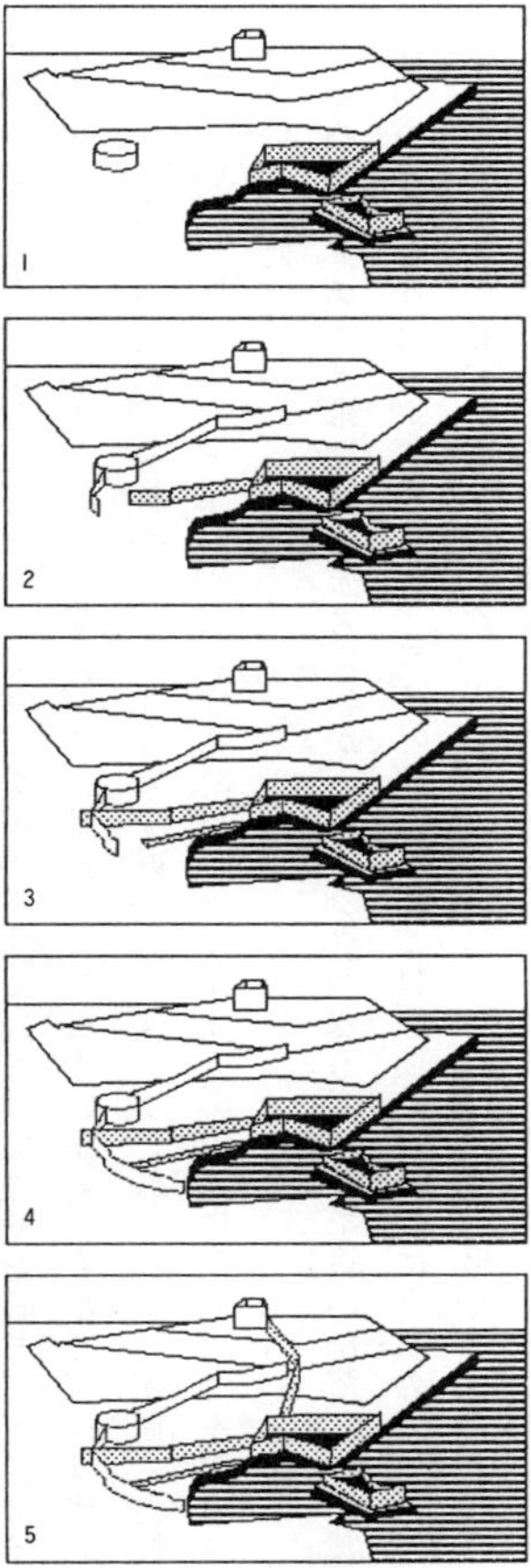

1　ラブダルム砦と円形砦を建築

2　円形砦から南へ向かって城壁を作成

3　シュラクサ軍も城壁を作り

4　海岸付近の沼地に溝を掘ってアテナイ軍を妨害

5　アテナイ軍は円形砦からシュラクサ市南方の海岸までの城壁を完成させる

図2　シュラクサの包囲

しています。これに対して、シュラクサ軍も市から西に向かって城壁を築き、アテナイ軍の城壁建設を妨害しようと試みますが、これは失敗してしまいます。そこで、シュラクサ軍は海岸付近の沼地に溝を掘ってアテナイ軍を妨害しますが、これもアテナイ軍に占領されてしまい、結局アテナイ軍は円形砦からシュラクサ市南方の海岸に至る城壁を完成させてしまいました。

ところが、アテナイ軍は何を考えたのか、シュラクサ北方では砦を築いただけで、城壁を作ろうとはしません。これが、アテナイ軍にとっては致命的な失敗になるのです。シュラクサを救援にきたスパルタのギュリッポスは、これに目をつけラブダルム砦を奪取し、市と砦の間に城壁を築きました。また、スパルタ海軍もアテナイ海軍に対して勝利をおさめ、アテナイ海軍は港の中に封鎖されてしまいます。

補給の道を断たれ、沼地に押し込められたアテナイ軍は降伏する以外に道はありませんでした。これはアテナイ最大の敗北といわれ、ペロポネソス戦争の結果を決定した戦いでした。アテナイ軍の損害は四万から五万といわれています。

二 ⚜ ヘレニズム時代の攻城戦

ギリシア世界において攻城技術がもっとも進歩したのはアレクサンドロス大王とその後

継者たちの時代でしょう。アレクサンドロスの行った攻城戦の中でもっとも困難を極めかつ有名なのは、フェニキアの通商都市テュロスに対するものです。イッソスの戦い（紀元前三三三年）に勝ったアレクサンドロスは、ペルシア海軍を無力化するため東地中海沿岸都市の征服を開始しました。シドン、ビブロスなどの都市はすぐに降伏したのですが、島の上に建設されたテュロス市は降伏に応じようとはしませんでした。そこで、アレクサンドロスはテュロスに対する攻城戦を開始しました。

（一）テュロス攻城戦

テュロスは島の上にありますが、この島は本土から一キロメートルも離れていません。しかし、この島は非常に堅固な城壁で囲まれていました。その城壁は五十メートルの高さがあったといわれています。紀元前三三二年の一月、この難攻不落な都市を目の前にして、アレクサンドロスは本土から幅数十メートルの突堤を作り始めました。攻城戦が始まった当初、マケドニアの海軍はテュロスの艦隊に対抗できるほどの戦力を持っていなかったことも、この作戦を実行することになった一要因でした。

突堤が島に近づいてくると、テュロス側は城壁からカタパルト[*三]を使ったり、艦隊を使ったりして突堤の建設を妨害しはじめます。これに対抗するため、アレクサンドロスは突堤の先端で作業する兵士たちを守るため、五十メートルの高さの塔を二つ作りました。この塔にはカタパルトも搭載されていて、テュロス側の妨害工作に対して反撃できるようになっていました。この塔はテュロスの焼き討ち船によって炎上してしまいますが、アレクサンドロスの反応は突堤の幅を増やしてより多くの塔を建設できるように命令しただけでした。

そうこうしているうちに、マケドニアに降伏したフェニキア諸市の艦隊が到着し、アレクサンドロスはテュロスの艦隊に対抗できる海軍力を手にすることができるようになりました。そこで、アレクサンドロスは船にカタパルトや破城槌を載せ、海からもテュロスの城壁に攻撃を行います。城壁への攻撃に対して、テュロス側は赤くなるまで焼いた砂や、煮立てた油などの古典的な道具を使って妨害を行い、また、特に危険な部分では城壁の上に新たに塔を作って対抗しました。

しかし、ついに海からの攻撃が効を奏し、市の南側の城壁に穴を開けることに成功しました。攻囲を始めてから七カ月目でした。アレクサンドロスはこの突破口とテュロスの二つの港に対する総攻撃を命令します。結局、八千の市民が死亡し、残りの三万人は奴隷として売り飛ばされたのでした。

アレクサンドロス以後、最大の攻城戦はアンティゴノスの子デメトリオスが行った、ロドス市に対する攻撃でしょう。この攻囲は結局失敗するのですが、その規模、技術などの

図3　ヘレニズム時代の攻城兵器

ためデメトリオスはこれ以後「攻城者」と呼ばれるようになりました。

(二) ロドスと「攻城者」デメトリオス

デメトリオスは、アレクサンドロスの生前にフリュギアの太主をしていたアンティゴノスの息子です。アレクサンドロスの死後、その帝国は有力な将軍達によって解体されるわけですが、アンティゴノスもその中の一人です。また、ロドスはヘレニズム時代、その海軍力で東地中海の海上を支配していたといってもよい都市で、一種の海上警察の役割も果たしていたと考えられています。この都市に対してデメトリオスは、海賊の支援を受けて攻撃を行いました。デメトリオスの艦隊は三百五十隻以上の大艦隊だったのですが、ロドスの港は厳重に防御されていて、ロドス艦隊に手を出すことはできません。なお悪いことに、ロドスの艦隊が封鎖を突破して補給を届けるのを防ぐこともできなかったのです。前にも書いたように、港を完全に封鎖できない場合、その都市を落とすのは極めて難しくなります。これが、デメトリオスの失敗の第一原因でしょう。

さて、港に対する攻撃が望み薄なので、デメトリオスは陸から攻撃します。カタパルトなどの攻城機械、城壁を崩すための坑道戦、など当時の最高の技術が用いられましたが、なかでも特筆すべきなのは「ヘレポリス」と呼ばれる大攻城塔です。これは底面積は五百平方メートル、高さ四十三メートルの九階建ての塔で、その前面と側面には火矢に対抗するため鉄板を張り、その中には攻城用のカタパルトが各階に搭載されていました。ヘレポリスは三千四百人の兵によって動かされますが、ディオドロスのいうことに従えば、どの方向にでも容易に動かせたそうです。

このような新兵器を使ってもロドスを落とすことはできませんでした。この戦いは、基本的には大規模な略奪であり、ギリシア世界全体がロドスに同情的であったのも、その原因の一つだったでしょう。

＊一　リュサンドロス（?～紀元前三九五）　スパルタの提督。ペロポネソス戦争の勝利に貢献した。

＊二　土塁　要するに堤防のようなものを土を盛って作るわけです。攻城戦においては攻防どちらの側にも使われます。詳しくは、ローマの歩塁の注を参照してください。

＊三　カタパルト　石、弓などを飛ばす機械。

図4　ヘレポリス

ローマ時代の攻城戦

ケルト人がやって来た

ローマがまだ一つのギリシア風都市国家だった紀元前三八七年、ケルト人によるローマ市の略奪が行われます。市街は焼き払われ、生き残った市民はカピトルの神殿に逃げ込み、ケルト人によって包囲され、食料がつきた時点で降参して、彼らに賠償金を払いこの難を乗り越えることができました。

この経験によってローマはセルウィウス城壁が作られます。この城壁は[*一]ローマの七つの丘を取り巻くように作られ、その全長は八キロメートルにも及び、高さは八・五メートル、厚さは四・五メートルでした。城壁は四角く作られた石材を積み上げたものでしかなかったのですが、攻城兵器を持たないケルト人には充分に有効でした。この時代にはまだ、本格的な攻城戦は行われず、ローマもまだそうした技術を用いるまでには至っていません。当時の攻城戦は、敵を包囲して、食料が尽きるのを待つ包囲戦が主で、いたずらに攻めて損害をだすようなことは行いませんでした。

二 ⚜ カルタゴとローマ

(一) 第一次ポエニ戦争(紀元前二六四～紀元前二四一年)

ローマがカルタゴと衝突したのは紀元前二六四年、第一次ポエニ戦争においてです。この戦争はシチリア島において、その覇権を争う戦いに始まり、西地中海の制海権をかけた海戦、カルタゴへの侵攻と失敗をへて戦火は再びシチリア島へと移りました。この頃からシチリアにあるカルタゴの拠点を潰すための包囲戦が展開されます。この時代における攻城戦の主力兵器は破城槌を用い、城壁を崩して行くもので、これはラムと呼ばれる先端を金属で補強した大きな棒を釣鐘状に吊した櫓を組んだもので、その櫓にタイヤをつけ人力によってもっていき城壁に隣接した時点でラムを振子の原理(要するにお寺の鐘をつくのと同じ原理です)で突きながら崩す兵器です。

こうした兵器のほかに、その戦術として、坑道を掘ることも行われました。これは、中世において、攻城戦の基本戦術ともなった攻城戦術で、敵の塔の真下まで穴を掘っていき、地盤沈下によってそれを崩す方法です。ただ、この時代において、ハッキリとした資料が手元にないため、この詳しいやり方については、中世の攻城戦の項を参照してください。ただ、城壁を崩すためのおおがかりなものではなかったようです。

一方カルタゴはといえば、そうした兵器の持ち合わせがなかったためと、そういった機会になかなか恵まれなかったために防戦するのがやっとでした。しかし、中にはハスドルバルのように、攻城戦を試みた者もいました。彼は紀元前二五一年に戦象百四十頭を使ってパレノルモスを攻撃しますが、うまく行かずに難なく守備隊に退けられてしまっています。

カルタゴ軍は、ローマの攻城戦術に対して散発的な攻撃をしかけてその作業を妨害したり、火を使って木製であった攻城兵器を燃やしてしまうような戦法で対抗するしかなす術がありませんでした。攻城兵器が尽きるとローマはカルタゴの海上封鎖に乗りだしますが、あまりうまくいかず、結局両者が消耗しきった段階でこの戦争は終結します。

(二) 第二次ポエニ戦争(紀元前二一八～紀元前二〇一年)

〈攻城戦兵器がなかったハンニバル〉

ハンニバルがアルプスを越える以前、彼はサグントゥム[*二]においてヘレニズム時代の粋を尽くした攻城戦を行い、八カ月かけてこれを攻略しました。カルタゴは当時、ローマのそれを上回る優れた攻城兵器を持っていました。しかし、アルプスを越え、ローマに押し入らなければならないハンニバルにとって攻城兵器を運搬することは不可能なことでした。

彼はカンナエでの戦いでローマを撃ち破り、カルタゴの完勝に終えました。ローマは絶体絶命の窮地に立たされ、ハンニバルは第一次大戦におけるドイツ軍のように、ローマの門前に訪れたのです。しかし、ハンニバルの見積はローマ人の考えを超えることができませんでした。彼は、大きな会戦によってローマに完勝すればそれでローマは降伏すると思っていたのが、ローマ市を攻略しなければならない羽目に陥りました。ハンニバルの配下についた将軍達はローマを攻めるよう進言しますが、象は連れてきても攻城兵器を持ってこなかったことが彼を押しとどめ、ハンニバルは兵力不足を理由にローマ攻城を諦めました。

〈海軍を使ったローマの攻城戦〉

海運国家カルタゴと対するに当たって、ローマは彼らの沿岸都市を攻略する際には、陸軍は元より海軍による海上封鎖を行って戦闘を展開します。こうして難なくノヴァ・カルタゴは攻略されてしまいます。

スキピオ率いるローマ軍は数で優る歩兵部隊と艦隊によって、城門を突破し市内になだれ込んで略奪の限りを尽くしました。こうしてイベリア半島における拠点は失われ、それ以外の沿岸都市も同様に次々と落とされてしまいました。

こうして、戦争はカルタゴ本国へと移ります。ザマの会戦の結果、ハンニバルを撃ち破ったスキピオはカルタゴと和平を結び、難なく戦いを終えることができました。そして、カルタゴ市攻略は第三次ポエニ戦争に持ち越されます。

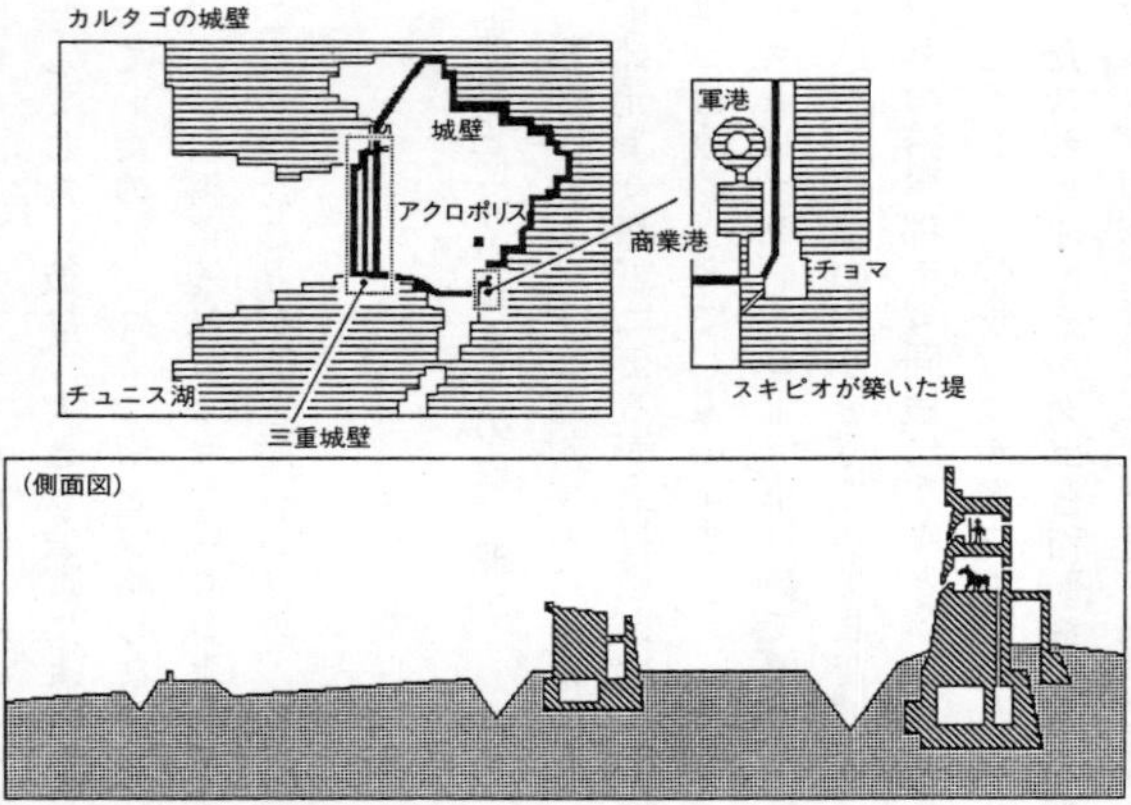

図1　メガラの三重城壁

(三) 第三次ポエニ戦争とカルタゴの滅亡（紀元前一四九～紀元前一四六年）

カルタゴは高さ十五メートル、幅十メートルからなる塔を有したメガラの三重城壁に守られた強固な都市で、ローマは陸上と海上からの攻撃を加えれば、難なく突破できると思っていました。ところが市内からの投石機による攻撃によって陸上、海上の双方の部隊は混乱させられ退却せざるをえなくなり、第一回目の攻撃は失敗しました。

ローマにはカルタゴから奪った、ヘレニズム時代の粋を集めた攻城兵器があったのですが、なぜか彼らはそれを持って来なかったため、攻城兵器を現地で作るはめになってしまいます。こうして長い攻城戦が始まります。操作人員六千名を有するという破城塔を二台完成させ、地面を石材で固めながら前進し、やっと城壁の一部を破壊して乗り込んだのですが、結局突破穴が小さすぎたために失敗し、破城機械も壊され、またまた失敗に終わってしまいました。しかも、こうした展開から、カルタゴも攻勢を行い火をつけた船を放って海上にいる艦隊を焼き払おうとするしまつです。

こうして、ローマがカルタゴ攻城に手を焼いている頃、元老院は、当時その采配で脚光を浴びていたスキピオ・アエミリアヌス[*三]を派遣することを決定し彼をカルタゴ攻略の総司令官としました。スキピオは、カルタゴへつくと早速、カルタゴを陸上からも完全に分断するために、攻城城壁を作りだしました。スキピオに従い一緒にやってきたポリュビオスはこの城壁を高さ四メートル程度の土塁と述べています。また、それとともに、カルタゴ市内を覗くことのできる四階建ての塔を作り、市内のようすをうかがえるようにしました。さらに、海上には全長七百二十メートルで幅二十メートルからなる堤防を築き、海をも完全に封鎖しようとします。スキピオは攻城兵器を用いてカルタゴの海側に面したチョマの砲台に襲いかかり、一度目は失敗したものの二度目にカルタゴ同様の火を使った戦法で、同砲台を占領し、ここにバリッスタ（Ballista）や投石機（オナゲル：Onager）[*四]を配置して、市内と軍港に対して攻撃を行います。結局このチョマの陥落をきっかけにローマは市内に突き進み、激しい市街戦の後にカルタゴは滅亡してしまいます。

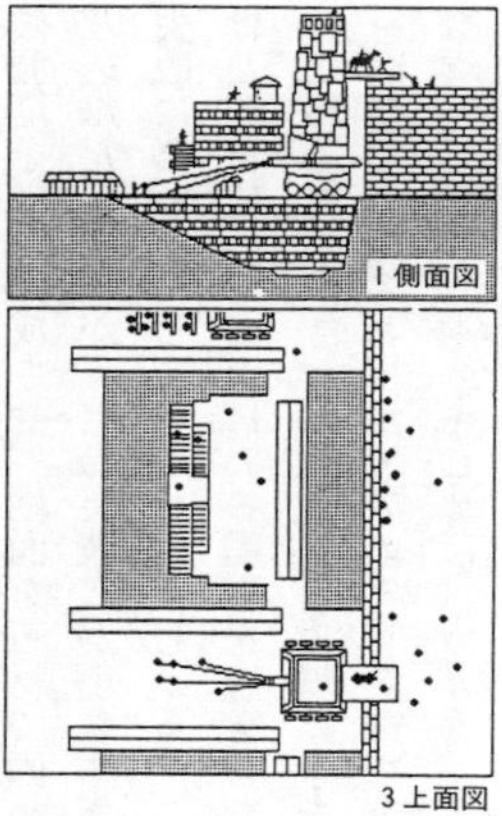

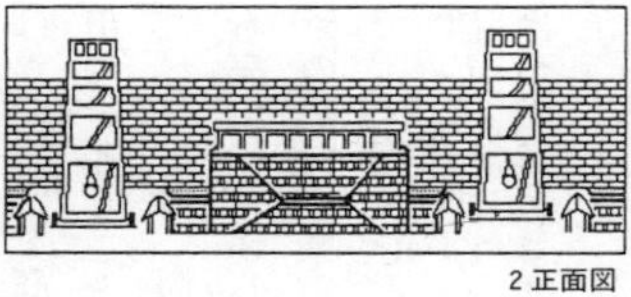

1　峡谷を丸太を積みあげて平にする
2　巨大攻城兵器で城壁を攻撃
3　ラムを搭載しているようすがよく分かります

図2　アウァリクムの攻城戦

三 ✤ ガリアにて

カエサルによって平定されたかにみえたガリアは彼が留守のうちに、ウェルキンゲトリクス[*五]の下、紀元前五二年に蜂起し、アウァリクムとアレシアにおいて攻城戦が行われました。両攻城戦の大きな特長は前者がローマの攻撃による攻城だったのに対して、後者は包囲戦であったことです。これは、ローマに当時あった二つの攻城戦術、攻撃型と防御型の二つを見ることのできたものでした。では、その二つの攻城戦を見てみましょう。

(一) アウァリクム (Avaricum)

アウァリクムでは攻撃型の攻城戦が行われました。それは、この地が険しい地形と

図3　破城槌　ラムの先に鉄塊をつけて強度を増し、投てきよけの小屋をつけている

湿地帯に囲まれた丘の上に、一際そそり立つ高さ十メートルもの石を積み上げた城壁によって守られていたからです。カエサルは、周りが湿地帯であったことから包囲戦は行わず、攻撃型攻城戦を行ったのです。

これにはまず城壁に面した丘を遮る小さな川によってできた峡谷に陣をはり、図のように、丸太を積み上げて陣をはった丘と高さが同じになるまで行います。そして平らな通路ができたら、そこへ、破城槌（ラム：Ram）と攻城塔を組み合わせた攻城機械を設置し、丸太をしいてその上を走らせ、城壁に近づきバリッスタや投石機による攻撃を行ったうえで、塔のはね橋を下ろして城壁内になだれ込むという方法です。ここでは二つの攻城機械によって攻撃が行われました。

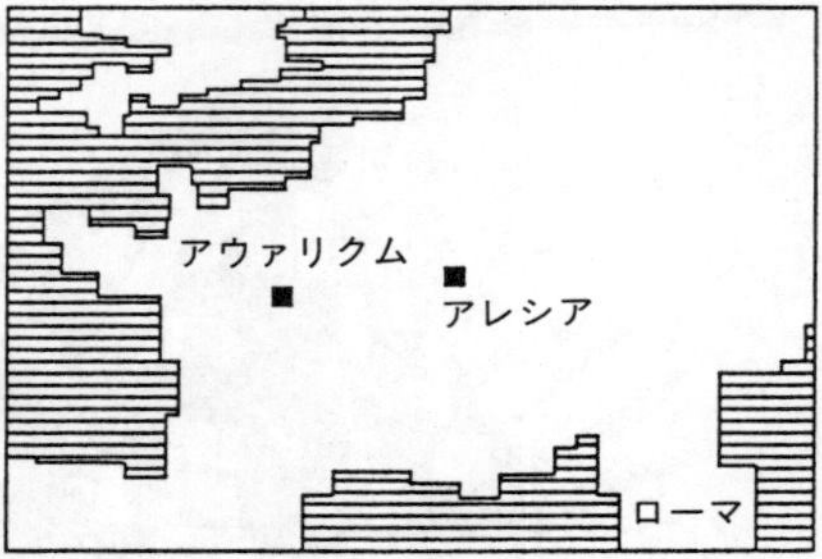

図4　アウァリクムとアレシアの位置

『ガリア戦記』にはこのローマ軍の攻撃に対して火を使ったり、ローマの機械を真似た回転機（？）によって交戦したがすべて失敗に終わったという。アウァリクムには住民を含め四万人が居ましたが、度重なる工事の疲労と敵の反撃に嫌気をさしていたローマ軍は一人残らず殺してしまったといわれ、ここより無事に生還できたのは、ローマ軍の突入で慌てて最初に逃げだした八百名足らずの者だけでした。この戦いで費やされた時間はわずか数カ月足らずというポエニ戦争時代の攻城戦とは比較にならない短期間で、カエサルはさらにこの後でアレシアの包囲戦をやってのけるのです。

(二) アレシア（Alesia）

アレシアはガリア特有の高城（オッピドウム）で標高四百十八メートルの上に作られた城塞都市でした。そのためカエサルはこれを無理に攻めることはせずに包囲戦を行ったのです。まず全周を幅六メートルの歩塁[*六]と木製の柵、二百四十メートルおきに塔を作り、堀

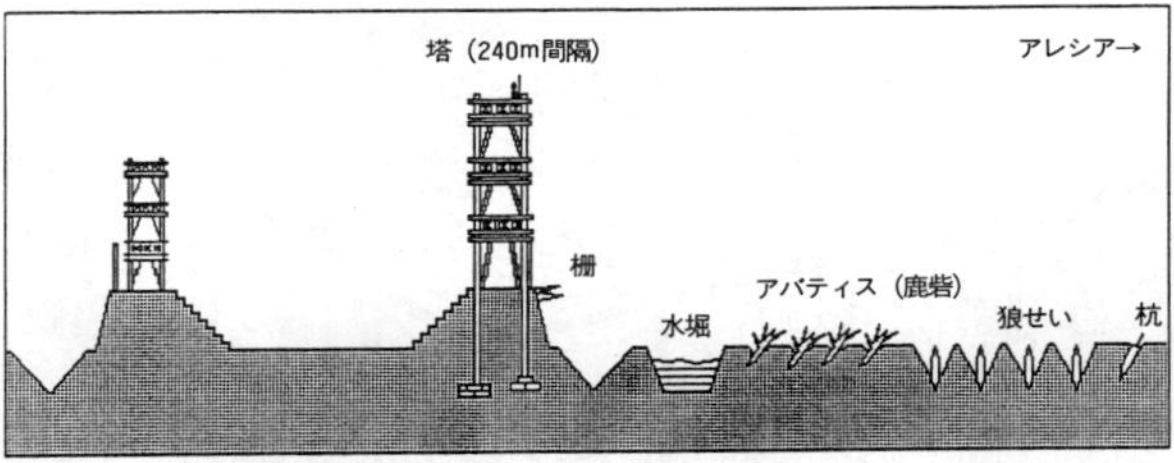

図5　アレシア戦で築いたローマの包囲壁

の内側にはさらに歩塁を作って近くの川から水を引き、その
さらに内側には先を尖らせた木の枝を植えた「アバティス（鹿砦）」、蟻地獄の穴に掘られた穴に杭を打ち込んだ「狼せい」、そして、S字型のスパイクを木の杭に打ち込んだ杭をあちこちに設置しました。さらに、カエサルは自分自身を包囲するように外に向けた歩塁と塁壁を築き上げました。これは二十四キロメートルにも及ぶもので、外からのガリアの救援を阻止するためでした。こうして八万人のガリア人は包囲されてウェルキンゲトリクスは食料尽きて降伏しました。

四 ⚜ 帝政時代の攻城戦

（一）攻城兵器と戦術

攻城塔はこの頃になると鉄板を貼って表面を強化したものに変わっていますが、その動かし方はやはり丸太を使って行うものです。城壁に近づく際に用いた小屋のような投てきよけなども、相変わらず使われました。ローマ軍はこうした攻

図6　亀甲隊形

城用の設備がないときには亀甲隊形という特有の隊形をとりました。これは図のように二十七人の兵士が横四列と縦六列（三人は方向指示のため隊列の中に不規則に配置された）に並び、上、左側面、右側面を盾でおおい攻城兵器であけた穴に突入するもので、ローマ軍ならではの四角い大きな盾であるからできた隊形です。

（二）パルミラ

二六九年、パルミラはエジプトに侵入し、駐留しているローマ軍を撃ち破りローマとの戦端を開きました。最初は奇襲効果によって善戦していたパルミラも、アウレリアヌス皇帝[*七]の計略によって敗退し、パルミラ市へと退却します。ローマ軍はこれを包囲し、攻城兵器を集めて待機しました。パルミラは周囲を十五メートルもの高さの城壁に囲まれた都市で、敵に対する防御兵器として火炎放射器があったといわれています。ローマ軍はこれにてこずり、どうにもならなかったらしいのですが、たまたま襲った地震によって城壁が崩れ、ここから突入してパルミラを滅ぼしました。

＊一　**ローマの七つの丘（Septimontium）**　パラティヌス、カピトリヌス、クィナリス、エスクィリヌス、ウィミナリス、カエリウス、アウェンティヌスの七つです。

＊二　**サグントゥム**　イベリア半島にある地中海沿岸の都市。

＊三　**スキピオ・アエミリアヌス（Publius Cornelius Scipio Aemilianus：紀元前一八五～紀元前一二九）**　カルタゴ攻略によって、小アフリカヌスの称号を得た人物でハンニバルを破ったスキピオの長男の養子です。ポリュビオスと親交し、グラックスの妹と結婚したが、彼の改革に反対したため暗殺されてしまいます。

＊四　**オナゲル**　オナゲルにはその投石力の違いから二つのタイプがありました。一つは「十ミナ（Mina）」用と呼ばれ、もう一つは「三十ミナ」用と呼ばれました。十ミナとは四キログラムに相当し、十ミナ・オナゲルは四キログラムの石を飛ばすことができ、三十ミナは十二キログラムの石弾を飛ばせます。

＊五　**ウェルキンゲトリクス（Vercingetorix：紀元前？～紀元前五三）**　アルウェルニ族の酋長。本文を読んでいただけばお分かりのように、ローマに刃向かってカエサルと戦うが、アレシアに包囲され降伏し、凱旋式後に処刑されました。

＊六　歩塁　ローマ軍が野営地などを作る時、早急に作ることができるため、多く用いられた防御用施設で、早い話が規模の小さい堀のことです。ローマ軍はアレシアで見られたように水を流し込むものと、鋭角に掘っただけの二つのタイプを考えだしました。歩塁を掘った時にでる土をそのまま積み上げれば土塁ともなります。歩塁はあくまでも敵の前進を阻むものであって、人がそこに隠れて迎え討つようなことには使われません。

＊七　アウレリアヌス皇帝（Lucius Domitius Aurelianus：二一五〜二七五）　帝国の統一を果たし、ゴート、ヴァンダル族を撃ち破り、ローマをさらに城壁で囲み外敵に備えた。この城壁はアウレリアヌス城壁と呼ばれました。みごとな君主ぶりを発揮しましたが、専制的支配を行ったため、ペルシア遠征途中で暗殺されてしまいました。

ローマ時代以降の攻城戦

中世における城の発達

古代ギリシア・ローマの時代に発達した築城技術と、それに対する攻城技術はヨーロッパの暗黒時代にほぼ失われてしまいました。ヨーロッパ世界で再び城が盛んに作られるようになるのは、九世紀の終わりから十世紀にかけてです。この時代に作られた城は、私達が中世ヨーロッパの城といったときに思い浮かべる、石造りで塔が林立する城とは似ても似つかないものでした。

この時代の城は、天然あるいは人工の丘の上に木造のあまり高くない塔を建てたものです。一般に塔のことを英語ではキープ（keep）と呼びますが、この言葉はもともと塔の建っている丘のことを意味していましたが、このことからも、城と丘の結びつきが強かったことが分かります。日本の場合でも、最初の城は山城でしたから、洋の東西を問わず人間の考えることは同じだといえます。この時代の塔が実際にどのような外観であったのかは、はっきりしない部分も多く残っています。ただ、特徴の一つとして、塔の入口を一階でなく二階に作るということがあげられます。この場合、出入りは梯子などで行い、不要なときは梯子をしまっておくわけです。

この丘の上の塔というのが、いわば本丸に相当するわけですが、多くの場合、この塔の回りを杭を並べて作った柵で囲っていました。柵の入口の両脇には監視所と入口の防御のために簡単な塔が作られることが多かったようです。そのほかの防御施設としては、丘や柵の回りに溝を掘って（あるいは自然の川などを利用して）橋を通らないと出入りできないようにすることも広く行われました。

塔を石で作ることは十世紀にはすでに始まり、木の塔を駆逐していきます。しかし、当初は石の塔を建設できるのは自然の丘に限られていました。当時の土木技術は、現代はもちろん、古代に比べても未熟だったため、人工の丘の上には石の塔のような重い建物を作ることはできなかったのです。

建築技術が進歩するに伴い、木製の部分は石に置き代えられていきました。そして十一世紀の末から十二世紀の初めには要所要所に塔を配置した石造りの城壁で全周を囲む城が出現します。木造の建物では、火をつけられたときにひとたまりもありませんから、この変化は当然といえます。しかし、木造の城がすぐになくなったわけではありません。十二世紀になっても、木造を主体とした城が建設されたという記録が残っています。木造の城の方が建設期間は少なくてすみますし、破壊したいと思えばすぐに破壊できますから、占領地方の治安維持のためなどには、木造の城の方が都合がよかったのでしょう。

さて、このころから塔および城の城壁の平面形が、円を基本にしたものに変わっていきます。そして、ついに典型的なヨーロッパの城が完成するのです。

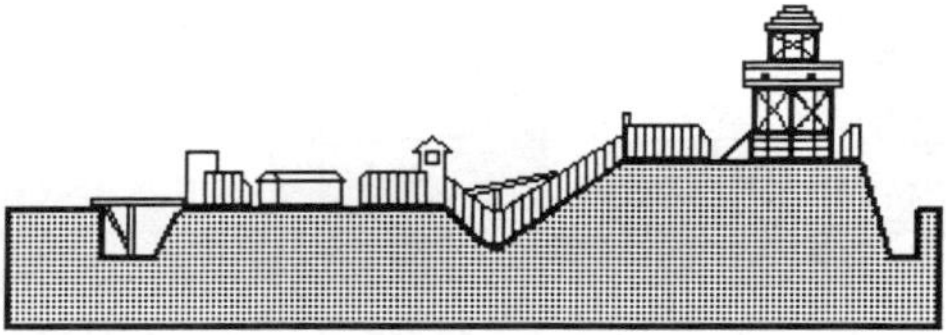

図1

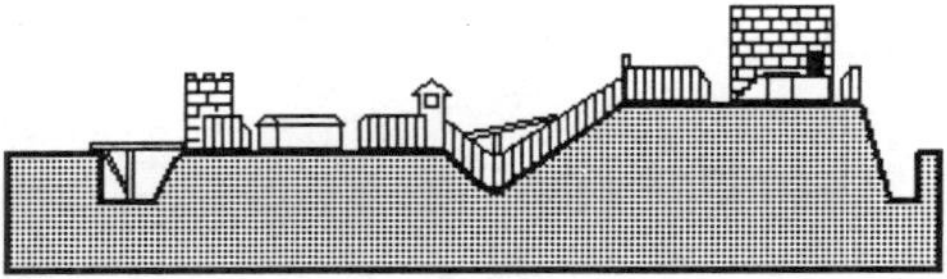

図2

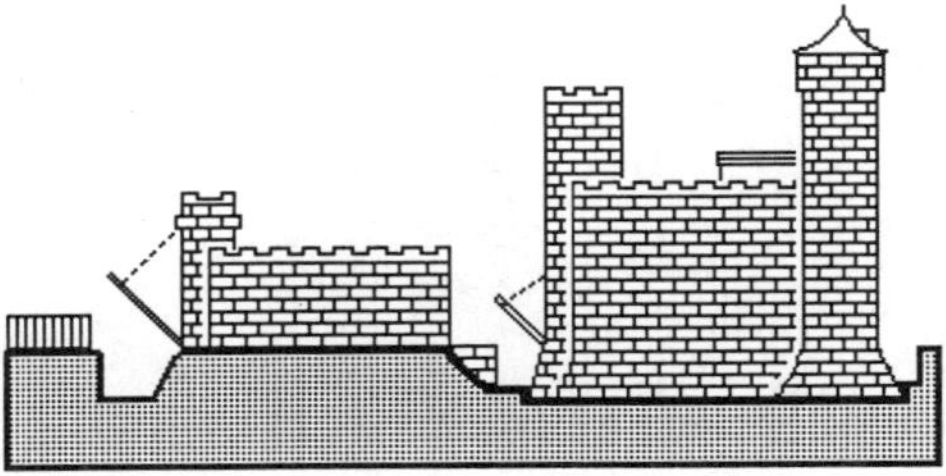

図3

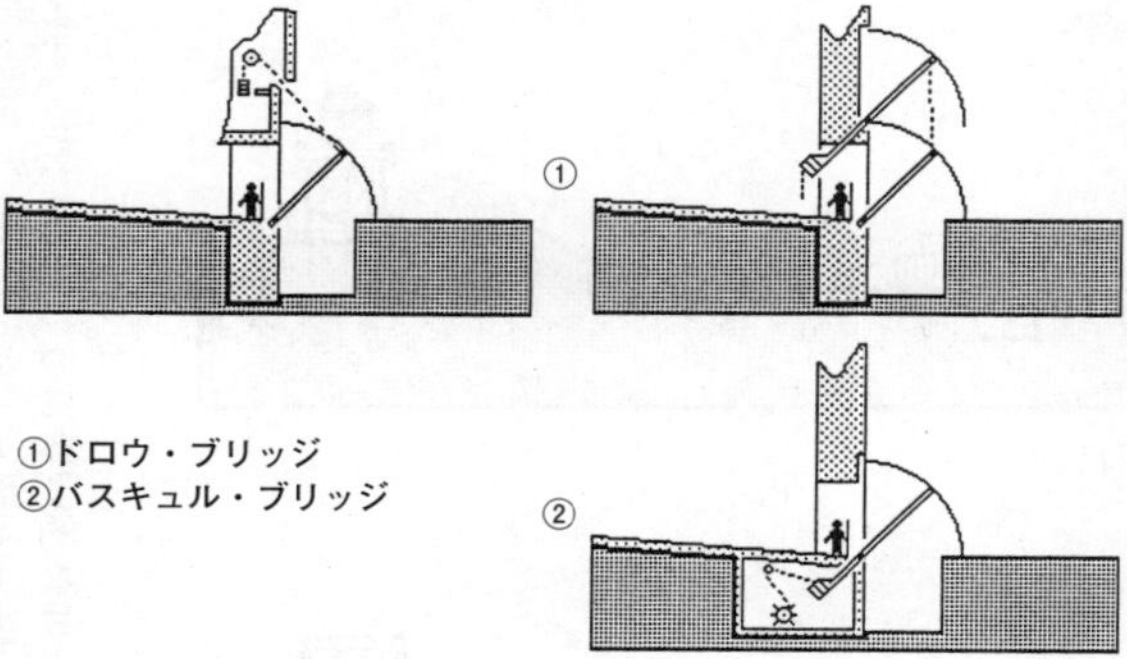

図4　はね橋

二 ⚜ 城の防御施設

(一) はね橋

城の周りの堀を渡るための橋がはね橋です。機械的に見た場合、バランスを取るためのおもりをどのように組み込むかによって、図に示したようなさまざまな種類がありますが、大きく分けると、橋を城の外部にある鎖でつり上げるドロウ・ブリッジ（draw bridge）と、橋自体でバランスをとるようにおもりをつけ、城の外部には開閉機構をさらさないバスキュル・ブリッジ（bascule bridge）があります。後者の方が防御上は有利といえます。

(二) 落し格子（portcullis）

これは図5を見てもらえば分かると思います。格子の上部にある斜めの二本の棒は、落ちてきた格子をロックするためのもので、図は格子が落ちたときの状態を示しています。この二本の棒が格子の上部に引っかかっているため、落ちてきた格子を持ち上げることができなくなるわけです。

(三)狭間(はざま)

城壁の中から弓や小銃を撃つための小さな開口部のことです。ヨーロッパの城の場合、射撃を行うだけでなく、城壁を登ってくる、あるいは城壁を破壊しようとする敵兵に対して、石や鉄球を落とすための開口部があることが多いのが、特徴といえます。ですから、城壁の最上部はその基部よりも外側に張り出すことになるわけです。

(四)板囲い(Hoarding)

前述の狭間のような設備がない城壁の場合には、一時的に木製の囲いを作ることが行われました。板囲いの基本的な機能は、狭間と同じで射撃を行う兵士の保護と、城壁の下にいる敵兵を攻撃するための開口部を提供することです。

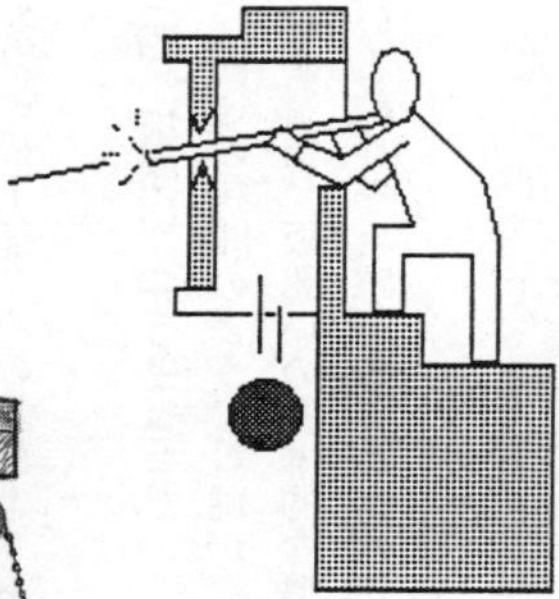

図6　狭間

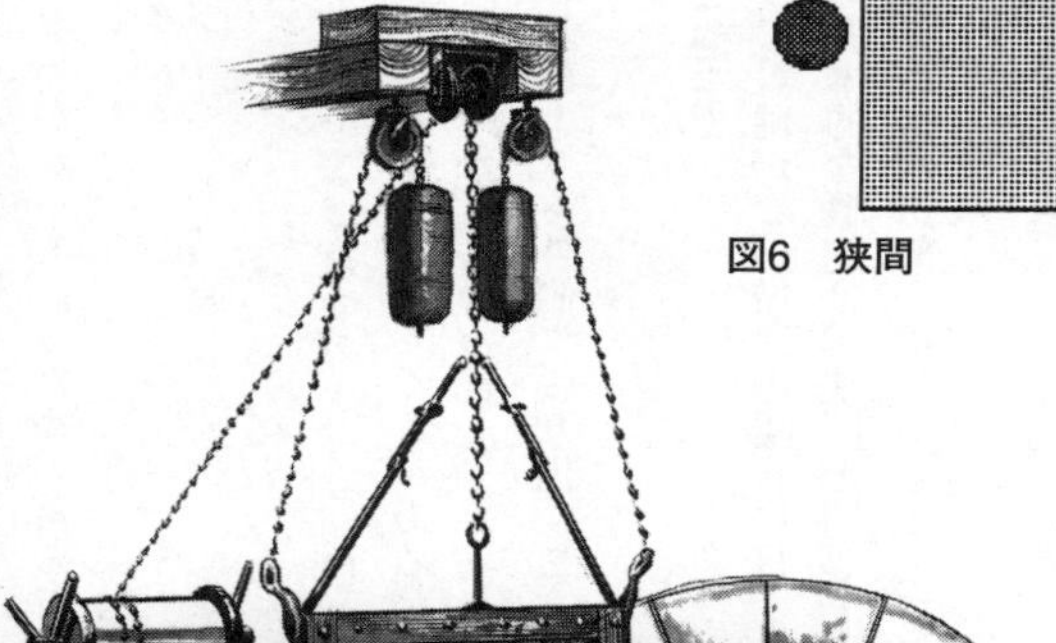

図5　落し格子

三 ⚜ 攻城兵器

ローマ帝国の滅亡後しばらくの間、攻城用の巨大な兵器の製作技術はヨーロッパでは失われていました。これが復活するのは十一世紀になってからのことです。これらの兵器の登場によって、攻城側はある程度は有利になりましたが、火薬を使わない攻城兵器はその図体の割には威力が少なく、中世のほとんど全期間を通じて攻城戦は長く、苦しいものでした。従来の城が役に立たなくなってくるのは、中世も末期になり火薬を使った大砲が発達をとげてからのことです。

この項では大砲以外の、火薬を使わない攻城兵器について述べることにします。これらの兵器は大きく三種類に分かれます。

(一) バリッスタ

スプーン状になった発射機から石などを発射するもの。これはバリッスタと呼ばれ、おもに城壁を破壊するのに使われます。小型のものではバネの力を使ったものもありますが、大型のものは図7に示したように重力を利用したものがほとんどです。角材の一端につけられたおもりが落ちる力を回転運動に変換し、スリングと同じ原理で石、鉄球などを投射します。時には、城内の士気喪失を狙って、敵兵の首などを投げ込むこともありまし

図7　バリッスタ

た。

（二）クロスボウ

矢を発射する巨大なクロスボウ。これはバリッスタのように投射物の重さでものを破壊するというよりは、矢の貫通力を利用して木製の柵、板囲いなどを貫通させることが目的で、その中にある敵の兵器を破壊する時などに使います。

（三）破城槌

これは前記の二種類とは違って、ものを投射する兵器ではありません。原理は釣鐘をつく場合と同じで、大きな木材（先端は鉄などを張って強化してある場合が多い）をやぐらの下で水平に吊って、その木材を鐘をつくときと同様に城壁にぶつけ、その衝撃力によって城壁を破壊するものです。この武器は敵の城壁の真下で使わなければならないため、常に城壁の上からの攻撃にさらされます。そのため、やぐらの上部は丈夫な板などで覆ってあるわけです。

破城槌の変形で、一般的な破城槌が打撃力によって城壁を破壊するのに対して、ドリルと同じ原理で城壁に穴を開けようというものもあります。破城槌と同様、城壁からの攻撃に対する防御を必要とします。

四 ⚜ 工兵戦

敵の城壁を崩すための基本的な方法は図8に示したとおりです。まず、敵の城壁に向かって塹壕を掘ります。この塹壕に対して城壁から矢を射ってきたり、石を落とされたりしますから、その防御として板材を並べて塹壕の天井にします。城壁にたどりついたら防護材を城壁に斜めに立てかけて、その下で穴を開ける作業を開始します。初期の城壁は、石のブロックが積んであるのは表面だけで、中身は砕いた石などが詰まっていましたから、表面のブロックを取り除けば、あとは比較的簡単に穴を開けることができます。これに対抗するには城壁の内側にまた壁を作るしか方法はありませんでした。

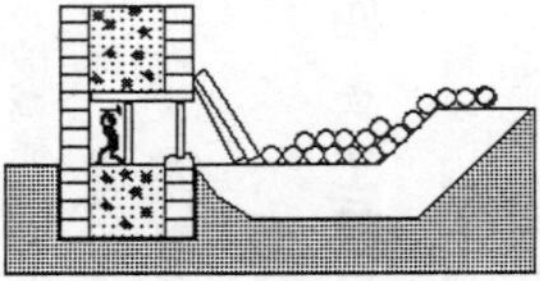

図8

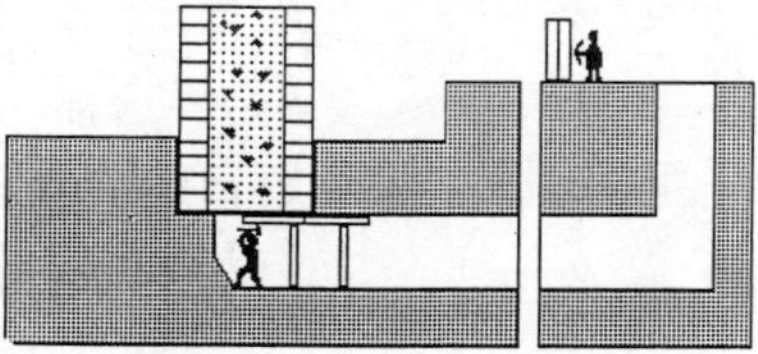

図9

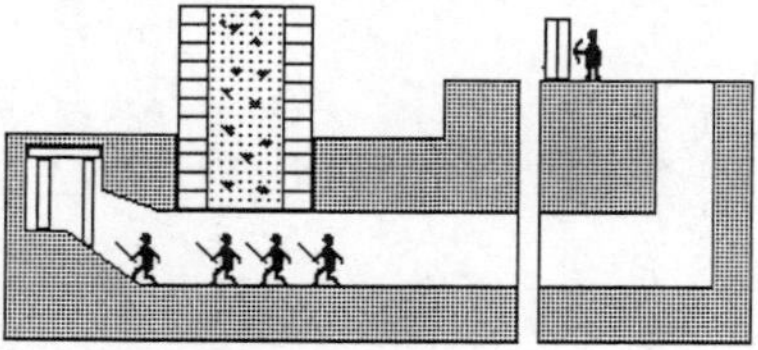

図10

しかし、城壁の建造技術が進歩するにつれて、外側から城壁を崩すことは次第に難しくなっていきます。そこで、行われるようになったのが、地中深く坑道を掘って、城壁や塔を基礎から破壊する、あるいは城壁の下をくぐり抜けて、直接城壁内に進入すること、すなわち坑道戦です。

坑道戦を行うには、まず城壁から離れた、敵に気づかれにくい地点で縦坑を掘ります。この場合、作業員を敵の攻撃から守るためと、坑道を掘っていることを敵に気づかれないようにするために縦坑の周りに柵などをはりめぐらします。もし、適当な位置に家などがあれば、その中で縦坑を掘ることができるので理想的です。城壁の周りに掘られている堀や溝をくぐることができるくらいの深さまで掘ったら、こんどは城壁に向かって水平坑を掘り進めていきます。そして、城壁の基礎に達したら城壁の下に空洞を作るようにして、穴を拡大していきます。この場合、城壁の重さを支えるために木製の支柱を数多く入れておかなければなりません。充分な大きさの空洞ができたら、火を放って支柱を燃してしまいます。すると、城壁の重さが支えられなくなり、城壁は基礎から崩れてしまうというわけです。あるいは、城壁をくぐり抜けてから、城内への侵入口を作ることもできます。

敵が坑道を掘っていることを探知するには、坑道を掘る作業によって発生する振動を検出するために、水を入れた桶などを地面に置き、それを観察します。振動があれば、水面に波が立つわけです。坑道の位置が分かれば、それを破壊するための坑道を掘ることができるようになります。時には、坑道の中で戦闘が行われることもありました。

五 ⚜ 砲兵

ヨーロッパで火薬を使った大砲が使われ始めたのは十四世紀の初めです。最初はイタリアで使われ、その後北方の諸国でも使われるようになりました。大砲の弾丸として、初め

図11　大砲

は石球などを撃っていましたが、しばらくすると鉄球が使われるようになりました。確かに石に比べて鉄の方が高価なのですが、密度が三倍以上あり、しかも均質な鉄球の方が、同じ効果を与えるのに小さくてすむというのは大きなメリットでした。何といっても、大砲自体の大きさを小さくすることができれば、運搬や運用上で非常に便利になるのですから。しかし、コストと多くの火薬を必要とするという欠点のため、石球も十五世紀の終わりまで使われていました。

　当時の鋳造技術は幼稚だったため、小口径のものを除いて大砲を一体鋳造することはできませんでした。そのため、大口径の大砲は鉄材を組み合わせて作られています。つまり、図に示したように木製の芯の回りに鉄の細い板材を円筒の軸方向に並べ、その回りに鉄のリングをはめていくわけです。

さて、大砲自体の鋳造技術も幼稚なら、その台座の構造も同様です。十五世紀の中頃になると、小口径の大砲の場合は仰角を自由に変えられるような砲架を使うことができるようになりますが、それ以前、あるいは大口径の大砲の場合は単なる木製の箱の中に大砲の砲芯を格納したものがほとんどでした。中には車輪をつけて移動を容易にした砲架もありましたが、このような砲架では仰角を自由に変えるのが困難なことは自明でした。

しかし、十五世紀の終わりから十六世紀にかけての大砲の発達はめざましいものがありました。特にこの分野で卓越していたのはフランスで、十五世紀末にフランスのシャルル八世[*一]がイタリアに侵入したとき、その砲兵隊の前にイタリアの諸都市はなすすべもありませんでした。もはや、大砲に対抗できるような城壁は存在せず、中世的な城はその存在価値を失ってしまったのです。このような強力な大砲に対する防御手段が完成するには十七世紀後半のヴォーバン[*二]元帥のような天才を待たなければならなかったのです。

＊一　シャルル八世　フランス王。十五世紀の末にイタリアに侵入した。

＊二　ヴォーバン元帥　フランスの元帥。近代築城術を完成した。

中国の攻城戦

中国の城

中国の都市はそのほとんどが城壁に囲まれており、攻城戦のほとんどはこうした都市の争奪戦でした。また国境地帯には敵対する騎馬民族を防ぐため、万里の長城に代表される長城、砦、烽燧台が構築されました。戦争が多いときには重要な地点には純粋に軍事目的の戍（じゅう）、塢（う）、城などと呼ばれる城塞が多く築かれます。

中国の伝統的な城壁の工法は、版築（はんちく）と呼ばれる建築法です。版築法は二列に置いた柱の中に縄で固定した二枚の板を平行に置き、その中に土を入れ、杵でつき固め、約十～二十センチメートルの層を何回も繰り返して高く築く工法です。よい土がない地域では石が使用されることもあります。宋代の頃から城壁を磚（せん）という煉瓦で覆うことが始まり、明代にはこれが普通となっています。

城壁の上には女墻（じょしょう）や雉堞（ちちょう）といった射撃用の狭間を設けた壁を築き、適度の間隔をおいて敵対楼という櫓や大型の弩や砲を置くための弩台を置き城壁の防御力を増しています。城壁の出入りのための門は城のもっとも弱い部分であったため、さまざまな防御工事が加えられました。門の上には防御力の強化や偵察のために高楼が設けられます。また門には懸門（けんもん）という吊橋が設けられ防御を強化しており、戦闘時には火を防ぐために門扉に泥を塗ることがあります。門の外にはさらに甕城や月城と呼ばれる城壁を築き門の防御を強化している城もあります。また城壁の周囲には水壕や空壕を設けることもありました。

戦国時代の斉国の都、臨淄（りんし）は七万戸の家がある大都市で、その周囲は十六キロメートルもの城壁に囲まれています。宋の首都、汴京開封府は、当時、世界でもっとも繁栄した大都市で、戸数十七万八千、人口は最盛期で百万以上、城壁は宮城、内城、外城の三層があり、外城の周囲四十余里（二十キロメートル以上）、水壕は広さ十余丈（三十メートル以上）あったといいます。宋代には唐の長安城のように坊里という城内を区分した垣根や夜間外出の禁止令がなくなり、現代の都市のような情景が見られるようになります。

二　『墨子』と『墨子』に見える攻撃法と防御法

春秋・戦国時代の諸子百家の一つ墨家は、その学説の中に「非攻（侵略戦争の否定）」があり、それを実践するために城の防御を専門に行う部隊まで持っていました。また彼らの学説をまとめた書物である『墨子』には城の防御法や城と兵器の規格に関する記述が体系的に述べられている部分があり、火器が戦場に登場するまでの攻撃と防御の戦術を知ることができます。『墨子』においては、攻城法は臨、鉤、衝、梯、堙、水、穴、突、空洞、蟻傅、轒轀、軒車の十二が列挙されています。

(一) 臨(りん)

土山を築きそこから攻撃する方法。土山には高楼を築きそこから城内へ攻撃を行うこともあります。これに対しては強力な弩での射撃が主な防御方法です。

(二) 鉤(こう)

鉤(かぎ)を引っ掛けて城壁を乗り越える方法。

(三) 衝(しょう)

衝車という攻城用の戦車によって城壁を突破する方法。臨衝呂公車はこの衝車

図1　臨衝呂公車

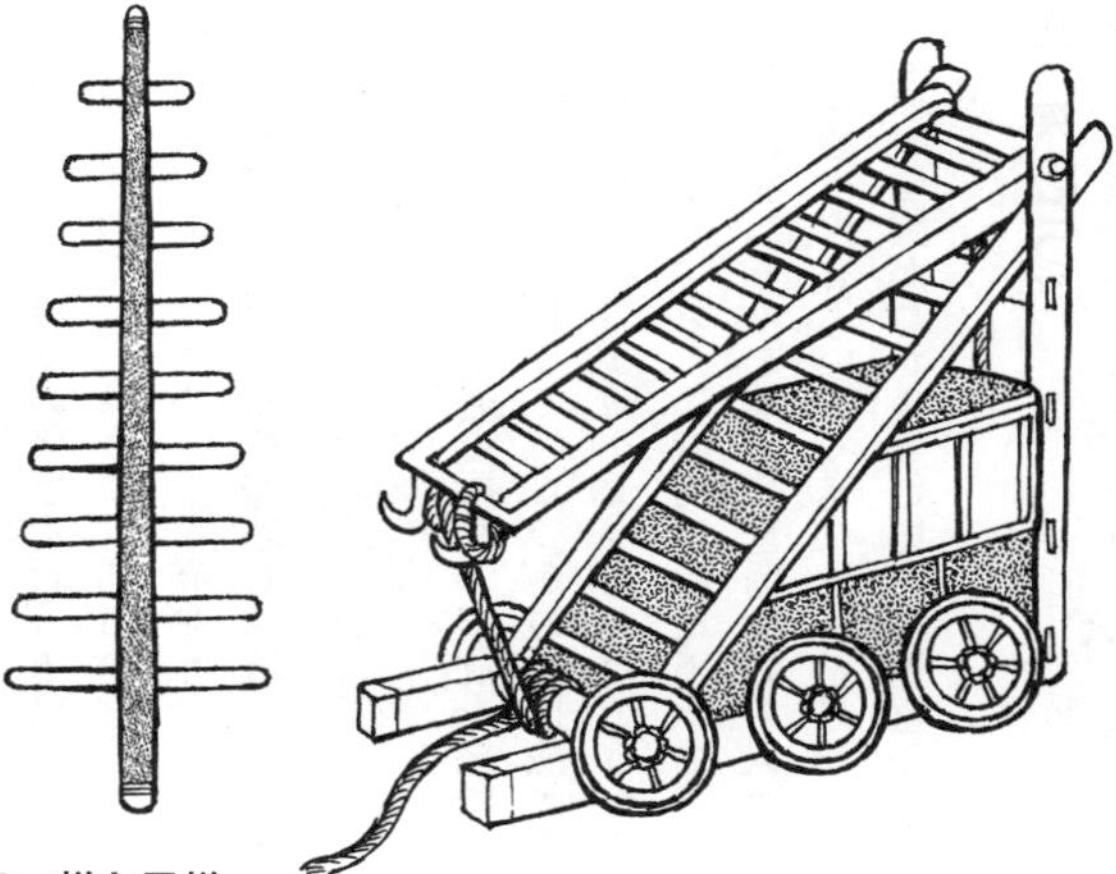

図2　梯と雲梯

の子孫で、外を皮で覆った五層の構造を持つ移動する攻城塔です。車は城の女墻を破壊する装備を持ち、城壁に接近すると車の上部の天橋と呼ぶ橋をかけて兵士を攻め込ませます。

(四)　梯（てい）

梯子を使用して城壁を乗り越える方法。雲梯と呼ばれる梯子車が攻城戦でよく使用されています。雲梯に対しては火をかけて焼くのが主な防御法です。

(五)　堙（いん）

城の壕を埋め城壁に接近し、乗り越える方法。

(六) 水（すい）

水流によって城壁の破壊を行う方法。城が非常に堅固な場合や充分な食糧が集積され兵糧攻めが有効でない場合に、都市の近くに大きな河川があれば、城壁を破るため河川を一時的に堤防でせきとめ洪水を発生させます。これに対する防御には轒轀船（装甲船）を準備し、敵が作った堤防を襲撃し決壊させるという方法があります。

(七) 穴（けつ）

城壁の下まで地下道を掘り、空洞を柱で支え、その柱を焼き一気に地上にある城壁を崩す方法。これに対していくつかの対抗法があります。第一に敵の陣地を高櫓で偵察し、地下道掘削の不自然な盛り土があるかどうかを調べ、弓、弩、投石器などで地下道掘削口を攻撃する方法。第二に城内には地下水のあるところまで井戸を掘り、井戸の中に陶器の壺に皮を張ったものを地中聴音器として入れて敵の侵入路を探り、地下道を逆に掘って地下道内に煙や火をふいごで送り込み窒息死させたり、焼き殺したりする方法。第三に正確な地下道の位置がつかめない場合、塹壕や水壕を築いてこれを防ぐ方法があります。

(八) 突（とつ）

これは城内へ奇襲攻撃を行うことで、地下道で城内への突入を行うものは、地突といいます。地突に対しては前記の防御法が使用されます。

（九）空洞（くうどう）

城壁に穴を開け、そこから攻撃する方法。穴や空洞のような城壁を破壊する試みに対しては、破壊された部分を臨時の柵や専用の車で塞いだり、城壁内にさらに柵を設けて敵を防御します。

図3　轒轀車

（十）蟻傅（ぎふ）

密集隊形でもって城壁に蟻のように取りつき、肉体を攻城兵器として城へ総攻撃をかける方法。この攻撃方法は損害の大きい戦術で、孫子はもっとも拙劣な攻撃法であるとしています。取りつく敵兵に対して蒺藜[*1]を撒いたり、火や煮えたぎった湯を浴びせるという防御方法もありました。

（十一）轒轀（ふんおん）

皮で装甲した戦車で城壁まで攻め込む方法。轒轀車は最初は箱型の戦車でしたが、これは城壁から落とす石で破壊されやすいため、南北朝の頃に車の頂上を三角形にして石を滑りやすくした轒轀車が作られています。また焼かれるのを防ぐために泥を塗ります。こうした轒轀車は地下道を掘削する時に入口を防御するためにも使用されます。

（十二）軒車（けんしゃ）

軒車は望楼車、巣車のことで、竿の上に見張り台をつけた車で城内の敵の状況を観察する方法です。

三 ⚜ 砲撃と火器

『墨子』に見えない後代の攻城用、防御用の兵器と砲に火器があります。

（一）砲撃

ここで述べる砲とは、火薬によって射撃を行う炮のことではなく、てこの原理を使用した投石器のことをいいます。投石器は唐代からよく使用されるようになり、宋、金、元の諸国はよく砲を使用しています。弾丸は最初は石弾が使用され、火器が発明されると焼夷

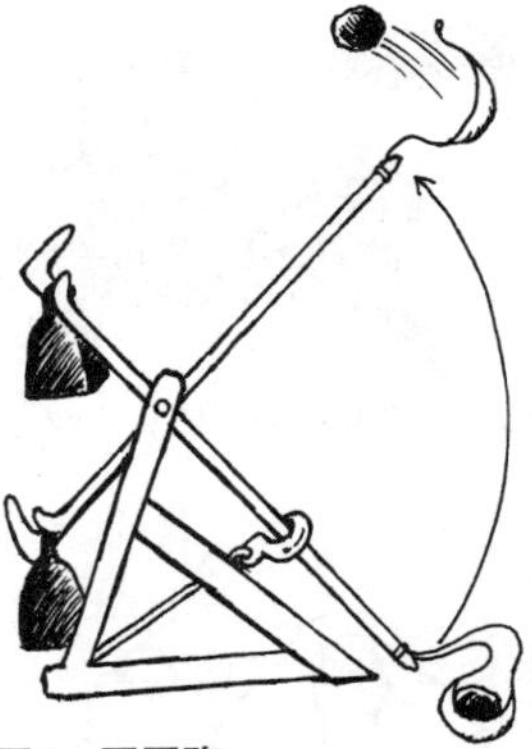

図4　回回砲

弾や作裂弾が使用されます。砲でもっとも有名なものは元軍が使用したイスラム教徒の西域人の手になる回回砲（襄陽砲）です。元が攻め、宋が守った襄陽城においてその威力を発揮したため、この名がつきました。この砲の特徴は、従来は人力で縄を引いて発射を行っていたのをやめ、おもりを使用して発射するようにした点であり、従来の砲よりも重い石弾（従来は重砲で四十八キログラム、襄陽は八十九キログラム）をより少ない人数でより遠くへ発射することができます。ほとんどの種類の砲は機動性がなく固定式か車載です。しかし軽砲は持ち運びが容易で野戦でも使用されるものがあります。

（二）火器

宋代に登場した火器は城の防御戦に多用されました。金の震天雷は防御戦に非常に有効です。宋には猛火油機と呼ばれるナフサ[*二]を使用した火炎放射器や火槍という火炎放射器がよく防御戦に使用されています。元代には金属製の銃身の火砲が登場して、攻城戦に使用

図5　ナフサを霧状にして吹きつけ、炎を飛ばす方式

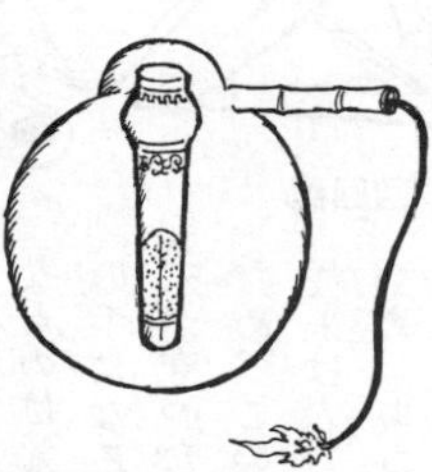

図6　地雷

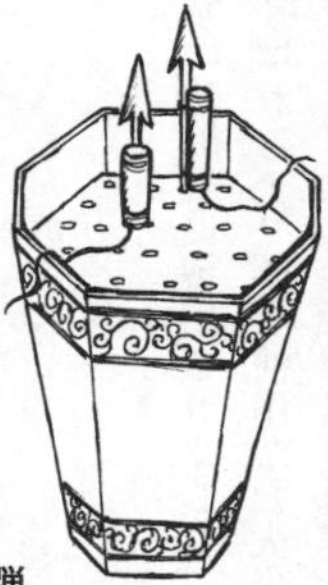

図7　ロケット弾

されています。最初のものは土に埋めて使用し、砲車と砲架の発明により機動力を持つようになります。明代には地雷や自力で飛ぶロケット弾（火箭）の使用が始まっています。火箭には群豹横奔箭（四十発）のように多数の火箭を発射できるものもありました。

四　攻城戦の戦例

（一）陳倉　二二九年

三国時代、太和二年十二月（二二九年）、蜀の諸葛亮は、魏が主力を呉の方面に振り向けているのに乗じて、第二次の北征を開始しました。諸葛亮は数万の兵を率いて散関より北進、陳倉を包囲します。陳倉は、魏の将軍、郝昭が諸葛亮の侵攻に備えて築いた城で、郝昭以下の守備隊はわずか千余人にすぎませんでした。諸葛亮は陳倉を包囲すると、まず彼の同郷の勤詳という人物をやって降伏勧告をさせます。これが拒絶されると、蜀軍はまず雲梯、衝車を使用して城壁の突破を図ります。これに対して郝昭は火矢をもって雲梯を焼き払い、衝車は城壁の上から縄をつけた石磨（いしうす）を落として押し潰します。次に諸葛亮は高楼を建ててそこから城内を射撃する一方、城の塹（ほり）を土で埋め、城壁を攀じ登ろうとしました。これに対して郝昭は城の中にさらに柵を築いて対抗したためこの攻撃も失敗しました。最後に諸葛亮は地下道を掘って城内に進入しようとしましたが、これも郝昭が城内から地下道を掘って反撃したために失敗に終わります。攻防はおよそ二十日以上続き、攻撃の方法がなくなったことと魏の援軍が来たため、諸葛亮は包囲を解き退却しました。

(二) 玉壁　五四六年

南北時代、北魏は西魏に分裂、北中国の覇権を賭けて激しい戦いを繰り広げていました。大統六年九月、東魏の最高権力者である高歓は西魏を滅ぼすため四十万前後の大軍を率いて汾水に沿って進攻を開始します。最初に東魏が目標としたのは、韋孝寛が守る西魏の前線基地で交通の要衝である玉壁です。東魏軍はまず城の南側に土山を築きここから進攻を開始します。城の南側には高楼が二つあり、これに木を縛りさらに高くして土山からの攻撃を防ぎます。南側の土山からの攻撃に失敗した高歓は地下からの攻撃に切り代え、城の南側に地下道を掘り、城の北側にさらに土山を築き総攻撃を開始しました。

地下道に対しては韋孝寛は城の外に塹壕を掘り、その傍らには柴を積んで火を燃やし、地下道が塹壕に突き当たると、地下道から出てきた兵士は捕らえて殺し、地下道に残った兵士は燃えている柴を塹壕におろし地下道に向けて皮製の鞴（ふいご）を使って火を吹きつけて焼き殺しました。次に高歓は攻城戦車を製造し攻撃を再開します。この攻城戦車は障害物をすべて壊して前進するため、韋孝寛は布で幕を作り前進を阻みます。これに対して東魏軍は竿に松明を結びつけたものを作り、幕と城の櫓を焼こうとしますが、韋孝寛は長い柄のついた鉤でこれを撃退します。ここで高歓は地下道による攻撃を再開し、今度は四方より地下道を二十一掘り、城壁の下まで掘り進むと、城壁を柱で支え、柱なしでは崩壊するようにします。工事の完成後、柱に油を注いでこれを焼き払ったため、城壁は崩壊してしまいました。韋孝寛は城壁が崩壊した部分に木で柵を作ったため、東魏軍は城内へ進入できませんでした。かくして東魏軍は攻撃の方法がなくなったため戦術を変更し、使者を送って降伏勧告を行わせます。しかし降伏勧告は拒絶され、高官の地位と多額の賞金をもって城内からの裏切りを求めましたが反応がなく、逆に高歓の首を持ってきた者には同じ条件の待遇を与えようとの矢文が東魏軍へ射込まれ、最後に韋孝寛の親族を人質にして降伏を迫る策にも失敗します。この包囲戦は約六十日続き、東魏軍は死者七万人、そのほかに負傷者や病人のため総兵力の半数を失うという大損害を蒙りました。高歓も精神力、体力を使い果たし病気にかかり、全軍撤退することになりました。高歓はこの病気がもとで死ぬことになります。

(三) 平江　一三六六～一三六七年

元の末期には、各地に反乱が発生し群雄割拠の状態が出現していました。後に

中国の戦争の規模・行軍距離

平均的な行軍速度の上限は一日に三十里（約十五キロメートル）であり、これを舎と呼びました。春秋時代、周瑜王二十年（紀元前六三二）に晋と楚が戦った城濮（山東、鄄城西南臨濮集）の戦いにおいて、晋の文公はかつて楚に亡命していた時の誓約により軍を三舎だけ退却しています。これ以下の行軍速度では特に問題はありませんが、これ以上の行軍速度では兵士の落伍や疲労が問題となります。『孫子』軍争編の本文及び注によれば、足の遅い輜重（補給物資）部隊を捨て、鎧を巻いておさめ、昼夜を問わず進み、百里（約五十キロメートル）を進んで戦えば戦場に到達する兵士は十分の一で、先鋒、中軍、殿軍（後衛部隊）の指揮官がすべて捕虜となるような敗北をこうむり、五十里（約二十五キロメートル）を進んで戦えば戦場に到達する兵士は二分の一で、先鋒の指揮官を失うことになり、三十里（約十五キロメートル）を進んで戦えば、戦場に到達する兵士は三分の二である（ただしその精鋭は余力を保ち、勝利する可能性がある）としています。戦国時代、紀元前二七〇年、秦と趙が戦った閼与（山西、和順）の戦いにおいて、趙の将軍、趙奢は閼与から五十里の地点に進出し、ここに伏兵を配置し万全の態勢を敷いて秦軍を待ちうけました。秦軍は趙奢の進出を聞いて出兵しましたが、五十里を移動したため疲労し、万全の態勢を敷いた趙軍のために大敗しています。

明の太祖となる朱元璋は、一三六六年八月、配下の将軍徐達に四十八衛の軍二十万を与えて、群雄の一人である張士誠を討たせました。徐達軍は順調に勝ち進み、十一月に張士誠の根拠地である平江（蘇州）に到ります。しかし水郷地帯にある蘇州城は、周囲も水壕と厚い城壁に囲まれた堅固な城で、城内の兵士も精鋭、食糧の用意も充分であったため攻撃も進展しません。そのため徐達は城を包囲し、周囲に築城して敵の脱出を防ぐとともに、分遣隊を出して周囲の張士誠側の城を攻略し平江の孤立を図りました。また四十八衛の一衛ごとに襄陽砲五門、七稍砲五十門以上、大小将軍筒五十門以上を配置し城内へ砲撃を加えました。一三六七年六月、張士誠は事態を打開するため出撃を行いますが最精鋭部隊十条竜を撃破され、さらに出撃を指揮していた弟の張士信が砲弾に当たって戦死、いずれも失敗に終わります。ここに至り城内はついに食糧が尽き鼠一匹が百銭で売られ、鼠も捕り尽くすと、靴の皮を煮て食べるまでになりました。そして九月、徐達軍は総攻撃を開始、平江を攻略しました。

＊一　蒺藜（しつれい）　蒺藜とはとげのついた実をつける植物のハマビシのことであり、これに似た形をした四本のとげを持った兵器も同じ名で呼ばれています。鉄もしくは木で作成され、地面に撒くと、とげの一つが上を向き、敵の移動の障害物となります。

＊二　ナフサ　石油の成分。蒸溜して分離した低沸騰点の燃えやすい成分。

付録

ポールアーム

⚜ハルベルト（Halbert, Halbard, Halberd）

ハルベルトはドイツを起源とする歩兵用武器で長槍の一種として知られます。中世を代表する武器であり、その目的は鎧をつけた軍馬を攻撃するためのものです。日本語では斧槍となり、その言葉の由来は英語の長い柄（Staff）にあたるドイツ語の「Halm」と斧（Ax）にあたる「Barte」の合成語です。そのため、正しくはハルベルト（Halbert）となるわけです。もう一つ有力な説として、古代スイスに住んでいたヘルベチア人（Helvetia）が愛用したためにそれが語源になったというものがあります。これはハルベルトのことを「スイスの長刀」と呼んだことからそう考えられたのですが、これはボウジェ（Vouge, Voulge）のことのようです。このボウジェとはフランスの農耕具から生まれた武器で、スイスがこれを取り入れて槍先を追加したものを作りだしました。

ボウジェは斧槍の種類に入る物として知られていますが、ハルベルトとの見分け部分とは、背についている鉤爪です。刀と一体化しているものがハルベルトで、鉤爪にも刃がついています。それに対しボウジェは本当の鉤爪で、釣り針のような形状をしています。これは城壁によじ登る際に用いられたといわれています。一般的な大きさは二～二・五メートルといったところで、重さは大体二～三キログラムです。そして、その形状のは「スイスの長刀」、そうでないものは「フランスの長刀」と呼んでいます。そのためスイスを起源とするハルベルト（?）は、本来のハルベルトとは別物と考えていいのではないかと思います。そうするとハルベルトといえばドイツの斧槍となるわけです。

一般的なハルベルトの大きさは柄の部分が二メートル、先端の斧槍部分が三十～五十センチメートルほどで、ソケット式に柄の先に取りつけ、それと一体化したランゲット(Langet)と呼ばれる長い金属部分に錨を打って固定しています。重さは二・八～三キログラムぐらいです。

ハルベルトの特長は槍、斧、鉤爪の三役を一つでこなせることです。そのため、相手を突く、切る、引っかけるといった攻撃ができます。中世の代表的な戦士達は剣と盾を持って戦いましたが槍を装備することも重要なことでした。中世初期においてはまだパイク戦術が開発（?）されていなかったために、騎兵から身を守るために槍は主要武器として用いられたのです。槍のような長い柄の武器がなぜ斧の刃を持ったかについては西ヨーロッパの気風であったようで、ゲルマンやフランク、ノルマンといった種族がよく斧を武器として用いたことからもいえることのようです。

ハルベルトの基本的な扱い方は「振りあげて一文字に振りおろす」、「相手の足を突く」、「鉤爪を相手の足に引っかける」、「突きを外したように見せて、引き戻す時に斧の刃を相手の後頭部に引っかける」、「真横に振り回して相手に切りつける」などで、さらに長い柄の部分を有効に使って敵の攻撃を払ったり受けたりすることができました。

時代を通してハルベルトに見られるその形状の変化は先端槍部分の長形化であったといえるでしょう。中世においてその全般を武器として扱われてきたハルベルトもその晩年にいたっては歩兵戦闘の変貌によって使われなくなりました。しかし、中には祭儀用のものとしてその形態をとどめたものもあります。神聖ローマ皇帝フェルディナンド一世の従者が装備したものなどは辞書に多くその挿絵が転記されています。十八世紀末にはイギリス軍の歩兵下士官がその象徴として装備し、実際に戦闘時においては敵に向かって振りかざすこともありました。イギリス軍がこのハルベルトを指揮官に持たしたことについては、一応の理由があります。それは戦闘終了時においてそれを装備するものの数を数えて部隊の生存者の概数をだす時に役立てたのです。しかし武器としてのハルベルトは銃へと持ち代えられていったことは周知のことでしょう。

二 ⚜ グレイブ（Glaive）

グレイブはローマの両刃剣グラディウス（Gladius）からその名を由来する中世ヨーロッパにおけるなぎなたです。その本来の姿は農耕具であり、農民反乱時において使われそれが効果的なものであることが判明し、武器として発展したもののようです。図は、そうした物の形状変化を時代ごとに並べたもので、初期の大鎌から後はそれほど変化を遂げていないことが分かると思います。これはグレイブが一つの用法のために充分に用いられた

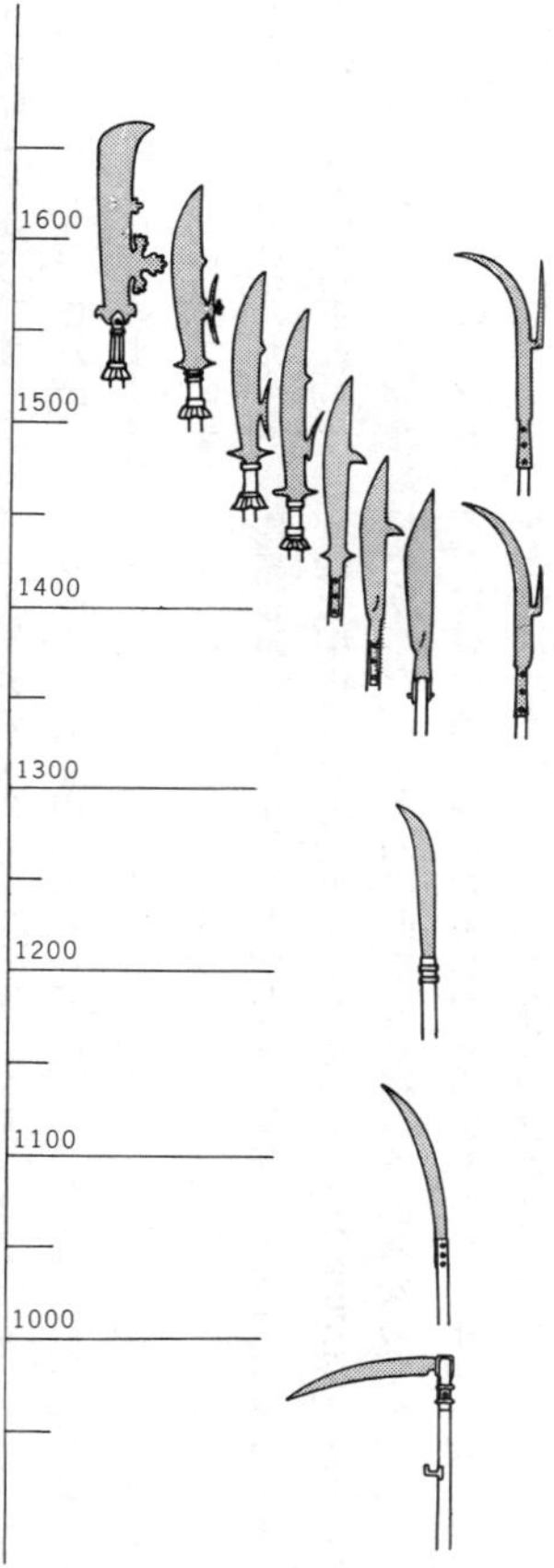

ための結果のようです。グレイブの特長はその刃先で、まるで片刃の剣のようになっている形状でしょう。これは、やはり西洋で広く用いられた刀剣ファルシオン（Falcione）と同様の形状をしています。ファルシオンは刃幅の広い片刃の剣で、その刀が湾曲しているために東方の剣に似ていますがその起源は北欧の大型ナイフ（三十〜四十センチメートルあった）、サックス（Sax）に影響を受けたものといわれています。サックスはゴート人も武器として用いそれらはさらに大型化されたスクラマサックス（Scramasax）として知られています。ファルシオンはそうしたゴート人の血を受け継いだ武器なのです。

グレイブとはこのファルシオンに長い柄をつけたものだともいわれています。グレイブの初期のタイプはフォシャールと呼ばれその特長は刀が鎌状であることです。

一般的なグレイブの大きさは二〜二・五メートル程度のもので、重さは二・五〜三キログラムです。しかし、中には後期に見られる祭儀用の物になると刀の部分が大きくなって、七十センチメートルを超える物も登場しますから、その重さや長さを一概には決められません。グレイブもまた、ハルベルトと同様に長い間その地位を確立し、祭儀用のものも登場してその時代の幕を閉じます。

三 ⚜ ビル（Bill）

ビルもやはりビルホック（Billhook）と呼ばれる農耕具から生まれたもので、鈎爪状になった刀頭を持った武器です。これは、騎乗する者を引きずりおろすために用いられた武器で、それ以外にも相手を引っかけて引き倒すためにも使われています。槍状の武器の主な用いられ方は突いての攻撃ですが、この武器は引っ張ることによって用いられるものです。図はそうしたビルを時代ごとに並べたもので、後期においては引き倒したものを突き刺すために突き槍の刃が追加されています。

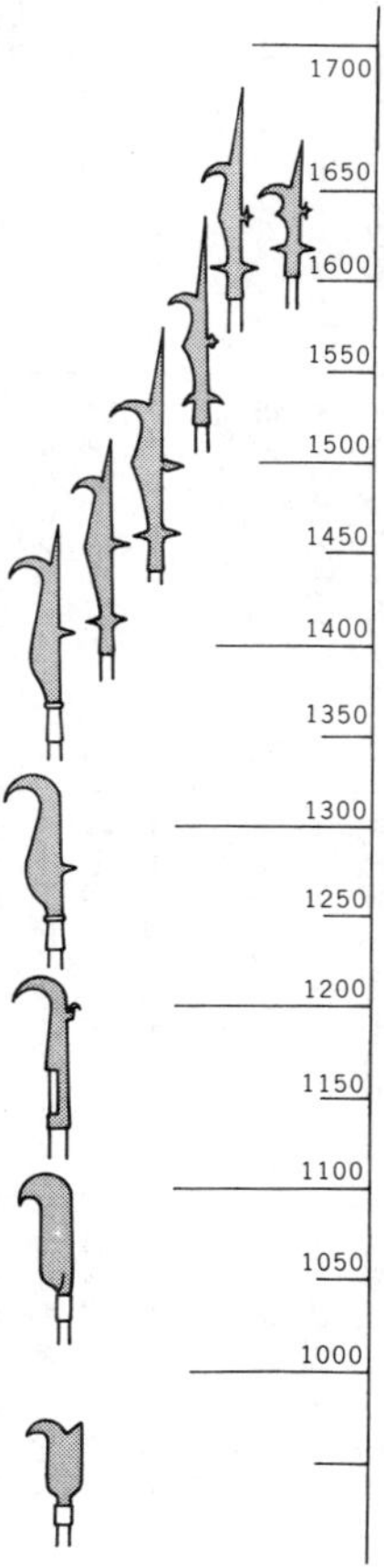

■あ■

■か■

参考文献

〈ギリシア時代〉

アレクサンダーの戦争／講談社　一九八五

アレクサンドロス大王／清水新書　一九八四　大牟田章著

スパルタとアテナ／岩波新書　一九七〇　太田秀通著

世界の歴史2 ギリシアとヘレニズム／講談社　一九七六　秀村欣二、伊藤貞男

古代ギリシア／佑学社　一九八六　E.ナック、W.ヴェーグナー著　紫谷哲朗訳

古代ギリシアの市民戦士／三省堂　一九八三　安藤弘著

ヘレニズム文明／思索社　一九八七　W.W.ターン著　角田有智子、中井義昭訳

ヘレニズム世界／教文館　一九八八　F.W.ウォールバンク著　小河陽訳

アレクサンドロス大王の父／新潮社　一九七三　原随園著

戦争の起源／河出書房新社　一九八八　A.フェリル著　鈴木主税、石原正毅訳

古代の船と航海／法政大学出版会　一九八二　J.ルージュ著　酒井傳六訳

イーリアス／岩波文庫　ホメーロス著

オデュセイアー／岩波文庫　ホメーロス著

歴史／岩波文庫　ヘロドトス著

戦史／岩波文庫　トゥキュディデス著

アナバシス／筑摩書房　クセノポン著

英雄伝／岩波文庫　プルタルコス著

Armies of the Greek and Persian WRG/1975 Wars R.Nelson

Military Theory & Practice in the Age of Xenophon/1970 University of California Press J.K.Anderson

The Greek World 479-323B.C./1983 Methuen S.Hornblower

Alexander the Great's Campaigns/1979 PSL P.Barker

Alexander the Great and the Logictics of the Macedoian Army/1978 University of California Press D.W.Engels

A History of the Greek World 323 to 146 B.C./1977 (Reprint) Methuen M.Cary
The Elepahnt in the Greek and Roman World/1974 Thames and Hudson H.H.Sculard
Rhodes in the Hellenistic Age/1984 Cornell University Press R.M.Berthold
A History of Seafaring in the Classical World/1986 Croom Helem F.Meijer
Warfare in the Classical World/Salamander Book 1980 J.Warry
Armies of the Macedonian and Punic Wars/WRG 1982 Duncan Head

〈ローマ時代〉

ローマの共和政／山川出版社　一九八四　J・ブライケン著　村上淳一、石井紫郎訳
支配の天才ローマ人／三省堂　一九八一　吉村忠典著
ローマ人の国家と国家思想／岩波書店　一九七八　E・マイヤー著　鈴木一州訳
ローマ帝国をきずいた人々／東京書籍　一九八四　ピエール・ミケル、イヴォン・ル・ゴール著　福井芳男、木村尚三郎訳
ローマの道の物語／原書房　一九八五　藤原武著
古代ローマの水道／原書房　一九八七　今井宏著訳
年代記（上・下）／岩波文庫　一九八一　タキトゥス著　国原吉之助訳
ケルト人／河出書房新社　一九七九　ゲルハルト・ヘルム著　関楠生訳
カルタゴ／河出書房新社　一九八三　アラン・ロイド著　木本彰子訳
地中海世界の覇権をかけて、ハンニバル／清水新書　一九八四　長谷川博隆著
蛮族の侵入／白水社　一九七四　ピエール・リシェ著　久野浩訳
ガリア戦記／岩波文庫
Armies of the Macedonian and Punic Wars/WRG 1982 Duncan Head
The Making of the Roman Army/BT Batsford Ltd 1984 Lawrence Keppie
The Roman Imperial Army 3rd ED/1985 Graham Webster

The Armies and Enemies of Imperial Rome/WRG 1981 Phil Barker

The Roman Army/Morrison & Gibb Ltd 1975 Peter Connolly

Palmyra/Published by the Directorate-General of Antiquities/Jean Starcky, Salahud'din Munajjed, Mesdames E.Will, D.Schlumberger

〈暗黒時代〉

初期ビザンツ社会／岩波文庫　一九八四　F・ティンネフェルト著　弓削達訳

西欧中世軍制史論／原書房　一九八八　森義信著

ノルマン人／刀水書房　一九八一　R.H.C.デーヴス著　柴田忠作訳

ノルマン民族の秘密／佑学社　一九七七　グスタフ・ファーバー著　岡淳、戸叶勝也訳

ヴァイキング／人文書院　一九八八　ヨハネス・ブレンステッズ著　荒川明久、牧野正憲訳

アングロ・サクソン人／晃洋書房　一九八三　デヴッド・ウィルソン著　中田康行訳

カロルス大帝伝／筑摩書房　一九八八　エインハルドゥス、ノトケルス著　国原吉之助訳

アルフレッド大王／開文社出版　一九八五　B・A・リーズ著　高橋博訳

Armies of the Dark Ages 600-1066/WRG 1980 Ian Heath

Warriors of Arthur/Blandford Press 1987 John Matthews & Bob Stewart

The Viking/Crescent Books 1975 James Stewart

〈中世・十字軍の世界〉

十字軍／教育社　一九八〇　橋口倫介著

十字軍／岩波新書　一九七四　橋口倫介著

十字軍の研究／白水社　一九七七　セシル・モリソン著　橋口倫介訳

テンプル騎士団／白水社　一九七七　レジーヌ・ペルヌー著　橋口倫介訳

イスラムの戦争／講談社　一九八五　牟田口義郎訳

マホメット／中公新書　一九七一　藤本勝次著

A History of the Crusades Vol1-3/1978 Peregrine Book Steven Runciman

Armies and Enemies of the Crusades 1096-

1291/1978 WRG Ian Heath

Strategy & Tactics No.66/1978 SPI The Siege of Constantinople

Strategy & Tactics No.70/1978 SPI The Crusades

〈ルネサンスの世界〉

中世への旅 騎士と城／白水社 一九八二 H.プレティッヒャ著 平尾浩三訳

中世への旅 都市と庶民／白水社 一九八二 H.プレティッヒャ著 関楠生訳

中世への旅 農民戦争と傭兵／白水社 一九八二 H.プレティッヒャ著 関楠生訳

ヨーロッパ近世史／芸立出版 一九七九 A.G.ディキンズ著 橋本八郎訳

ルネサンスの歴史／中央公論社 一九八二 モンタネッリ・ジェルヴァーゾ／藤沢道郎訳

ルネサンスと宗教戦争／人物往来社 一九六六 堀部備三他

百年戦争／教育社 一九八一 山瀬善一著

中世と騎士の戦争／講談社 一九八五 木村尚三郎編

大航海時代の戦争／講談社 一九八五 樺山紘一編

Arms and Uniforms The Age of Civalry Part1-3/1981 Ward Lock L.Funken & F.Funken

Renaissance Armies 1480-1650/1982 PSL G.Gush

A History of the Art of War in the Sixteenth Century/1979 (Reprint) AMS C.Oman

Armies of the Middle Ages, Vol1-2/1982,1984 WRG Ian Heath

The Swiss at War 1300-1500/1979 D.Miller and G.A.Emberton

〈中国の世界〉

中国軍事史 第1巻兵器／解放軍出版社 一九八三 北京《中国軍事史》編写組編

中国軍事史 第2巻兵略上／解放軍出版社 一九八六 北京《中国軍事史》編写組編

中国軍事史 第3巻兵制／解放軍出版社 一九八七 北京《中国軍事史》編写組編

中国古兵器論集（増訂本）／文物出版社 一九八五 北京 楊泓著

中国古代兵器図冊／書目文献出版社　一九八六北京　劉旭著
中国古代戦例選編 第一冊、第二冊、第三冊／中華書局　一九八三北京　軍事科学院戦争理論研究部《中国古代戦例選編》編写組編
春秋時代的歩兵／中華書局　一九七九北京　藍永蔚著
府兵制度考釈／上海人民出版社　一九六二上海　谷霽光著
宋朝兵制初探／中華書局　一九八三北京　王曾瑜著
中国科学の流れ／思索社　一九七九東京　ジョゼフ・ニーダム著　牛山輝代訳
中国火薬火気史話／科学普及出版社　一九八六北京　許会林著
科学史からみた中国文明／日本放送出版協会　一九八二東京　薮内清著
宋太宗対遼戦争考（人人文庫特224）／台湾商務印書館　一九七二台北　程光裕著
中国古代を掘る～城郭都市の発展（中公新書813）／中央公論社　一九八六東京　杉本憲司著
戦国史／上海人民出版社　一九八〇上海　楊寛著
秦史稿／上海人民出版社　一九八一上海　林剣鳴著
隋・唐時期的運河和漕運／三秦出版社　一九八七西安　播鏞著
中国水利史綱要／水利電力出版社　一九八七北京　姚漢源著
中国科学技術史稿 上・下／科学出版社　一九八二北京　社石然他編
中国文化史三百題／上海古籍出版社　一九八七上海　上海古籍出版社編
中国歴代戸口、田地、田賦統計／上海人民出版社　一九八〇上海　梁方仲編
中国自然地理図集／地図出版社　一九八四北京　西北師範学校・地図出版社編
唐代交通図考 第三巻 秦嶺仇池区／中央研究歴史言語研究所　一九八五台北　厳耕望著
十一家注孫子附近訳／上海古籍出版社　一九八七上海　郭化若訳
墨子城守各篇簡注／中華書局　一九五八北京　岑仲勉撰
三国史（標点本）／中華書局　一九五九北京
周書（標点本）／中華書局　北京

元代農民戦争資料匯編 中編 楊訥、他編／中華書局
一九八五北京
続資治通鑑（標点本）／中華書局　北京
広名将伝〔明〕／書目文献出版社　一九八六北京
黄道周著
歴代兵制浅説／解放軍出版社　一九八六北京　王曉
衛、劉昭祥著
李衛公対問浅説／解放軍出版社　一九八七北京　呉
如嵩、王顕臣著
紀効新書〔明〕／人民体育出版社　一九八八北京
戚継光著　馬明達点校
The Armies and Enemies of Ancient China/WRG
John P.Greer

〈その他の時代〉
Armies of the Ancient Near East/1984　WRG
Nigel Stillman, Nigel Tallis
Uniformes Les Hussards Ailes Polonais/Mars-Avril

Osprey･Elite Series
3.The Vikings/
9.The Normans/
17.Knights at Tournament/
19.The Crusades/

Osprey･Men-At-Arms Series
46.The Roman Army to Caesar to Trajan/
46.The Roman Army to Caesar to Trajan (Revised Edition)/
50.Medieval Eurpean Armies/
58.The Landsknechts/
69.The Greek and Persian Wars 500-323 B.C./
75.Armies of the Crusader/
85.Saxon,Viking and Norman/
89.Byzantine Armies 886-1118/
93.The Roman Army from Hadrian to Constantine/
111.The Armies of Crecy and Poitiers/
113.The Armies of Agincourt/
121.Armies of the Carthaginian Wars 265-146 B.C./
125.The Armies of Isam 7th-11th Centuries/

129.Rome's Enemis:Germanics and Dacians/
136.Italian Medieval Armies 1300-1500/
140.Armies of the Ottoman Turks 1300-1774/
144.Armies of Medieval Burgundy 1364-1477/
145.The Wars of the Roses/
148.The Army of Alexander the Great/
150.The Age of Charlemagne/
158.Rome's Enemis(2):Gallic and British Celts/
175.Rome's Enemis(3):Parthians and Sassanid Persians/
180.Rome's Enemis(4):Spanish Armies 218 B.C.-19 B.C./
184.Polish Armies(1)/
188.Polish Armies(2)/

〈通史・総合・辞書類〉

ライフ人間世界史　第1　古代ギリシア／タイムライフインターナショナル出版事業部　一九六六　C.M.バウラ著　タイムライフブックス編集部編

ライフ人間世界史　第2　ローマ帝国／タイムライフインターナショナル出版事業部　一九六六　モーゼズ・ハダス著　タイムライフブックス編集部編

ライフ人間世界史　第3　蛮族の侵入／タイムライフインターナショナル出版事業部　一九六九　ジェラルド・シモンズ著　タイムライフブックス編集部編

ライフ人間世界史　第4　信仰の時代／タイムライフインターナショナル出版事業部　一九六七　アン・フリーマントゥル著　タイムライフブックス編集部編

イギリス歴史地図／東京書籍　一九八三　マルカム・フォーカス、ジョン・ギリンガム著　中村英勝、森岡敬一郎、石井摩耶子訳

ヨーロッパ中世史／芸立出版　一九七八　モーリス・キーン著　橋本八男訳

岩波講座世界歴史、古代、中世巻／岩波書店　一九六九〜

世界帝王系図集・増補版／近藤出版社　一九八一　下津清太郎編

西洋史辞典／東京創元社　一九八三　京都大学文学

部西洋史研究室編
服装大百科事典（上・下）／文化出版局　一九六七
被服文化協会編
世界軍事史／同成社　一九八六　小沢郁郎
世界宗教事典／講談社　一九八七　村上重良
世界を変えた戦争・革命・反乱／自由国民社
一九八三　三浦一郎、小倉芳彦、樺山紘一
モードのイタリア史／平凡社　一九八七　R・L・
ピセッキー　池田孝江監修
城壁に囲まれた都市／井上書院　一九八三　H．ド
ラクロワ著　渡辺洋子訳
船の歴史事典／原書房　一九八五　アティリオ・ク
カーリ、エンツォ・アンジェルッチ著　堀元美
訳
武器／マール社　一九八二　ダイヤグラム・グルー
プ編　田島優、木村孝一訳
A Glossary of the Construction,Decoration and
Use of Arms and Armor/1961　George
Cameron Stone
The Complete Encyclopedia of Arms & Weapons/
Simon and Schuster　1982　Leonid Tarassuk
and Claude Blair
Weapons Through the Age/Peerage Book　1984
William Reid
Weapons & Armor/Dover Publications,Inc. Harold
H.Hart
Art,Arms and Armour Vol1:1979-1980/Acquafresca
Editrice　1979　Robert Held
Arms and Armour/Treasures from the Tower of
London　1983
Arms and armour in Britain/1979　Her Majesty's
Staionery Office Alan Borg
Arms & Armour/Dorling Kindersley Limited　1988
Michele Byam
The History of Chivalry and Armor/1988　Portland
House DR.F.Kottenkamp
Buch Der Waffen/ECON　1976　Wiliam Reid
Uniforms of the World / A & AP Herbert Knotel,JR.
& Herbert Sieg
The Encyclopedia of World Costume/Bonanza
Book　1986　Doreen Vaewood
The Complete Encyclopedia of Illustration/Crown

Publishers,Inc.　1979

The Art of Heraldry/Bloomsbury Books　1986

Shps and the Sea/Crescent Books　1975　Duncan Haws

The Ship/Doubleday & Company,Inc.　1961　Bjorn Landstrom

〈そのほか〉

中世ヨーロッパの生活／白水社　一九七五　ジュヴィエーヴ・ドークール著　大島誠訳

古代と中世のヨーロッパ社会／東京書籍　一九八六　ジョバンニ・カセリ著　木村尚三郎、堀越宏一訳

騎士／東京書籍　一九八三　J・M・ファン・ウィンター著　佐藤牧夫、渡辺治雄訳

ローランの歌・狐物語／ちくま文庫　一九八六　佐藤輝夫他訳

アーサーの死（全）／ドルフィンプレス　一九八六　清水あや訳

アーサー王物語／岩波少年文庫　一九五七　グリーン編

La Cite du Vatican/Cinquieme Edition Rome 1933 Leone Gessi

a Penguin Books：

Xenophon:A History of My Times (Hellenica)/

Polybius:The Rise of the Roman Empire/

Arrian:The Campaigns of Alexander/

Loeb Classic Library：

Pliny:Neturel History Vol 1~10/

Livy:Vol 1~14/

Polybius:vol 1~6/

Aeneas Tacticus, Asclepiodotus and Onasander/

Xenophon:Cyropaedia/

Diodorus Siclus/

〈ゲーム〉

アレクサンドロスの遺産／AD Technos　越田一郎

Battle of Ravenna／AD Technos　越田一郎

War Games Rules 7th Edition/1986　WRG Phil Barker

Army Lists Book 1-3/1982 WRG
The Crusades/1978 SPI Richard Berg
Acre/1978 SPI Phil Kosnett
Tyre/1978 SPI Mark Herman

おわりに

一巻目の原稿が終わり、今回の本を書き始めるにあたってどのようなものにするか考えに考えた結果、こんな本になってしまいました。多分がっかりされた方が多いかも知れませんが、武器についての本を書こうとすると結局、マール社の『武器』のような形態になってしまいます。私はそうした本のほうがデータ的に優れていて、多くの読者の支持を受けるであろう事を認識しながらあえて本書のような歴史ガイドに沿った人物紹介風のものを作ってしまいました。これは私が武器とは、その形状よりも、それを使う者によっていかようにでもなる物であり、重要なのはそれを持つに至った過程ではないかと思ったからです。こうしたことは重要なことですが、今まで何も触れられていなかった気がしました。そこで思い切ってこんな内容にしてみたのです。私は戦士たちをまるで一匹の怪物のように例えたかったわけです。

こうした形態をとった本はイギリスの『Men-At-Armes』シリーズなどが参考になりますが、確かにそれを意識したことは事実です。本当はもっと多くの国を扱ったものにしたかったのですが、今回は特に有名なものか、個性の強いものを紹介させて頂きました。また、限られたスペースの中で戦士の姿すべてを描くことはかなり困難なことでした。今回は日本の古代や中世の戦士については省かなければなりませんでした。しかし、そういうことでは本書もかなり端折った西洋史であることは認めざるをえません。

軍事関係、特に古代や暗黒時代、中世などの資料は大体が洋書をあたらなければならないのが日本の現状況です。そのため、そうした意味でイギリスの古代戦マニアの集まり、「The Society of Ancients」の会誌『Singshot』や、同じくイギリスのWRG（Wargames Research Group）がだしている出版物などに頼ることが多く、さらに古代の史家、ポリュビウスやリウィウス、クセノポン、アスクレピオドス、ヘロドトス、トゥキュディデス、プルタルコスなどを多く参考にさせて頂きました。

最後にはなりましたが、特に編集の弦巻由美子様、無理難題を持ちかけてしまったイラストレータの方々、そして、私に古代戦の面白さを教えて下さった越田一郎様とその辛さを教えて下さった辻本浩様、そして、篠田耕一様、はげましの御言葉をいただいたRPGクラブ「ギルドマスター」および、「金曜会」のみなさん、そして関係者各位に感謝とお礼の気持ちを捧げたいと思います。

市川　定春

この作品は、一九八八年十二月に単行本として新紀元社より刊行されました。

文庫版あとがき

今を去ること一九八八年に書かれた本である。もう、二十年以上も経つのかと、感慨深い思いで、原稿を読み返している。著者名と共に冠された、「怪兵隊」という集団は、現在は存在していない。もともとは、大野正史氏の縁故で集まった雄志が、やがて、お互いの足りない部分を、または、互いが得意な分野の知識を持ち寄って（著者のようなシロート研究者でありながらも）、執筆を始めたこのシリーズも、今では膨大な資料集となったようで誇らしい思いがある。とは言え、私がこのシリーズに参加していたのは、極、初期の頃に過ぎないので、その手柄は後に続いた人たちの努力の賜物である。

話を本書に戻すと、『幻の戦士たち』は、当初は『歴史の中の戦士』とか、ごくありふれた題名を筆者は考えていた。が、当時、編集を担当されていた弦巻由美子様が、「それではダメよ！」と『幻の戦士たち』という題名になったいきさつがある。結局、序文でなぜ「幻」なのか、講釈をする事になった訳だが、今にして思えば、そうした英断が、もしかしたら、このシリーズを支えてきたのではないかと、関係者各位に頭の下がる思いである。

最後に、当初、営業を担当されていた、今は亡き北山秀樹氏に、それから我々に好きなことをやらせていただいた高松謙二氏と知識計画の方々にも感謝している。遅筆のせいでだいぶご迷惑をかけてしまったが。

私事ではあるが、二〇〇五年四月十二日に急逝された、越田一郎氏に本書を捧げたい。氏は、この本を執筆する上で、欠かせないキーパーソンであった。そしてなにより、私と同じ趣味を持つこの世界の先輩であり、長きに渡る友であった。この本を書いていた頃、他の仲間も交え、共にローマの遺跡を歩きながら、あれやこれやと語らいだ事が今でも脳裏に焼き付いている。そして、今なお、その早すぎる死が悔やまれる。

二〇一一年　八月吉日　　今は無き「怪兵隊」を代表して　市川定春

Truth In Fantasy
幻の戦士たち

2011年９月７日　初版発行

著者　　市川定春と怪兵隊
編集　　新紀元社編集部／堀良江

発行者　藤原健二
発行所　株式会社新紀元社
〒101-0054
東京都千代田区神田錦町３-19　楠本第３ビル４F
TEL：03-3291-0961　FAX：03-3291-0963
http://www.shinkigensha.co.jp/
郵便振替　00110-4-27618

カバーイラスト　丹野忍
本文イラスト　森コギト・もとのりゆき・久保田彩子
デザイン・DTP　株式会社明昌堂
印刷・製本　大日本印刷株式会社

ISBN978-4-7753-0942-1

●好評既刊　新紀元文庫●

幻想世界の住人たち

健部伸明と怪兵隊

定価：本体800円（税別）

ISBN978-4-7753-0941-4

魔術師の饗宴

山北篤と怪兵隊

定価：本体800円（税別）

ISBN978-4-7753-0943-8

●シリーズ刊行予定●

2011年10月末

Truth In Fantasy　幻想世界の住人たちII

Truth In Fantasy　天使

2011年12月末

Truth In Fantasy　幻想世界の住人たちIII

Truth In Fantasy　占術